国家级实验教学示范中心植物学科系列实验教材

植物病理学研究技术

主　编　张铉哲　冉隆贤　李永刚
　　　　廖晓兰　易图永　张俊华
副主编　甄志先　杜绍华　李会平
　　　　王　芳

图书在版编目(CIP)数据

植物病理学研究技术/张铉哲等主编. —北京：北京大学出版社，2015.8
（国家级实验教学示范中心植物学科系列实验教材）
ISBN 978-7-301-26023-4

Ⅰ.①植… Ⅱ.①张… Ⅲ.①植物病理学－高等学校－教材 Ⅳ.①S432.1

中国版本图书馆 CIP 数据核字（2015）第 147089 号

书　　名	植物病理学研究技术
著作责任者	张铉哲　冉隆贤　李永刚　廖晓兰　易图永　张俊华　主　编
责任编辑	张　敏
标准书号	ISBN 978-7-301-26023-4
出版发行	北京大学出版社
地　　址	北京市海淀区成府路 205 号　100871
网　　址	http://www.pup.cn　　新浪微博：@北京大学出版社
电子信箱	zpup@pup. cn
电　　话	邮购部 62752015　发行部 62750672　编辑部 62765014
印 刷 者	北京大学印刷厂
经 销 者	新华书店
	787 毫米×1092 毫米　16 开本　13.75 印张　356 千字
	2015 年 8 月第 1 版　2015 年 8 月第 1 次印刷
定　　价	30. 00 元

未经许可，不得以任何方式复制或抄袭本书之部分或全部内容。

版权所有，侵权必究

举报电话：010-62752024　电子信箱：fd@pup.pku.edu.cn

图书如有印装质量问题，请与出版部联系，电话：010-62756370

国家级实验教学示范中心植物学科系列
实验教材编写委员会

主　任　张宪省（山东农业大学）
吴伯志（云南农业大学）

副主任　李　滨（山东农业大学）
崔大方（华南农业大学）
杨立范（北京大学出版社）

委　员　(按姓氏笔画排列)
张宪省（山东农业大学）
吴伯志（云南农业大学）
项文化（中南林业科技大学）
李　滨（山东农业大学）
李保同（江西农业大学）
杨立范（北京大学出版社）
杨学举（河北农业大学）
肖建富（浙江大学）
张金文（甘肃农业大学）
陈建斌（云南农业大学）
邹德堂（东北农业大学）
周　琴（南京农业大学）
崔大方（华南农业大学）
彭方仁（南京林业大学）
蔺万煌（湖南农业大学）
燕　玲（内蒙古农业大学）

前　言

植物病理学研究技术是一门科学性和实用性很强的课程，其中实验课程是其重要部分。随着各农业院校对实践教学日益重视，实验课程在整个教学过程中所占的比重也越来越大。植物病理学实践教学中一直缺少一本实用性极强的植物病理学研究技术实验指导书，给教学工作带来诸多不便。本教材包括植物病理学研究技术的理论和实验内容，旨在帮助学生掌握和理解植物病理学研究技术的基础理论知识、掌握基本实验操作技能。理论部分包括植物病理学实验室规章及仪器的使用、植物病害的诊断与病原物鉴定和保存、植物病害的发生与发展规律的研究、植物病害防治和科技论文写作等 5 个部分；实验部分包括植物病理学实验仪器的使用及注意事项、植物病害症状观察与临时玻片标本的制作、标本采集、植物病原菌检测与鉴定、病原物的保存和接种、各种致病性酶、毒素和生长调节物质对病害发生的影响、各种酶活性对植物抗病性的影响、各种环境因子对植物病害发生的影响和各种植物病害的防治技术。

全书共包括 5 章理论部分和 39 个实验项目，其中：前言，第三章理论部分和实验 3-4～3-6 由东北农业大学张铉哲教授编写，实验 3-1～3-3，3-7～3-9 由齐齐哈尔大学王芳讲师编写；第一章理论部分由东北农业大学李永刚副教授编写；第二章理论部分和大多数实验部分（除实验 2-5）由湖南农业大学廖晓兰教授编写，实验 2-5 由东北农业大学张俊华教授编写；第四章植物病害检疫的理论部分和实验 4-1～4-4 由河北农业大学甄志先副教授编写，实验 4-5 和 4-6 由湖南农业大学易图永教授编写，实验 4-7～4-11 由河北农业大学杜绍华讲师编写，实验 4-12～4-16 由河北农业大学李会平副教授编写，实验 4-17 由河北农业大学冉隆贤教授编写；第五章第一节到第三节理论部分和实验部分由湖南农业大学易图永教授编写，第五章第四节由河北农业大学冉隆贤教授编写。

本书由东北农业大学、河北农业大学、湖南农业大学、齐齐哈尔大学等院校的 10 名长期从事农业植物病理学教学的人员共同编写而成。本书是在国家级实验教学示范中心植物学科组的领导下，由北京大学出版社组织全国农林植物类教学示范中心的院校集体讨论编写的。感谢东北农业大学、河北农业大学、湖南农业大学等院校领导、教务处、教学示范中心及学校老师的大力支持；也要感谢本书编辑北京大学出版社的张敏老师对本书组织编写、审读加工所付出的辛勤劳动。

由于编者水平有限，加之时间仓促，错误和不足之处在所难免，敬请同行和读者提出宝贵意见，以期进一步修改完善。

张铉哲

2015 年 8 月

目　　录

第一章　植物病理学实验仪器的使用及注意事项

一、灭菌仪器的使用及注意事项

灭菌的方法基本上分为两大类：物理方法（湿热灭菌、干热灭菌、射线灭菌、滤过灭菌）和化学方法（气体灭菌、药液灭菌）。

表 1-0-1　热力消毒灭菌法比较

方　　法	温度/℃	时　　间	灭菌器	适用物品
焚烧	＞500	瞬时		废弃物品、动物尸体灭菌
干烤	160～170	120 min	干热灭菌器（干烤箱）	玻璃器材、瓷器等灭菌
巴氏消毒法	75～90	15～16 s		牛奶、酒类等消毒
煮沸消毒法	100	5 min		食具、刀剪、注射器等消毒
流通蒸汽消毒法	100	15～30 min	Arnold 流通蒸汽灭菌器	食具等消毒
间歇灭菌法	100	30 min	流通蒸汽灭菌器（重复 3 次）	不耐高温的含糖、牛奶等培养基
高压蒸汽灭菌法	121	15～30 min	高压蒸汽灭菌器	耐高温、高压及不怕潮湿的物品

（一）湿热灭菌器

1. 灭菌原理

水在大气中 100℃左右沸腾，水蒸气压力增加，沸腾时温度将随之增加。因此，在密闭的高压蒸汽灭菌器内，当压力表指示蒸汽压力增加到 15 磅①（1.05 kg/cm^2）时，温度相当于 121.3℃，在这种温度下，20 min 即可导致菌体蛋白质凝固变性，从而达到完全杀死细菌的繁殖体及芽孢的目的。

大型湿热灭菌器

小型湿热灭菌器

图 1-0-1　湿热灭菌器

① 严格意义上讲磅应为磅力。1 磅力（lbf）＝4.44822 牛（N）。

高压蒸汽灭菌主要优点是：① 温度较高，灭菌所需时间较短；② 蒸汽穿透力强；③ 蒸汽冷凝时释放汽化热，能迅速提高物品的温度；④ 物品不过分潮湿。

2. 灭菌器的使用

① 使用前的准备。灭菌器内清洗干净，检查进气阀及排气阀是否灵活有效，并加入适量水。

② 装放灭菌物。将待灭菌的物品放入灭菌器内，注意不要放得太挤，以免影响蒸汽的流通和灭菌效果。然后加盖旋紧螺旋，密封。

③ 预热及排气。加热升温使水沸腾，并由小至大打开排气管（排气阀），排除冷空气，继续加热升温，再关闭排气管（阀）。

④ 升压保温。让温度随蒸汽压力增高而逐渐上升，待蒸汽压力升至所需压力（一般为103.43 kPa，温度相当于121.3℃）时，控制热源，维持所需时间，持续15～20 min即可达到灭菌目的。

⑤ 降压开盖取物。保压到规定时间之后，停止加热，缓缓排气，待其压力下降至零时，方可开盖取物。

3. 灭菌器使用注意事项

① 此法灭菌是否彻底的一个关键是压力上升之前，必须先把蒸汽锅内的冷空气完全驱尽，否则，即使压力表已指到103.43 kPa，而锅内温度则只有100℃，这样芽孢不能被杀死，造成灭菌不彻底，所以必须进行排气。

② 降压一般通过自行冷却。如果时间来不及，可以稍开排气阀降压，但排气阀不能开得太大，排气不能过急，否则灭菌器内骤然降压，灭菌物内的液体会突然沸腾，将棉塞冲湿，甚至外流。

③ 另外，降压时压力表上读数虽已降至"0"，灭菌物内温度有时还会在100℃以上，如果开锅太快还有沸腾的可能，所以最好在降压后再稍停一会，灭菌物温度下降后再出锅较妥当。灭菌物灭菌后仍处于高温时，容器内呈真空状，降温过程中外部空气要重新进入容器，一般叫"回气"，降温过快，回气就急，如封口膜不严密，空气中杂菌就会重新进入灭菌物使其污染，这往往造成高压蒸汽灭菌的失败。因而降压开盖取物不宜过急。

④ 高压灭菌器内的物品不得放的过满，否则影响灭菌效果。放好被消毒灭菌的物质后，高压灭菌器的盖子或门尽量拧紧。

⑤ 实验室高压灭菌器由三级生物安全防护实验室管理员定期检查，以确保高压灭菌器正常工作，防止意外事故发生，保证消毒灭菌效果。

⑥ 使用前要检查电源是否正常并向水箱内注水至额定水位线。通常水位应在高低水位线中间偏上位置，可避免中途补水。消毒物品放入锅内后要关门锁紧。

⑦ 消毒锅用压力表、安全阀应每半年由质检部门校检一次，发现问题及时排除。密封圈老化造成漏气时应及时更换以保证消毒效果。

⑧ 无菌包不宜过大（小于50 cm×30 cm×30 cm），不宜过紧，各包裹间要有间隙，使蒸汽能对流易渗透到包裹中央。消毒前，打开贮槽或盒的通气孔，有利于蒸汽流通。而且排气时使蒸汽能迅速排出，保持物品干燥。消毒灭菌完毕，关闭贮槽或盒的通气孔，以保持物品的无菌状态。

⑨ 布类物品应放在金属类物品上，否则蒸汽遇冷凝聚成水珠，使包布受潮。阻碍蒸汽进入包裹中央，严重影响灭菌效果。

⑩ 定期检查灭菌效果。经高压蒸汽灭菌的无菌包、无菌容器有效期以1周为宜。

4. 应用范围

高压蒸汽灭菌可用于耐高温、高压及不怕潮湿的物品，如普通培养基、生理盐水、纱布、敷料、手术器械、玻璃器材、隔离衣等的灭菌。

(二) 干热灭菌器

利用火焰或干热空气进行灭菌，称为干热灭菌。本法系指物品于干热灭菌器(柜)、烘箱、隧道灭菌器等设备中灭菌，由于空气是一种不良的传热物质，其穿透力弱，且不太均匀，所需的灭菌温度较高，时间较长，所以容易影响灭菌材料的理化性质。

图 1-0-2 干热灭菌器

1. 灭菌原理

加热可破坏蛋白质和核酸中的氢键，导致核酸破坏，蛋白质变性或凝固，酶失去活性，微生物因而死亡。

2. 灭菌要求

① 通常的灭菌条件。一般 140℃，至少 3 h；160～170℃，不少于 2 h；170～180℃，不少于 1 h；250℃，45 min 以上。如繁殖性细菌用 100 ℃以上的干热空气干热 1 h 可被杀灭。对耐热性细菌芽孢，在 140℃以上，灭菌效率急剧增加。

② 生产中，在保证灭菌完全、并对被灭菌物品无损害的前提下，拟订灭菌条件。对耐热物品，可采用较高的温度和较短的时间；而对热敏性材料，可采用较低的温度和较长的时间。

3. 灭菌器的使用

① 打开灭菌器的门，将灭菌材料放入其中，注意留有空隙，关上门。

② 打开电源开关，根据材料性质及要求，设置相应温度及时间。

③ 打开风机，关闭风门。

④ 灭菌完毕后，待温度降至 40℃左右，打开门，取出材料。

4. 灭菌器使用注意事项

① 灭菌前应将需灭菌的器具洗净包严，被灭菌的药品要分装密封，置于烘箱中。

② 四周不靠箱壁。灭菌结束后，应缓慢降温至 40℃左右时，取出被灭菌的物品。

③ 灭菌材料要洗净和晾干，不能有水珠。

5. 应用范围

① 凡应用湿热方法灭菌无效的非水性物质、极黏稠液体、或易被湿热破坏的药物，宜用本法灭菌，如油类、固体试药、液状石蜡、软膏基质或粉末等。宜用干热空气灭菌的，由于本法灭菌温度高，故不适用于对橡胶、塑料制品及大部分药物的灭菌。

② 玻璃器皿、金属制容器、纤维制品，如西林瓶、安瓿瓶和铝瓶等灭菌。

（三）细菌滤器灭菌

细菌滤器是用物理方法阻止液体或空气中的细菌通过的特制的仪器，又称滤菌器。是微生物实验室中不可缺少的一种仪器。

常用的有蔡(Seitz)氏滤菌器（由石棉板制成）、白克非(Berkefeld)氏滤菌器（由硅藻土和石棉混合制成）、张伯伦(Chamberland)氏滤菌器（由白陶土和硅砂混合制成）、玻璃滤菌器（由玻璃细砂黏合制成）和薄膜滤菌器（用醋酸纤维作成薄膜装在金属滤菌器上而成）。

1. 灭菌原理

细菌都有一定的大小，如果过滤器的滤膜，或者滤柱（或者其他的）孔径小于细菌的直径，那么当液体或者气体通过的时候，细菌就被挡住过不去，通过的液体或者气体就是无菌的。有两种原理：一种是深层滤器，是用石棉(Seitz 式)、陶瓷(Chamberland 式)、硅藻土(Berkefeld 式)等为基本材料，使微生物通过由这种材料构成的弯道而被滤除，因此从原理上讲不可能将微生物除净，只能除去98%左右的规定粒径以上的微生物；另一种是纤维素膜滤器，即在以醋酸纤维素为主要材料的具有均一孔径的穴孔的人工膜上，使超过孔径限度以上的微生物不能通过，故可以绝对滤过。此外，就滤过材料而言，深层滤器难免有一部分流往滤液中，而纤维素膜滤器几乎不发生这种情况。

2. 灭菌要求

① 目前，混合纤维素酯滤膜用得最多，其特性是耐 120℃，30 min 灭菌；无脱屑；不耐碱；不耐有机溶剂；易燃。

② 根据过滤的量选择相应型号的过滤器，从小型注射器式到大型蠕动泵式。

③ 如果液体中颗粒状物或微生物量较多，要先适当离心（3000～5000 r/min）后，才可用过滤器。

3. 灭菌器的使用

① 将清洁的滤器和滤膜安装好，用封口膜或纸封住两端，小型的用纸包好或放入密封的可灭菌的容器中，15 磅压力一次蒸汽灭菌 20 min。

② 取出冷却后，放入无菌操作台，去掉过滤主体部分上端的封口膜或纸，连接蠕动泵。将接取无菌滤液的灭过菌的容器放入操作台，打开紫外灯，灭菌 20 min。

③ 将要过滤的微生物培养液进行离心（3000～5000 r/min）去掉部分较大粒体，然后，倒入烧杯中，将蠕动泵管的另一端插入液体。

④ 关闭紫外灯，取下过滤器主体部分下端的封口膜或纸，将灭过菌的容器放在其下面，打开蠕动泵开关，待液体接近过滤器主体部分时，关闭过滤器顶部通气阀，注意容器的容量，及时更换容器。

⑤ 过滤完毕后，用清水冲洗干净后，再用蒸馏水冲洗，晾干。

4. 灭菌器使用注意事项

① 过滤器主体部分灭菌前螺丝不能太紧，以免热胀冷缩，损坏仪器。

② 放置滤膜时要多加小心，以免弄破，灭菌失败。

5. 应用范围

可以用来去除糖溶液、微生物培养液、血清、腹水及其他不耐热培养液中的细菌，用于对不耐热液体进行过滤灭菌。

二、检测类仪器的使用及注意事项

(一) 酶联免疫仪(酶标仪)

1. 酶联免疫仪的原理

酶标仪实际上就是一台变相的专用光电比色计或分光光度计，其基本工作原理与主要结构和光电比色计基本相同。光源灯发出的光波经过滤光片或单色器变成一束单色光，进入塑料微孔极中的待测标本。该单色光一部分被标本吸收，另一部分则透过标本照射到光电检测器上，光电检测器将这一待测标本不同强弱的光信号转换成相应的电信号。电信号经前置放大，对数放大，模数转换等信号处理后送入微处理器进行数据处理和计算，最后由显示器和打印机显示结果。

图 1-0-3　酶联免疫仪

2. 酶联免疫仪的使用

① 开启仪器电源开关，预热 5 min，同时启动电脑。

② 启动 Magellan. exe 程序，进入程序主界面，仪器微孔板架同时自动打开。

③ 将待测微孔板在板架上放好。

④ 根据不同的测量要求，设置好测定波长和测量模式后，进行检测。

⑤ 保存检测结果或进行打印。

⑥ 关闭计算机和主机电源，登记使用记录。

3. 酶联免疫仪使用注意事项

① 仪器应放置在低于 40 分贝的环境下。为延缓光学部件的老化，应避免阳光直射。操作时环境温度应在 15～40℃之间，环境湿度在 15%～85%之间。操作电压应保持稳定。

② 操作环境空气清洁，避免水汽，烟尘。保持干燥、干净、水平的工作台面，以及足够的操作空间。

③ 使用加液器加液，加液头不能混用。洗板要洗干净。如果条件允许，使用洗板机洗板，避免交叉污染。

④ 严格按照试剂盒的说明书操作，反应时间准确。

⑤ 在测量过程中，请勿碰酶标板，以防酶标板传送时挤伤操作人员的手。请勿将样品或试剂洒到仪器表面或内部，操作完成后请洗手。如果使用的样品或试剂具有污染性、毒性和生物学危害，请严格按照试剂盒的操作说明，防止对操作人员造成损害。如果仪器接触过污染性或传染性物品，请进行清洗和消毒。

⑥ 不要在测量过程中关闭电源。

⑦ 对于因试剂盒问题造成的测量结果的偏差，应根据实际情况及时修改参数，以达到最佳效果。

⑧ 使用后盖好防尘罩。出现技术故障时应及时与厂家联系，切勿擅自拆卸酶标仪。

4. 应用范围

本仪器可做基因检验、血清学检测和农残检验项目等。

（二）分光光度计

分光光度计可分为原子吸收分光光度计、荧光分光光度计、可见分光光度计、红外分光光度计、紫外可见分光光度计几种，不同的分类有不同的应用领域。

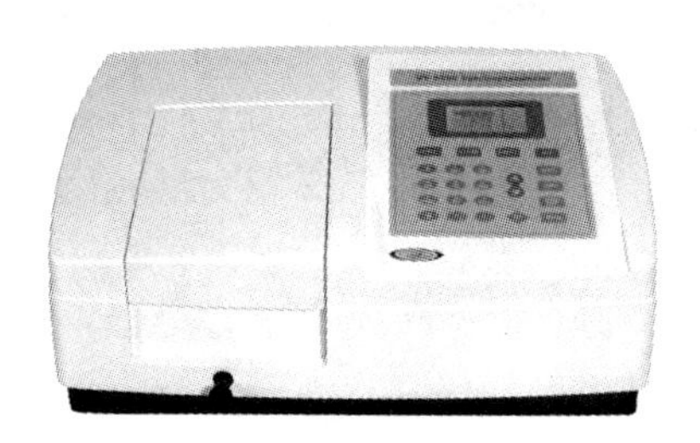

图 1-0-4 分光光度计

1. 分光光度计的原理

分光光度计的原理是由一光源产生的连续辐射光经单色器分光后照射到样品池上，经过池中样品时会产生吸收，吸收的多少与分析物的浓度有关，这样经过样品池的出射光由检测器检测就可得到分析信号。然后再对分析信号做一些处理就可得到分析结果。

2. 分光光度计的使用

① 预热仪器。为使测定稳定，将电源开关打开，使仪器预热 20 min，为了防止光电管疲劳，不要连续光照。预热仪器时和在不测定时应将比色皿暗箱盖打开，使光路切断。

② 选定波长。根据实验要求，转动波长调节器，使指针指示所需要的单色光波长。

③ 固定灵敏度档。根据有色溶液对光的吸收情况，为使吸光度读数为 0.2～0.7，选择合适的灵敏度。为此，旋动灵敏度档，使其固定于某一档，在实验过程中不再变动。一般测量固定在“1”档。

④ 调节“0”点。轻轻旋动调“0”电位器，使读数表头指针恰好位于透光度为“0”处（此时，比色皿暗箱盖是打开的，光路被切断，光电管不受光照）。

⑤ 调节 $T=100\%$。将盛有蒸馏水（或空白溶液、或纯溶剂）的比色皿放入比色皿座架中的第一格内，有色溶液放在其他格内，把比色皿暗箱盖子轻轻盖上，转动光量调节器，使透光度 $T=100\%$，即表头指针恰好指在 $T=100\%$处。

⑥ 测定。轻轻拉动比色皿座架拉杆，使有色溶液进入光路，此时表头指针所示为该有色溶液的吸光度 A。读数后，打开比色皿暗箱盖。

⑦ 关机。实验完毕，切断电源，将比色皿取出洗净，并将比色皿座架及暗箱用软纸擦净。

3. 分光光度计使用注意事项

① 为了防止光电管疲劳，不测定时必须将比色皿暗箱盖打开，使光路切断，以延长光电管使用寿命。

② 比色皿的使用方法。拿比色皿时，手指只能捏住比色皿的毛玻璃面，不要碰比色皿的透光面，以免玷污；清洗比色皿时，一般先用水冲洗，再用蒸馏水洗净，如比色皿被有机物玷污，可用盐酸-乙醇混合洗涤液（1∶2）浸泡片刻，再用水冲洗，不能用碱溶液或氧化性强的洗涤液洗比色皿，以免损坏，也不能用毛刷清洗比色皿，以免损伤它的透光面。每次做完实验时，应立即洗净比色皿；比色皿外壁的水用擦镜纸或细软的吸水纸吸干，以保护透光面；测定有色溶液吸光度时，一定要用有色溶液洗比色皿内壁几次，以免改变有色溶液的浓度，另外，在测定一系列溶液的吸光度时，通常都按由稀到浓的顺序测定，以减小测量误差；在实际分析工作中，通常根据溶液浓度的不同，选用液槽厚度不同的比色皿，使溶液的吸光度控制在0.2～0.7。

4. 应用范围

可广泛用于药品检验，药物分析，环境检测，卫生防疫食品、化工、科研等领域，对物质进行定性、定量分析，是生产、科研、教学的必备仪器。

（三）PCR 仪

1. PCR 仪的原理

基本原理类似于 DNA 的天然复制过程，其特异性依赖于与靶序列两端互补的寡核苷酸引物。PCR 由变性—退火—延伸三个基本反应步骤构成：模板 DNA 的变性——模板 DNA 经加热至 93℃左右一定时间后，使模板 DNA 双链或经 PCR 扩增形成的双链 DNA 解离，使之成为单链，以便它与引物结合，为下轮反应作准备；模板 DNA 与引物的退火（复性）——模板 DNA 经加热变性成单链后，温度降至 55℃左右，引物与模板 DNA 单链的互补序列配对结合；引物的延伸——DNA 模板与引物结合物在 TaqDNA 聚合酶的作用下，以 dNTP 为反应原料，靶序列为模板，按碱基配对与半保留复制原理，合成一条新的与模板 DNA 链互补的半保留复制链。重复循环变性—退火—延伸三过程，就可获得更多的“半保留复制链”，而且这种新链又可成为下次循环的模板。每完成一个循环需 2～4 min，2～3 h 就能将待扩目的基因扩增放大几百万倍。到达平台期所需循环次数取决于样品中模板的拷贝。

2. PCR 的使用

① 开机。打开开关，视窗上显示“SELF TEST”，显示 10 s 后，显示 RUN—ENTER 菜单：“RUN ENTER PROGRAM PROGRAM”准备执行程序。

② 放入样本管，关紧盖子。

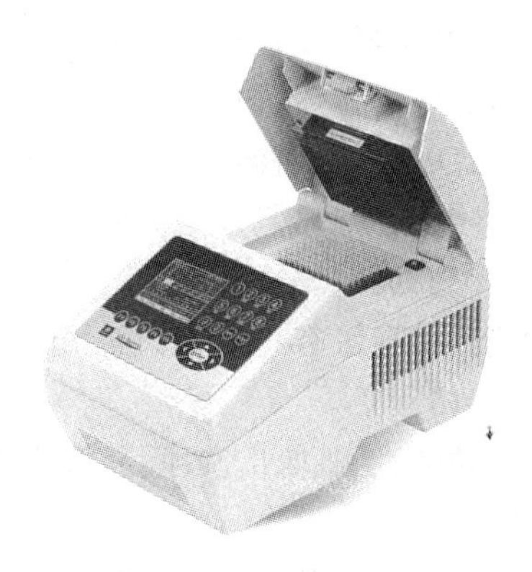

图 1-0-5 PCR 仪

③ 如果要运行已经编好的程序，则直接按“Proceed”，用箭头键选择已储存的程序，按“Proceed”，则屏幕显示：“—ENABLE DISABLE HEATED LID” 按“Proceed”选择 ENABLE，则开始执行程序。

④ 如果要输入新的程序，则在 RUN—ENTER 菜单上用箭头键选择 ENTER PROGRAM，按“Proceed”，屏幕显示“ —NEW LIST EDIT DELET”，按“Proceed”选择 NEW，命名新的程序，最多 8 个字母，输入后按“Proceed”确认。

⑤ 输入程序步骤：名字输入后，显示“STEP1_TEMP GOTO OPTION END”，按“Proceed”则可以输入温度(0～100℃)，按“Proceed”确认后，则可以输入孵育时间，用“Select”键移动光标，输入数字，完成后按“Proceed”确认，跳到下一步，输入方式同上。

⑥ 选择 GOTO，输入循环步骤时链接到第几步(循环数最多可达 9999 次)(为实际循环数－1)。

⑦ 选择 Option，显示“STEP EXTEND INCREMENT SLOPE”再选择 increment，按“Proceed”确认，输入初始的温度，确认后输入时间，按“Proceed”确认，然后输入每个循环增加或减少的温度，增加用正值，减少用负值(－0.1～6℃)，按“Proceed”确认。选择 extend，按“Proceed”确认，输入每个循环增加或减少的时间(－60～60 s)，按“Proceed”确认。

选择 Slop(指温度上升或下降的速率)，输入温度的改变值(－0.1～1.5℃)，按“Proceed”确认，然后输入加热或制冷的速度，按“Proceed”确认。

⑧ 选择 End，输入结束步骤。

⑨ 输入完成的程序后，到 RUN—ENTER 菜单，选择新程序，开始运行。

⑩ 其他。用“Pause”可以暂停一个运行的程序，再按一次继续程序，用“Stop”或“Cancel”可停止运行的程序。

3. 编辑程序

① 可以用“Cancel”键删除输错的值，输入新的值后按“Proceed”确认。

② 对于未输完的程序，要先输入 END，按“Proceed”将程序储存后才能删除。

③ 删除已经储存的程序。从 RUN—ENTER 菜单中选择 RUN—PROGRAM，按“Proceed”，显示主菜单，选择 DELETE，用“Select”选择删除。

④ 查看程序的步骤。在主菜单上选择 LIST，按“Proceed”，用“Select”将选择名称，再按

"Proceed",显示程序的第一步,用"Select"键向前、向后翻页查看,此时不能改变程序的值。

4. 编辑已有的程序

① 从 RUN—ENTER 菜单中选择 RUN—PROGRAM,按"Proceed",显示主菜单,选择 EDIT,按"Proceed"确认,用"Select"键选择要编辑的程序,按"Proceed"显示程序的第 1 步。

② 用"Select"键将光标移到要改变的温度或循环的值上,键入新值,按"Proceed"确认,按"Cancel"删除键入的值,出现空格,键入新值后确认。注意,一旦值被改变或删除,原来的值不能恢复,必须重新键入。

③ 编辑时间值。必须重新键入 h、min、s,按"Proceed"。

5. 设置一个 PCR 体系

① 预变性。可用 94～95℃,2～10 min,一般用 5 min。

② 变性。一般用 94℃,30 s～2 min,一般用 45 s～1 min。

③ 退火。温度自定,30 s～2 min。

④ 延伸。70～75℃,一般 72℃,对于＜2 kb,＜1 min;＞2 kb,每增加 1 kb 加 1 min。

⑤ 循环数。一般 25～35 个循环。

⑥ 最终延伸。72℃,5～15 min。

⑦ 保存。10℃,时间设为 0。

⑧ END。

6. PCR 仪使用注意事项

(1) 软件维护

① 为防止计算机感染病毒,请用户指定配套计算机单机专用,以免造成软件功能障碍及实验数据丢失。

② 定期对实验数据进行保存和备份。

③ 定期突发事件文件夹目录下的文件为系统文件,不能删除。

④ 系统文件目录下的文件为系统文件,不能删除。

(2) 硬件维护

① PCR 仪为精密仪器,内部无用户可以维护的器件,忌擅自拆卸。

② 样品板的维护。请用户在使用过程中注意对 32 孔样品板的保养,防止污垢和灰尘进入 32 孔样品板孔中。若有需要,蘸取少许酒精棉签轻柔擦拭清洁样品板的孔内。

③ 不要堵住进风口,PCR 仪主机离其他竖直面至少 10 cm,离其他热循环仪或产热的仪器更远些;不要让灰尘或纤维在进风口聚集,请确保空气足够的凉爽。

④ 不要并排放置两台或以上的 PCR 仪(或其他仪器),以免排风口的热空气直接进入进风口。通过测量仪器进气口空气的温度来确保进入仪器的是 35°C 或以下的空气。

⑤ 为了避免在运行过程中操作人员触电的危险,PCR 仪主机三相电源输入端、接地端必须可靠地连接到大地。

⑥ 正常的大气压(海拔高度应该低于 3000 m);环境温度 20～35℃,典型使用温度 25℃;相对湿度 10%～80%;畅通流入的空气温度应在 35℃或以下。

⑦ 避免仪器接受过多的热量和意外的溅入液体(不要将仪器放置在靠近热源的地方,如电暖炉,同时为防止电子元件的短路,应避免水或者其他液体溅在其中)。

三、称量及测量类仪器的使用及注意事项

(一)天平

1. 天平的原理

电子天平实际上是测量地球对放在秤盘上的物体的引力即重力的仪器,它是利用电磁力平衡的原理进行设计的。天平空载时,电磁传感器处于平衡状态,加载后,感应线圈的位置发生改变,光电传感器中的光敏三极管所接收的光线强度改变,其输出电流也改变,该变化量经微处理器处理后,控制电磁线圈的电流大小,使电磁传感器重新处于平衡状态,同时,微处理器将电磁线圈的电流变化量转变为数字信号,在显示屏上显示出来。

图 1-0-6 电子天平

2. 使用步骤

① 清扫天平。

② 水平调节。已处于水平状态的,请勿移动天平。

③ 预热。天平右上角有"0"或左下角有"0"符号,表示天平处于关机或待机状态,学生不必等待预热时间。

④ 按"ON/OFF"键开启天平,进行自检。

⑤ (BP221S,DENVER-TB214)内校准。按"TARE"清零,再按"CAL/CF"进行内校准,至显示"0.0000",校准完毕,如有必要,反复几次。

⑥ (BS210S)外校准。按"TARE"清零,再按"CAL"键,显示"CAL+200.0000",将 200 g 标准砝码置于秤盘中央,显示"+200.0000 g",取下砝码,显示为零。若必要,反复几次。

⑦ 进行称量与去皮称量。按"TARE"键清零,置被称容器于秤盘上,天平显示容器质量;按"TARE"键去皮量,天平显示零,将被称物小心加入容器中直至达到所需质量,所显示的值即为被称物的净质量。

⑧ 按"ON/OFF"键关闭显示器,清扫天平,罩好天平罩。

3. 注意事项

① 勿拔下天平电源插头。

② 读数时应关好天平门。

③ 勿直接称量热的容器或样品。

④ 勿将药品洒落在内。

4. 使用范围

称量药品和实验材料等质量。

(二) 纽鲍尔血球计数计

1. 原理

血球计数板在显微镜下直接进行测定。观察在一定容积中的微生物的细胞数目，然后推算出含菌数，简便快捷。血球计数板是一块特制的厚型载玻片，载玻片上有 4 个槽构成 3 个平台。中间的平台较宽，其中间又被一短横槽分隔成两半，每个半边上面各刻有一小方格网，每个方格网共分九个大方格，中央的一大方格作为计数用，称为计数区。

计数区的刻度有两种：一种是计数区分为 16 个中方格（大方格用三线隔开），而每个中方格又分成 25 个小方格；另一种是一个计数区分成 25 个中方格（中方格之间用双线分开），而每个中方格又分成 16 个小方格。但两种刻度的计数区都由 400 个小方格组成。计数区边长为 1 mm，面积为 1 mm^2，每个小方格的面积为 1/400 mm^2。盖上盖玻片后，计数区的高度为 0.1 mm，所以每个计数区的体积为 0.1 mm^3，每个小方格的体积为 1/4000 mm^3。

使用血球计数板计数时，先要测定每个小方格中微生物细胞的数量，再换算成每毫升菌液（或每克样品）中微生物细胞的数量。求出平均每小格内的孢子含量，再以平均数乘以 4×10^6，即为 1 mL 悬浮液中的孢子数。

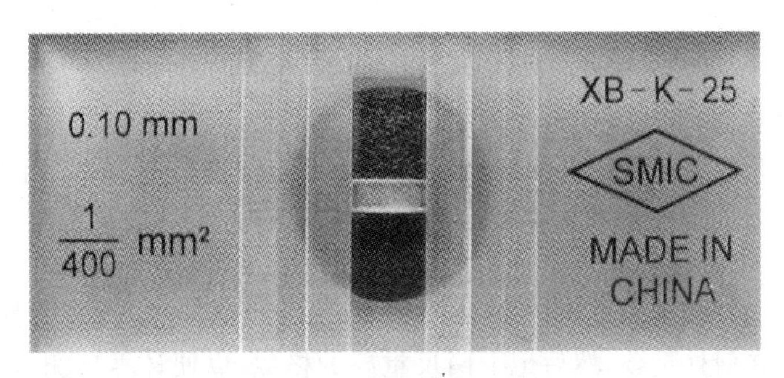

图 1-0-7　纽鲍尔血球计数计

2. 纽鲍尔血球计数计的使用

① 先将盖玻片放在计数计上有刻度的位置。

② 小心地从盖玻片的一侧加 1 滴未知浓度的待测细胞悬浮液，轻压玻片，然后将计数板置于显微镜下检查。记录每小格中细胞的数目。

③ 通常共观察 80 个小格（或 5 大格），如果使用 16 格×25 格规格的计数室，要按对角线位，取左上，右上，左下，右下 4 个中格（即 100 个小格）的菌数。如果规格为 25 格×16 格的计数板，除了取其 4 个对角方位外，还需再数中央的一个中格（即 80 个小方格）的菌数。对每个样品计数三次，取其平均值。统计其中的菌体数量，求出平均每小格内的孢子含量。

④ 平均数乘以 4×10^6，即为 1 mL 悬浮液中的孢子数。

⑤ 测数完毕，取下盖玻片，用水将血球计数板冲洗干净，洗净后自行晾干或用吹风机吹干，放入盒内保存。

3. 注意事项

① 纽鲍尔血球计数板计测真菌孢子效果很好，但用于细菌数目的计测则准确性较差。

② 注意液体不可溢出，并避免盖玻片下有气泡。

③ 为避免误差，所计数的格数通常观察 80 个小格以上。

④ 菌体位于大方格的双线上，计数时则数上线不数下线，数左线不数右线，以减少误差。

⑤ 切勿用硬物洗刷或抹擦，以免损坏网格刻度。

⑥ 由于在计数时死活细胞均被计算在内，还有微小杂物也被计算在内，这样得出结果往往偏高，因此该计数法适用于对形态个体较大的菌体或孢子进行计数。

⑦ 消化单层细胞时，务求细胞分散良好，制成单个细胞悬液。否则会影响细胞计数结果。

⑧ 取样计数前，应充分混匀细胞悬液。在连续取样计数时，尤应注意这一点，否则，前后计数结果会有很大误差。

⑨ 镜下计数时，遇见 2 个以上细胞组成的细胞团，应按单个细胞计算。如细胞团占 10%以上，说明消化不充分；细胞数少于 200 个/10 mm^2 或多于 500 个/10 mm^2 时，说明稀释不当，需重新制备细胞悬液、计数。

4. 使用范围

血球计数板被用以对人体内红、白血球显微计数，也常用于计算一些细菌、真菌、酵母等微生物的数量。

（三）测微尺

1. 原理

显微测微尺是用来测量显微镜视场内被测物体大小、长短的工具，包括目镜测微尺（分划目镜）和镜台测微尺。用时需两者配合使用。目镜测微尺是指在目镜的焦面上装有一刻度的镜片而成，其每一刻度值为 0.1 mm，镜台测微尺为一特制的载玻片，其中央有刻尺度，每一小格的值为 0.01 mm 使用时，先将目镜测微尺插入目镜管，旋转前透镜将目镜内的刻度调清楚，再把镜台测微尺放在载物台上，调焦点直至看清楚台尺的刻度。观察时先将两者的刻度在“0”点完全重叠，再向右找出两尺在何处重叠，然后记下两尺重叠的格数，以便计算出测微尺每小格在该放大率下的实际大小。测量时不再用镜台测微尺，如改变显微镜的放大赔率，则需对目镜测微尺重新进行标定。

2. 目镜测微尺的校正

① 取下目镜，旋下目镜上的透镜，将目镜测微尺放入目镜的中隔板上，使有刻度的一面朝下，再旋上透镜，并装入镜筒内。

② 将物镜测微尺置于显微镜的载物台上，使有刻度的一面朝上，同观察标本一样，使具有刻度的小圆圈位于视野中央。

③ 先用低倍镜观察，对准焦距，待看清物镜测微尺的刻度后，转动目镜，使目镜测微尺的刻度与物镜测微尺的刻度相平行，并使两尺的左边第一条线相重合，再向右寻找两尺的另外一条重合线。

④ 记录二条重合线间的目镜测微尺的格数和物镜测微尺的格数。

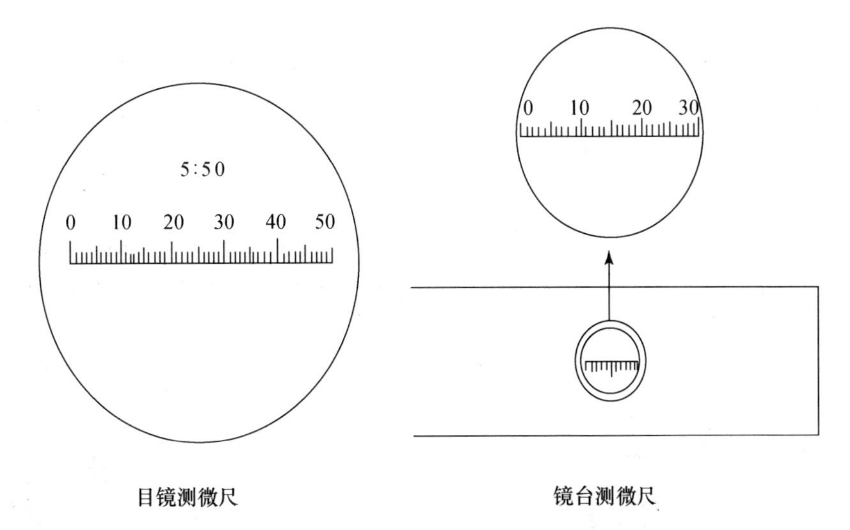

图 1-0-8　测微尺

⑤ 目镜测微尺每格长度＝(两个重叠刻度间物镜测微尺格数×10)/两个重叠刻度间目镜测微尺格数

⑥ 以同样方法,分别在不同倍率的物镜下测定测微尺上每格的实际长度。

⑦ 如此测定后的目镜测微尺的尺度,仅适用于测定时所用的显微镜的目镜和物镜的放大倍数。若更换物镜、目镜的放大倍数时,必须再进行校正标定。

例。假设三次观察结果如下。

	接物测微尺	接目测微尺*
第一次观察	12 格	25 格
第二次观察	6 格	13 格
第三次观察	30 格	64 格
共　　计	48 格＝480 μm	102 格

* 接目测微尺每格＝480 μm/102＝4.7 μm

3. 测微尺的使用

① 擦净接目测微尺,放入接目镜筒内。

② 擦净接物测微尺,安放载物台上。

③ 按上述方法校正。

④ 同样在高倍镜下标定接目测微尺的长度。

⑤ 取下接物测微尺,挑取病菌孢子,用蒸馏水制片(或先配好孢子悬液制片),放入载物台上,在接目测微尺下测量孢子大小。一般实测 20 个孢子以上,其大小以长×宽表示。

4. 注意事项

① 在高倍物镜下镜台测微尺的刻度线显得很粗,目镜测微尺的刻度与它相比是很细的,故校正时目微尺左端的刻线应放在台微尺左端刻线的左旁边缘。

② 细菌一般是用对数生长期的菌体进行测定。

③ 镜台测微尺的玻片很薄,在标定油镜头时,要格外注意,以免压碎镜台测微尺或损坏

镜头。

④ 标定目镜测微尺时要注意准确对正目镜测微尺与镜台测微尺的重合线。

5. 应用范围

微生物、细胞大小的测定和计数。

(四) 游标卡尺

游标卡尺是一种比较精密的量具,在测量中用得最多。通常用来测量精度较高的工件,它可测量工件的外直线尺寸、宽度和高度,有的还可用来测量槽的深度。如果按游标的刻度值来分,游标卡尺又分 0.1、0.05、0.02 mm 三种。

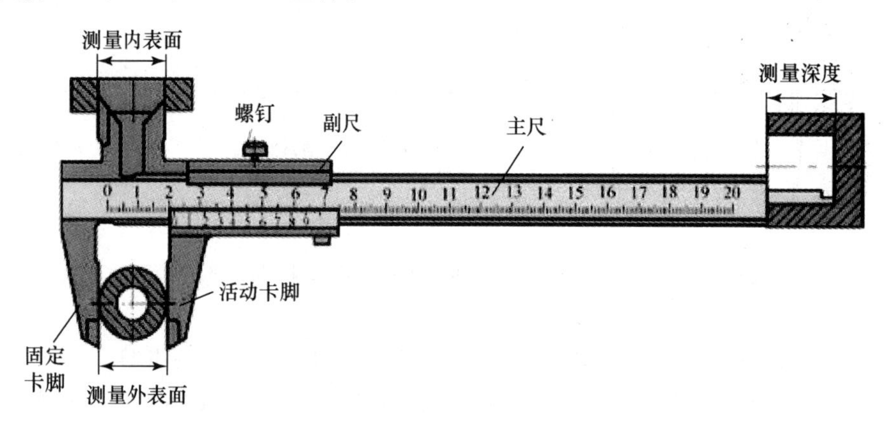

图 1-0-9 游标卡尺

1. 原理

以刻度值为 0.02 mm 的精密游标卡尺为例,这种游标卡尺由带固定卡脚的主尺和带活动卡脚的副尺(游标)组成。在副尺上有副尺固定螺钉。主尺上的刻度以 mm 为单位,每 10 格分别标以 1、2、3……以表示 10、20、30 mm……,这种游标卡尺的副尺刻度是把主尺刻度 49 mm 的长度,分为 50 等份,即每格为: 49/50＝0.98 mm。主尺和副尺的刻度每格相差:(1－0.98) mm＝0.02 mm。即测量精度为 0.02 mm。

如果用这种游标卡尺测量工件,测量前,主尺与副尺的 0 线是对齐的,测量时,副尺相对主尺向右移动,若副尺的第 1 格正好与主尺的第 1 格对齐,则工件的厚度为 0.02 mm。同理,测量 0.06 mm 或 0.08 mm 厚度的工件时,应该是副尺的第 3 格正好与主尺的第 3 格对齐或副尺的第 4 格正好与主尺的第 4 格对齐。

读数方法分三步。

① 根据副尺零线以左的主尺上的最近刻度读出整毫米数。

② 根据副尺零线以右与主尺上的刻度对准的刻线数乘上 0.02 读出小数。

③ 将上面整数和小数两部分加起来,即为总尺寸。

2. 游标卡尺的使用

① 读数时首先以游标零刻度线为准在尺身上读取毫米整数,即以毫米为单位的整数部分。

② 然后看游标上第几条刻度线与尺身的刻度线对齐,如第 6 条刻度线与尺身刻度线对齐,则小数部分即为 0.6 mm(若没有正好对齐的线,则取最接近对齐的线进行读数)。如有零误差,

则一律用上述结果减去零误差(零误差为负,相当于加上相同大小的零误差),读数结果为:L=整数部分+小数部分−零误差

③ 判断游标上哪条刻度线与尺身刻度线对准:选定相邻的三条线,如左侧的线在尺身对应线之右,右侧的线在尺身对应线之左,中间那条线便可以认为是对准了。如果需测量几次取平均值,不需每次都减去零误差,只要从最后结果减去零误差即可。

3. 注意事项

① 使用前,应先擦干净两卡脚测量面,合拢两卡脚,检查副尺0线与主尺0线是否对齐,若未对齐,应根据原始误差修正测量读数。

② 游标卡尺是比较精密的测量工具,要轻拿轻放,不得碰撞或跌落地下。使用时不要用来测量粗糙的物体,以免损坏量爪,不用时应置于干燥地方防止锈蚀。

③ 测量时,应先拧松紧固螺钉,移动游标不能用力过猛。两量爪与待测物的接触不宜过紧。不能使被夹紧的物体在量爪内挪动。测量工件时,卡脚测量面必须与工件的表面平行或垂直,不得歪斜,且用力不能过大,以免卡脚变形或磨损,影响测量精度。

④ 读数时,视线应与尺面垂直。如需固定读数,可用紧固螺钉将游标固定在尺身上,防止滑动。测量内径尺寸时,应轻轻摆动,以便找出最大值。

⑤ 实际测量时,对同一长度应多测几次,取其平均值来消除偶然误差。

⑥ 游标卡尺用完后,仔细擦净,抹上防护油,平放在合内。以防生锈或弯曲。

4. 使用范围

测量菌落直径。

四、观察类仪器的使用及注意事项

(一) 普通光学显微镜

1. 原理

显微镜的放大效能(分辨率)是由所用光波长短和物镜数值口径决定的,缩短使用的光波波长或增加数值口径可以提高分辨率,可见光的光波幅度比较窄,紫外光波长短可以提高分辨率,但不能用肉眼直接观察。所以利用减小光波长来提高光学显微镜分辨率是有限的,提高数值口径是提高分辨率的理想措施。要增加数值口径,可以提高介质折射率,当空气为介质时折射率为1.00,而香柏油的折射率为1.51,和载片玻璃的折射率(1.52)相近,这样光线可以不发生折射而直接通过载片、香柏油进入物镜,从而提高分辨率。显微镜总的放大倍数是目镜和物镜放大倍数的乘积,而物镜的放大倍数越高,分辨率越高。

2. 普通光学显微镜使用

① 取镜。安放手持显微镜的正确方法应该是右手握住镜臂,左手托住镜座。切不可单手斜提,以防目镜滑出。使用显微镜观察时,显微镜应放在身体前方略偏左的地方,以便用左眼观察,右手绘图。

② 对光。转动转换器,使低倍物镜对准通光孔。注意物镜的前端与载物台要保持2 cm的距离。双眼睁开,左眼注视目镜,将遮光器上较大的光圈对准通光孔,转动反光镜,使光线通过通光孔反射到镜筒内。从目镜中就可见到一个白亮的圆形视野。如光线过于强烈,可调小光圈或用平面反光镜。

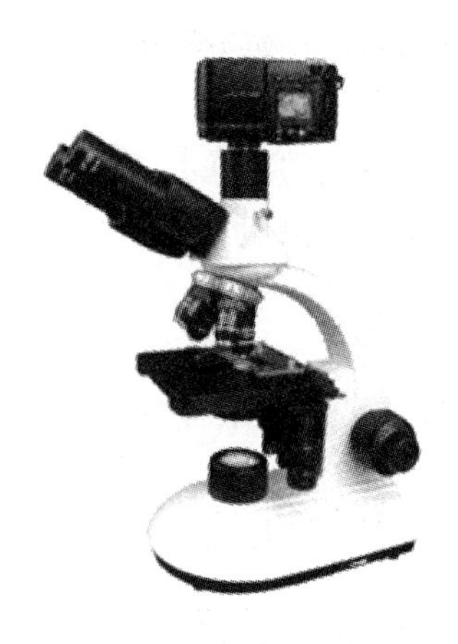

图 1-0-10　普通光学显微镜

③ 压片。压片是将切片、涂片或装片等玻片标本用金属压片夹固定在载物台上。压片时，要使玻片上的标本正对通光孔的中心，标本小时尤其注意这一点。否则，标本会偏出视野，调焦时找不到标本。

④ 调焦观察。用低倍物镜观察时，不论观察何种玻片标本，首先应用低倍物镜观察。当对好光后，把玻片标本放在载物台上，用压片夹压住，并使玻片标本中的标本正对通光孔的中心。然后顺时针转动粗准焦螺旋，使镜筒缓缓下降，直到物镜接近玻片标本为止（一般距盖玻片 2～3 mm）。镜筒下降时，眼睛须从旁边注视物镜，以免物镜碰到玻片标本，压碎盖玻片，损坏镜头。然后左眼向目镜内观察，同时反方向转动粗准焦螺旋，使镜筒缓缓上升，直到对准焦点，看清物像为止。再转动细准焦螺旋，来回调节，使看到的物像更加清晰。如果物像不在视野中间，则可一边观察，一边用手移动玻片标本，直到所要观察的物像进入视野中间。值得注意的是，从目镜中看到的物像是倒像。因此，玻片移动的方向与视野里物像的移动方向正好相反。

⑤ 油浸镜观察。油浸镜的工作距离很小，所以要防止载皮片和物镜上的透镜损坏。使用时，一般是经低倍、高倍到油浸镜。当高倍物镜对准标本后，再加油浸镜观察。载玻片标本也可以不经过低倍和高倍物镜，直接用油浸镜观察。显微镜有自动止降装置的，载玻片上加油以后，将油浸镜下移到油滴中，到停止下降为止，然后用微调向上调准焦点。没有自动止降装置的，对准焦点的方法是从显微镜的侧面观察，将油浸镜下移到与载玻片稍微接触为止，然后用微调向上提升调准焦点。

使用油浸镜时，镜台要保持水平，防止油流动。油浸镜所用的油要洁净，聚光镜要提高到最高点，并放大聚光镜下的虹彩光圈，否则会降低数值口径而影响分辨率。无论是油浸镜或高倍镜观察，都宜用可调节的显微镜灯作光源。

3. 注意事项

① 拿取显微镜必须一只手拿着镜臂，一只手托着镜座，并保持镜身的上下垂直，应避免震动，轻放台上。切不可一只手提起，以防显微镜、反光镜及目镜坠落。

② 为了防止透镜被污染，应做到：不要用手指触摸透镜，以免汗液玷污；下降镜筒时，一定要从旁边注视物镜，防止物镜碰到盖玻片，损坏玻片标本和物镜；当观察新鲜的标本时，一定要盖上盖玻片，并吸去玻片上多余的水或溶液等；每次用完显微镜后，应用擦镜纸将目镜、物镜擦干净。

③ 不要随意转动准焦螺旋，观察时必须先用粗准焦螺旋调节焦距，看清物像后再用细准焦螺旋进行微调。由于细准焦螺旋转动有一定的范围，当旋转不动时，应将粗准焦螺旋向相反方向转动，然后再用细准焦螺旋调节。切不可硬行转动，以防损坏齿轮。

④ 观察完毕，将玻片从载物台上取下时，必须先升高镜筒，以免玻片碰击物镜。然后转动转换器，将物镜转到正前方，呈“八”字形。

⑤ 显微镜使用完毕，应登记显微镜使用卡经指导教师检查后放回镜箱。

4. 保养与维护

① 显微镜使用过后，要用软布认真擦净显微镜的各个部件。镜头（目镜和物镜）必须用擦镜纸轻轻地擦，擦完后转动转换器，将两个物镜置于两侧，再将镜筒下降，使显微镜能放入镜箱内，

这样可避免镜头碰到载物台而损坏。

② 如果显微镜长期不用，或天气过于潮湿，就应拆下镜头，放入镜头盒内，并在镜头盒内放入一些变色硅胶或氯化钙等干燥剂，保持镜头干燥，防止发霉而影响观察。

③ 使用显微镜时，常将镜臂向后倾斜成便于观察的角度。长期使用后，镜臂与镜柱连接的活动关节（又称倾斜关节）就可能松动，造成镜臂不能随意倾斜。解决的办法是用尖嘴钳插入活动关节端面的两个圆孔内，顺时针旋转，直至镜臂倾斜时松紧适度。

④ 使用前应将镜身擦拭一遍、用擦镜纸将镜头擦净（切不可用手指擦抹）。若遇到镜台或镜头上有干香柏油，可用擦镜纸蘸取少量二甲苯将其擦去。

5. 使用范围

在微生物学、化学、物理学、天文学等学科领域的科研工作中都需要显微镜。

（二）荧光显微镜

1. 原理

荧光显微镜是利用一个高发光效率的点光源，经过滤色系统发出一定波长的光（如紫外光3650 λ 或紫蓝光 4200 λ）作为激发光，激发标本内的荧光物质发射出各种不同颜色的荧光后，再通过物镜和目镜的放大进行观察。这样在强烈的对衬背景下，即使荧光很微弱也易辨认，敏感性高。

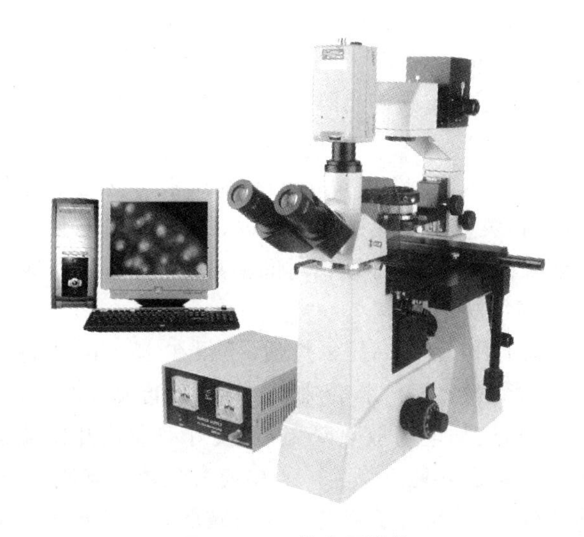

图 1-0-11 荧光显微镜

2. 荧光显微镜的使用（以尼康 e 600 为例）

① 开机。打开房间总电源开关，打开电脑电源开关，打开数码相机电源开关，打开显微镜电源开关（打开汞灯电源开关）。

② 调试显微镜光路。把载玻片放到载物台上，调节聚焦，根据物镜指数乘 0.8 确定聚光镜光圈值，调整到位，将视场光阑缩小，然后调节聚光镜高度，直到从目镜中观察到视场光阑的清晰成像，放大视场光阑，使其在目镜中的黑框扩展到视野以外。

③ 调试数码相机拍摄照片。在显微镜取景器中对好视野及焦距，打开 photoshop 程序，点击“文件—自动—Kodakmds290acquine...”调出相机控制窗口，ZOOM 定为 77，拍摄图片格式为

640×480不要改变，在相机控制窗口上点preview，观察预览图像的亮度。选择适当的曝光时间使预览图片的亮度合适，点拍摄按钮拍摄，等待几秒钟后图片传回电脑并在photoshop窗口里显示，继续拍摄下一张照片；拍摄十来张照片后要及时保存照片，先关闭相机控制按钮，并保存拍摄条件到默认值，在photoshop中保存刚拍摄的照片到指定文件夹中，保存后要关闭照片，保存并关闭全部照片后重新打开相机控制窗口继续拍摄，拍摄全部完成后保存所拍摄的照片。需要时将照片通过网络上传到校园网服务器上，不能使用U盘或软盘转移文件，或者将照片文件刻录到光盘上。

④ 关机。关闭显微镜电源，关闭汞灯电源，关闭数码相机电源，关闭电脑时点“重新启动电脑”，待电脑进入关闭状态并重新启动时按电脑电源开关强制关机。注意，不能直接点击“关闭电脑”，关闭房间电源总开关。

3. 注意事项

① 严格按照荧光显微镜厂家说明书要求进行操作，不要随意改变程序。

② 观察对象必须是可自发荧光或已被染色的标本。

③ 应在暗室中进行检查。进入暗室后，接上电源，点燃超高压汞灯5～15 min，待光源发出强光稳定后，眼睛完全适应暗室，再开始观察标本。

④ 载玻片、盖玻片及镜油应不含自发荧光杂质，载玻片的厚度应在0.8～1.2 mm之间，太厚可吸收较多的光，并且不能使激发光在标本平面上聚焦。载玻片必须光洁，厚度均匀，无油渍或划痕。盖玻片厚度应在0.17 mm左右。

⑤ 防止紫外线对眼睛的损害，在调整光源时应戴上防护眼镜。

⑥ 选用效果最好的滤光片组。

⑦ 检查时间每次以1～2 h为宜，超过90 min，超高压汞灯发光强度逐渐下降，荧光减弱。标本受紫外线照射3～5 min后，荧光也明显减弱。所以，最多不得超过2～3 h。

⑧ 荧光标本一般不能长久保存，若持续长时间照射(尤其是紫外线)易很快褪色。因此，如有条件则应先照相存档，再仔细观察标本。

⑨ 荧光显微镜光源寿命有限，启动高压汞灯后，不得在15 min内将其关闭，一经关闭，必须待汞灯冷却后方可再开启。严禁频繁开闭，否则，会大大降低汞灯的寿命。标本应集中检查，以节省时间，保护光源。天热时，应加电扇散热降温，新换灯泡应从开始就记录使用时间。灯熄灭后欲再用时，需待灯泡充分冷却后才能点燃。一天中应避免数次点燃光源。

⑩ 标本染色后立即观察，因时间久了荧光会逐渐减弱。若将标本放在聚乙烯塑料袋中4℃保存，可延缓荧光减弱时间，防止封裱剂蒸发。

⑪ 若暂不观察标本时，可拉过阻光光帘阻挡光线。这样，既可避免对标本不必要的长时间照射，又减少了开闭汞灯的频率和次数。

⑫ 较长时间观察荧光标本时，一定要戴能阻挡紫外光的护目镜，加强对眼睛的保护。在未加入阻断滤光片前不要用眼直接观察，否则会损伤眼睛。

4. 使用范围

主要用于微生物的检测、细胞结构和功能以及化学成分等的研究。

(三) 凝胶成像系统

凝胶成像系统用于对DNA/RNA/蛋白质等凝胶电泳不同染色(如EB、考马氏亮蓝、银染、

sybr green)及微孔板、平皿等非化学发光成像检测分析。

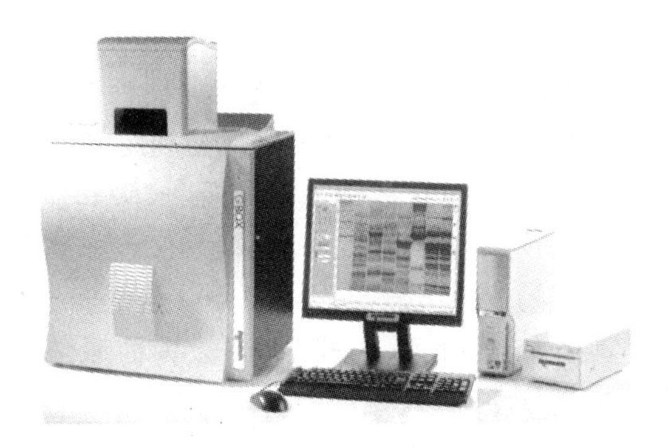

图 1-0-12　凝胶成像系统

1. 原理

样品在电泳凝胶或者其他载体上的迁移率不一样，以标准品或者其他的替代标准品相比较，根据未知样品在图谱中的位置可以对其作定性分析，确定它的成分和性质。这个就是图像分析系统定性的基础。

样品对投射或者反射光有部分的吸收，使得照相所得到的图像上面的样品条带的光密度有所差异，光密度于样品的浓度或者质量成线性关系，根据未知样品的光密度，通过与已知浓度样品条带的光密度相比较就可以得到未知样品的浓度或者质量，这就是图像分析系统定量的基础。采用最新技术的紫外透射光源和白光透射光源使光的分布更加均匀，最大限度地消除了光密度不均对结果造成的影响。

2. 凝胶成像系统的使用

① 打开凝胶成像系统开关，打开电脑，打开并进入成像软件。

② 选择合适拍摄分辨率(机器有像素合并功能)，点击“启动”。

③ DNA 胶拍摄。将 DNA 胶放置在紫外台正中间，调整焦距使样品占据窗口约 80%左右，然后点击“自动曝光”，并调整聚焦使预览窗口中的样品图像清晰，然后关闭反射白光，开启透射紫外，并微调，确保在紫外下处于清晰状态。

④ 蛋白质胶拍摄。将蛋白质胶放在折叠白光板的中间，关闭反射白光，开启透射白光，然后点击“自动曝光”，并调整聚焦使预览窗口中的样品图像清晰。

⑤ 在软件界面点击“拍摄”按钮即可。

3. 注意事项

① 如果是 EB 染料，要注意人身安全，分清污染区和非污染区；花青类染料无此问题。

② 如果是紫外发光，要注意紫外线防护，保护眼睛；可见光成像无此问题。

③ 如需切胶回收，注意避免长时间紫外照射，以免 PCR 产物断裂；可见光成像无此问题。

4. 使用范围

① 应用于蛋白质、核酸、多肽、氨基酸、多聚氨基酸等生物分子的分离纯化，结果作定性分析。

② 应用于分子量计算、密度扫描、密度定量、PCR 定量等生物工程常规研究。

（四）扫描电镜

1. 原理

扫描电镜(SEM)是介于透射电镜和光学显微镜之间的一种微观性貌观察手段,可直接利用样品表面材料的物质性能进行微观成像。从原理上讲就是利用聚焦得非常细的高能电子束在样品上扫描,激发出各种物理信息。通过对这些信息的接受、放大和显示成像,获得对样品表面性貌的观察。

扫描电镜的优点:① 有较高的放大倍数,20～200 000 倍之间连续可调;② 有很大的景深,视野大,成像富有立体感,可直接观察各种样品凹凸不平表面的细微结构;③ 样品制备简单。目前的扫描电镜都配有 X 射线能谱仪装置,这样可以同时进行显微组织性貌的观察和微区成分分析,因此它是当今十分有用的科学研究仪器。

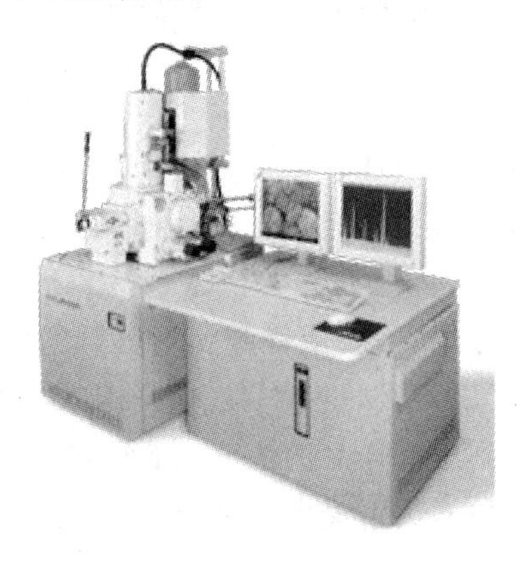

图 1-0-13　JSM-6700F 扫描电镜

2. 扫描电镜的使用(以 JSM-6700F 扫描电镜为例)

(1) 样品的初步处理

尽可能使样品的表面结构保存好,没有变形和污染,样品干燥并且有良好导电性能。对扫描电镜来说,样品可以稍大些,面积可达 8 mm×8 mm,厚度可达 5 mm。

(2) 样品的清洗

用扫描电镜观察的部位常常是样品的表面,即组织的游离面。由于样品取自活体组织,其表面因常有黏液附着而遮盖了样品的表面结构,影响观察。因此,在样品固定之前,要将这些附着物清洗干净。

(3) 固定

固定所用的试剂和透射电镜样品制备相同,常用戊二醛及锇酸双固定。体积较大的样品,固定时间应适当延长。也可用快速冷冻法固定。

(4) 脱水

样品经漂洗后用逐级增高浓度的酒精或丙酮脱水,然后进入中间液,一般用醋酸异戊酯作中间液。

(5) 样品的干燥

扫描电镜观察样品要求在高真空中进行。无论是水或脱水溶液,在高真空中都会产生剧烈地气化，不仅影响真空度、污染样品，还会破坏样品的微细结构。因此，样品在用电镜观察之前必须进行干燥。干燥的方法有以下几种：空气干燥法、临界点干燥法、冷冻干燥法等。

(6) 样品的导电处理

生物样品经过脱水、干燥处理后，其表面不带电，导电性能也差。用扫描电镜观察时，当入射电子束打到样品上，会在样品表面产生电荷的积累，形成充电和放电效应，影响对图像的观察和拍照记录，因此在观察之前要进行导电处理，使样品表面导电。常用的导电方法有金属镀膜法和组织导电法。

(7) 观察

① 确认设备和环境状态正常后，按操作台上的“OPEN POWER”的右钮开机，开启操控面板电源，开计算机，进入 JEOLPC-SEM 工作界面，程序会自动进行以下三方面准备：Flash(加热灯丝去除灯丝表面污染)，为了使灯丝工作电流稳定，最好在 Flash 30 min 后进行观察；样品台复位，根据需要选择进行或取消；样品台选择，根据需要选择或取消。

② 检查工作状态，确认主机上 WD 为 8 mm，EXCH 灯亮，TILT 为 0；按 VENT 键，灯闪烁，停闪后打开样品室门，把样品架放在样品台坐上(注意运行样品台选择程序，否则样品台移动范围不对，造成设备损害)，关上样品室门；按 EVAC 键，灯闪烁，停闪后将样品送入样品室内，这时要确认 HLDR 灯亮；抽真空 10 min 左右，确认样品室真空度小于 2×10^{-4} Pa 后方可加电压。

③ 按主机上的 GUN VAVLE CLOSE 键，此灯熄灭，电子束开始扫描。用操控器上的 LOW MAG 选用低放大倍率，用样品台上的 WD 轴粗调焦，出现图像后再逐步放大，最后用 FOCUS 细聚焦；为了调焦方便，可以按操控器上的 RDC IMAG 键选用小窗口，和按操控器上的 QUICK VIEW 快速扫描。当放大倍数高于 5000 倍时应注意图像的像散，检测的方法是把图像倍率再增加，用聚焦钮在焦点附近调焦，如果图像有“涂污”的痕迹，而且在焦点的欠焦一侧和过焦一侧涂污方向垂直，就表示有像散存在，用操控器上的消像散 X、Y 钮使涂污消失，此时图像清晰度会明显提高，调焦和清像散应在比照相所需的放大倍数高的放大倍数下进行，至少高出 1.5 倍。

④ 按操控器上的 ACB 钮即可自动调整亮度对比度，也可用 CONTRAST 和 BRIGHTNESS 钮手工调整。得到一幅满意的图像时，可按 FREEZE 记录下图像。

⑤ 完成观测后关高压(HT)，按 GUN VAVLE CLOSE 钮，指示灯变黄。

⑥ 运行样品台位置初始化程序，EXCH POSN 指示灯亮，拉动样品杆将样品置于样品交换室内，HLDR 灯亮，按 VENT 按钮，样品交换室放气，取出样品后按 EVAC 按钮。

⑦ 退出操作界面，关计算机。按“OPEN POWER”左钮关机，关控制面板电源。

3. 注意事项

① 喷金会掩盖样品上的细节，造成假象，因此对于样品颗粒太小的样品，能不喷金就不要喷。

② 要拍出高倍数的照片，样品的导电性是最关键的因素之一。样品最好喷三次，每次在样品台下面垫一小铝块，喷完一次后，水平方向转 120°再喷一次；第二次喷完后，同样地转 120°再喷第三次。这样样品的表面和所有的侧面都有一层金膜覆盖。这样观察时效果要好于只喷一次的效果。

③ 任何要装进电镜的试样和样品台必须是干净、干燥的。

4. 应用范围

扫描电镜主要用来观察组织、细胞表面或断裂面的显微和亚显微结构及较大的颗粒性样品(3～10 nm)的表面形态结构，找到病灶。

(五) 透射电子显微镜

透射电子显微镜(TEM)是目前使用最普遍的一种电镜，占使用电镜的80%，其分辨率、放大倍数及各项性能都比其他类型电镜高。透射电镜是用电子束照射标本，用电子透镜收集穿透标本的电子并放大成像，用以显示物体超微结构的装置。透射电镜的分辨率可达0.2 nm，放大倍数可达40～1 000 000倍。

图 1-0-14　透射电子显微镜

1. 原理

电子束最先通过聚光镜，聚光镜无放大作用，而有聚积电子束调节亮度的作用，经聚光镜的调节将电子束的直径调节在约2 μm左右，这样细的电子束透过样品时，电子与样品中的原子发生碰撞，从而产生电子散射。不同的结构成分对电子有着不同的散射程度：结构致密的，特别是被重金属盐着色或被锇酸固定的部分对电子的散射强，结构在荧光屏上较暗，电镜照片中呈黑色，称为电子致密；结构疏松的未被重金属盐着色的部分对电子散射弱，结构在荧光屏上的亮度较强，电镜照片中呈浅色，称为电子透明。电子束透过样品之后经过一系列电磁透镜(如物镜、中间镜、投影镜)的放大作用，在荧光屏上形成最终的放大像。

2. 使用(以JEM-200CX透射电镜为例)

① 开机，钥匙旋至ON，等待READY和AIRLOCK OPEN绿灯亮，并且高真空指针进入绿区，约需要45 min以上时间。

② 换装样品及旋转样品操作。确认样品台装卸时的状态，样品台位置回零，倾转回零，物镜光栏、选区光栏退出，灯丝发射关至OFF，按下高压80kV键，再按HT键关高压，握住样品台手柄，直外拉到拔不动(中途切勿松手，以防样品台被真空吸回发生撞击导致损坏)，逆旋90°至不动，直拔出。装样品，并检验样品是否被牢固固定，检查样品台"O"型环上是否有细毛等脏物。握住样品台手柄，使销钉对准槽直插入，手指稍用力顶住手柄后端，至阀门开启，红色指示灯亮后松手，等待约3 min，指示灯灭后，握手柄顺90°(切勿松手)，随着吸力慢送样品台入镜筒。倾转样

品台，用脚踏板倾转样品过程中动作要轻，并注意查看倾转角度，且勿倾斜至限定角度后仍继续踩。

③ 发射电子束。确认 READY 和 AIRLOCK OPEN 绿灯亮，确认高真空指针进入绿区，加高压，按下 HT 键后，80—100—120—160 kV 依次缓慢按键，并注意观察束流表指示是否正常，加灯丝电流，将 FILAMENT EMISSION 钮慢顺时针旋至锁定位置。

④ 找薄区。移动样品找亮，可参考 SPECIMEN POSITION 样品位置指示，样品薄区（孔洞）出现后，用 CONDENSER 钮调光斑大小（亮度），若光斑偏离荧光屏中心，用左右 ALIGNMENT TRANS 将光斑拉回中心。

⑤ 图像调节。加物镜光栏（可提高图像对比度），按下 SA DIFF 钮进入衍射模式，根据需要加适当大小的物镜光栏，调光栏位移钮使光栏孔与透射斑同心，若光栏孔边缘模糊，调 SA/HD DIFFRACTION 中的 CAMERA LENGTH 小旋钮聚焦光栏孔边缘。完成后切换至 MAG 模式，调放大倍率，MAG 模式下用 MAGNIFICATION CONDENSER 调，SA MAG 下用 SA/HD DIFFRACTION 中的 MAGNIFICATION 调，在 MAGNIFICATION CAMERA LENGTH 上显示倍率和相机长度，用 FOCUS 的 MEDIUM 和 FINE 调，可结合 IMAGE WOBBLER 图像摇摆器辅助调焦，也可按下 45°荧光板控制钮使荧光板抬起，用双筒望远镜观察细调，大于 10 万倍照相时做电压中心调节、物镜消像散。

⑥ 选区衍射操作。将欲分析区域移至屏中心，聚焦，加选区光栏，SAMAG 模式下，找到感兴趣的样品位置，移至屏中心，聚焦，顺旋插进选区光栏（依样品位置大小而选相应光栏号），用选区光栏调节钮调整，切换到 SA DIFF 模式，撤出物镜光栏，选择合适相机长度，并用 CAMERA LENGTH 小钮聚焦到中心斑最小，调节 CONDENSER 钮调光斑亮度，中心斑不要太亮以防烧焦荧屏，用挡针挡住中心斑，物镜光栏、选区光栏、聚光镜光栏退出与插入操作动作相反。

⑦ 明暗场像。在键 BRIGHT 亮状态下，用左右 ALIGNMENT TRANS 将光斑移至屏中心，在键 DARK 亮状态下，用左右 DARK FIELD TRANS 将光斑移至屏中心，反复以上步骤，至光斑不偏离屏中心。BRIGHT 亮状态下选区衍射，并用左右 ALIGNMENT TILT 将透射斑移至中心，DARK 亮状态下选区衍射，用左右 DARK FIELD TILT 将透射光斑移至屏中心，用左右 DARK FIELD TILT 将某一衍射斑移至屏中心，加物镜光栏，DARK 亮，MAG 模式，观察暗场像；BRIGHT 亮，MAG 模式，看明场像。明、暗场像操作结束后，DARK 亮，SA DIFF 模式下，将透射斑移至屏中心。

⑧ 照相。一般形貌（明场像）在 SHUTTER AUTO 下，用 CONDENSER 钮调亮度，用 SHUTTER SPEED 调曝光时间（勿动 EXPOSUERE SENSITIVITY 旋钮，若误动，请置于刻度 5），使 EXPOSUERE 绿灯亮，曝光时间为 1～4 s。衍射斑点和暗场像在 SHUTTER MANUAL 下，用 CONDENSER 钮调亮度使其较暗（凭经验），用 SHUTTER SPEED 调曝光时间，曝光时间大于 30 s。照相，按下 FILM ADVANCE SINGLE 钮，待其灯亮后，盖观察窗挡板，按下 90°荧光板控制钮开始曝光；完毕后等待 FILM ADVANCE SINGLE 钮灯熄灭，完成照相。注意记录 FILM COUNTER 显示的底片号码及相应的照相目的。

⑨ 结束程序。放大倍数降至小于 1 万倍，光斑满荧光屏，退灯丝至 OFF，按 80 kV 键使高压降至 80 kV，按高压键 HT（灯灭），关高压，退出物镜光栏、选区光栏，样品台倾转角回零，样品位置移至中心，取出样品，并将无样品的样品台装入电镜，LENS、HV 至 OFF。

⑩ 全停机。钥匙旋至 OFF,等约 15 min 后面板灯自动熄灭,机械泵停止工作,稍等,关稳压电源,关水。

3. 注意事项

① 常开机,多使用,这样就能随时掌握仪器工作情况,随时注意观察图、光、声、真空、气压、电源的变化情况,及时调节,做好记录。

② 注意空气湿度,电压要稳定,气体要清洁干燥,防止小样品掉入,尤其是细颗粒、粉末,防止碰撞。

③ 监视电子枪内的氟利昂是否降低,监视机械泵里的油是否降低到水平线以下,空气压缩机时常放放气,循环水装置内的水要定期更换,保持室内湿度在 40%~70%,温度在 15~25℃。

④ 旋转泵用的真空油有条件最好一年换一次油。油脏的快慢主要和实验室洁净程度、湿度有关。电镜不用最好也开着,每天抽抽真空,隔一两天电路通通电。如观测粉末样品,就更容易使油变浑浊,看到油的颜色比较深应及时更换。

⑤ 未有上机操作证和未预约者,不得擅自使用本仪器和触动仪器任何开关和旋钮。

4. 使用范围

在细胞学、组织学、胚胎学、植物解剖学、微生物学、古生物学及孢粉学发展中,已成为一个主要研究手段。

五、切片类仪器的使用及注意事项

(一) 冰冻切片机

1. 冰冻切片机使用

(1) 切片材料的制备

选择典型、单纯的病害部位并用灭菌解剖刀切取 0.6 cm×0.6 cm 组织块,放入培养皿中浸 0.5 h,置于实验台上作为切片材料备用。采用冷冻切片机将处理好的材料固定于冰台冰球上进行切片,切片厚度为 25 μm。

(2) 切片的制取

① 先接通水。

② 接通电源,指示灯亮,让其工作片刻。

③ 拨动转换开关,刀架与固定台上均出现白霜。

图 1-0-15 冰冻切片机

④ 用胶头吸管滴加几滴清水于固定台上,待其凝固结成冰球后,再滴加几滴清水,将其顶部润湿,然后迅速地将切片材料镶入冰台中,不断滴加清水修饰直至材料完全盖住,这时已能看到冰柱体从基部开始冰冻发白,直至全部发白。

⑤ 检查调整切片机的厚度,快速转动切片机手柄切下冰片,然后用镊子将切片迅速移至载玻片上,镜检出合乎要求的切片。

⑥ 制片。在处理的洁净载片中部,用竹牙签轻涂 0.8 mm×0.5 mm 浮载剂,迅速用挑针或小毛笔取切好的材料纵向、均匀排列 5 条左右,之上滴一小滴棉兰乳酚油,将洁

净盖片沿边成45°轻盖。

⑦ 封片。排除载剂中的气泡后,用滤纸吸去多余载剂,调整盖片,用胶沿盖片边封藏。在制片左侧0.5 cm处粘好标签,标明寄主、病名、拉丁名和日期等,胶干后,放载片盒中保存。

⑧ 擦洗切片刀、刀架、固定台等以备下次使用。

(3) 选片

可借助扩大镜,择优选择具典型子实体的薄、匀切片预备制片。

(4) 染色

新鲜配制的1%结晶紫水溶液,过滤后染色10 min;蒸馏水很快洗2次,碘液(80%的酒精、加1%的碘和1%的碘化钾)处理30 s;很快地用95%的酒精洗;随即很快用无水酒精脱水;在显微镜下观察,用丁子香油2份、无水酒精1份、二甲苯1份的混合透明,当寄主组织显示很清楚的时候封片。

(5) 封片并摄影记录

加1滴树胶,盖上盖玻片封片,待其干燥后即可使用。

2. 注意事项

① 开机后速冻台温度非常低,请小心操作勿徒手接触。

② 固定样品时应将样品置于包埋盒底部,避免在进行切片时先要进行长时间的修片,损坏磨损切片刀。

③ 使用刷子扫除多余组织碎片时,请不要刷刀片顶部的刀刃,同时由下到上顺着刀面轻刷。

④ 切片过程中请将冷冻箱窗口留个小缝即可,不可大敞着口进行切片。

⑤ 切片完毕后务必将刀片护刀架放好,将手轮锁死在12点位置。

⑥ 如果切完样品还有下一位同学需要用的话,可将机器的速冻台和冷冻箱温度调至-8℃,然后按锁定键,机器即进入待机状态。下一位同学按任意键即可取消锁定。

⑦ 每次使用完毕一定要将切片机冷冻箱内清理干净,保持切片机的整洁。同时填写《仪器使用记录》,包括“使用日期、实际使用时间、使用者、机器状态”。

⑧ 如若要对带有生物危害性的样品进行切片前,请提前与仪器负责人联系再进行切片。

3. 应用范围

① 为快速病理诊断提供冰冻切片,已成为植物病害诊断的重要工具。

② 细胞学。显示细胞和组织成分。

③ 免疫细胞化学、免疫组织化学和分子生物学技术等研究工作。

(二) 石蜡切片机

1. 石蜡切片的主要过程

① 取材与固定。染病植物组织1.0 cm×1.0 cm×0.2 cm小长条组织块,放入固定液中直接固定24 h,4℃冰箱保存。

② 冲洗。固定以后,需在自来水下流水冲洗10 min。

③ 脱水。材料需要切成薄片以石蜡包埋。为使石蜡能透入材料内部,必须除去其内部的水分。这种除去材料内部水分的操作过程,称为脱水。脱水时常用70%、80%、90%、95%、100%梯度酒精渐进脱水,每级10~30 min,不能急骤,否则会引起材料的不均匀收缩。

④ 透明。此时材料内部浸满酒精,石蜡仍难渗入,必须用既能与酒精混合又能溶解石蜡的

媒浸剂浸渍，常用二甲苯。每次 20～30 min，进行 2 次，时间不能长，久浸会使材料变脆，造成切片困难。

图 1-0-16 石蜡切片机

⑤ 浸蜡。指石蜡浸入材料内部的操作过程。将溶解的石蜡倒入浸蜡杯内，将透明好的组织块放入，中间换 2 次石蜡，每次 20～30 min，注意温箱温度调到与石蜡熔点相同，如温度过高，包埋物会变得硬脆而不易切片。

⑥ 包埋。将融化的石蜡倒入包埋器中，用热镊子把材料迅速移入包埋器中，并摆好位置，切记观察面向下摆放。之后，将包埋器移入水面，缓慢浸入水中。等石蜡完全凝结以后，从水中取出，并注明包埋块的名称、组别和日期等。

⑦ 切片。将材料连同周围的石蜡用解剖刀修切成梯形，四周离组织 1～2 mm，前端离材料宜近。锁定手轮，应先夹紧标本再装切片刀，用少许石蜡将蜡块固定在木块上，然后将木块固定在切片机上，调节切片刀固定器或材料固定器，使切片刀与蜡块靠近。调节切片厚度为 7～10 μm，转动粗转轮，将标本退到后面的极限位置，进行切片，在切片时，匀速转动手轮，当切较硬标本时，放慢手轮转动速度。转动手轮，可以再次修片，当修片达到所希望的表面时，停止修片，选择想要的切片厚度，顺时针匀速转动手轮，切片，并将切片用毛笔移在铺有黑纸的盘中。

⑧ 展片与贴片。将切好的蜡带，放入温度为 40～50℃的水浴锅内，依靠蜡的融化与水面的张力，展平组织切片。取一小滴蛋白甘油（或多聚赖氨酸，或直接用经过硅烷化处理过的载玻片）涂在载玻片上，用小拇指外侧把它涂成薄层，涂抹面积要超过蜡带所占面积，涂抹得越薄、越均匀越好。用解剖针把蜡带拖置载玻片上，注意摆放位置，玻片在 45～50℃下烘干。

⑨ 脱蜡。把玻片放入盛有二甲苯的染缸中溶去石蜡（3 min），再经第 2 缸（3 min）。

⑩ 下水。经 100%—95%—90%—80%—70%各级酒精后入蒸馏水。

⑪ 染色。用 HE 染色法：入苏木精染液 10 min，至细胞核为紫红色，再用自来水流水洗至细胞核为鲜亮的蓝色。若过染，可用盐酸酒精分色。

⑫ 脱水。经 70%—80%—90%—95%各级酒精，每级 1～5 min。复染：入伊红染液（用酒

精配制)30 s～1 min,再用95%的酒精分色,时间酌定。伊红主要染细胞质,着色浓淡应与苏木精染细胞核的浓淡相配合,如细胞质染得浓,细胞核也应浓染,要求对比明显。反之,如细胞核染得浅,细胞质也应淡染。染色好的切片应该是细胞核被苏木精染成鲜明的蓝色,细胞质被伊红染成桃红色,红蓝相映色彩鲜明,对比明显。

⑬ 透明。入二甲苯中 3 min 至透明。

⑭ 封片。滴加一小滴加拿大树脂并用盖玻片小心封片,自然风干。

⑮ 实验观察与拍照。切片制作完成后可直接在光学显微镜下观察各器官的组织结构并拍照。

2. 注意事项

① 切片机应放置平稳,切片刀、蜡块应安装牢固,否则会因震动而出现切片褶皱或厚薄不均。

② 切片时要及时清洁刀口、除去蜡屑,否则易引起切片破碎。

③ 切片刀与蜡块切面的倾斜角以 5°～10°为宜。过大则切片上卷,不易连接成蜡带;过小则切片皱起。

④ 切片时摇动旋转轮速度不可过快,用力均匀、平稳。

⑤ 展片时的水温在 42～48℃之间,一般以 45℃最宜;另外,还应及时清洁水中的蜡屑等杂物,防止污染切片。

3. 使用范围

石蜡切片不仅用于观察正常细胞组织的形态结构,也是病理学和法医学等学科用以研究、观察及判断细胞组织形态变化的主要方法,而且也已相当广泛地用于其他许多学科领域的研究中。

第二章 植物病害的诊断与病原物鉴定保存

所谓植物病害(plant disease)是指植物在整个生长发育过程中,由于受到病原物的侵染或不良环境条件的影响,使正常的生长发育受到干扰和破坏,在生理和外观上发生异常变化,这种偏离了正常状态的植物就是发生了病害。这是一种逐渐地不断变化的过程,简称病程。植物病害都有病程。而由风、雹、昆虫以及高等动物对植物造成的机械损伤,能引起植物外观发生改变,但却没有逐渐发生的病变过程,因此,不是病害。植物患病后表现的不正常状况或病态称为症状(symptom)。

植物病害的诊断(diagnosis of plant disease),就是从症状等表型特征来判断植物生病的原因,确定病害种类和病原类型。要了解病害发生的原因,就要检测鉴定病原。

所谓鉴定(identify),是指将引起植物发病的病原物的种类同已知种类比较异同,确定病原的科学名称或分类上的地位。植物病原的鉴别是认识植物病害的关键。只有找出植物发病的原因,才能对症下药。因此,植物病害的诊断和病原的鉴定是植物病害防治的前提和依据。

第一节 植物病害的诊断

一、植物病害诊断的目的及意义

植物病害诊断的目的在于查明和确定病因,根据病因和发病规律,提出相应的对策和措施,及时有效地防治植物病害。植物病害诊断意义在于可为植物病害及时、正确的防治提供科学依据,同时,减少植物因病害所造成的损失。因此,对植物病害进行诊断,特别是对植物病害的早期判断是非常重要的,在植物病害防治上具有重要意义。诊断上的延迟和失误,常会导致防治策略的失败,从而造成经济损失。

有效的诊断需要精确(accuracy)、可靠(reliability)和快速(speed)。

二、植物病害诊断的依据

对病植物的诊断应该从症状入手,全面检查,仔细分析。资料记载的病害症状往往是典型的。实际上,在自然条件下发生的植物病害,经常出现非典型症状,这是由于诸如温湿度条件不同、品种抗性不同、病害症状出现的时期(初期、后期)不同、复合感染等因素的影响。因此,必须依据病害传染特征、症状学特征及病原学特征等对植物病害进行正确的诊断。

(一)传染特征依据

侵染性病害所具有的在植物不同个体间相互传染的特性,是区别侵染性病害和非侵染性病害的根本依据,也是植物病害诊断的初始工作。

引发植物病害的原因很多,既有不适宜的环境因素,又有生物因素,还有环境与生物相互配合的因素。引起植物发生病害的生物,称为病原生物(pathogen),简称病原物。植物病害的诊断，首先要区分是侵染性病害还是非侵染性病害。

(1) 侵染性病害

侵染性病害具备以下特点。

① 由生物因素引起。

② 可以在植物个体之间传染，病害的发生数量由少到多，传播蔓延。病害有一个逐步扩展或传染的过程。

③ 在特定的品种或环境条件下，病害轻重不一，田间往往出现明显的发病中心。

④ 具有特异性的症状。

⑤ 在病组织的外部或内部一般多能查到病原物。

引起侵染性病害的病原物种类很多，主要有菌物、原核生物、病毒、线虫、寄生性种子植物以及原生动物等。由病原生物侵染引起的病害在植物个体间可以相互传染，能够在田间传播、扩散、蔓延，因而又叫传染性病害。

(2) 非侵染性病害

非侵染性病害是由非生物因素，如某些不良的环境因素引起的植物病害，又叫生理性病害。该病害具备以下特点。

① 由非生物因素引起。

② 不会传染，不能在植物个体之间相互传染。

③ 无明显的发病中心，即均一性。这类病害往往大面积同时发生，发病时间短并只限于某一品种发生。

④ 病植物上看不到任何病原物，也不可能分离到病原物。

⑤ 关联性。即病害的发生与当时、当地某些物理、化学因素以及环境、栽培措施具有一定的联系。

⑥ 可逆性。指有些非传染性病害(如营养失调症)当不良因素消除以后，症状会消除。

非生物性病原除了植物自身遗传性疾病外，主要是不利的环境因素所致，如营养失调(缺某种元素)，水分失调(干旱、水涝)，温度(日照、冷冻)，有害物质(化肥或农药、空气污染或废水污染等)等。

(二) 症状学依据

每类植物病害乃至每一种植物病害都有其特有的症状特征，包括发病植物的内部症状和外部症状，后者又包括病状、病征、症状的变化等。因而这些特征就可以作为诊断植物病害的重要依据。

植物病害的症状由病状和病征两部分构成。病状是指植物本身外部可见的异常状态。病征(sign)是指在植物病部表面形成的、肉眼可见的、各种形态各异的病原物特征性结构。识别各种不同类型的病征对诊断病害很有帮助。

1. 病状类型

(1) 变色(disculoration)

变色是由于叶绿素发育受到破坏，而使植物患病后局部或全株失去正常的绿色或发生颜色变化，这种变色可以是普遍的也可以是局部的，变色的细胞本身并不死亡，共有 6 种类型。

① 褪绿。是由于叶绿素的减少而使叶片表现为浅绿色或淡黄色。

② 黄化。当叶绿素的量减少到一定程度就表现为叶片普遍变为黄色。

③ 花叶。叶片不是均匀的变色，使之呈黄绿色或黄白色相间的不规则的杂色，不同变色部分之间轮廓明显称，为花叶（mosaic）。

④ 斑驳。变色部分的轮廓不清称作斑驳（mottle）。

⑤ 沿脉变色。沿着叶脉的变色称作沿脉变色。

⑥ 脉明。主脉和次脉为半透明状的称作脉明（vein cleaning）。

(2) 坏死(necrosis)

坏死是植物感病细胞和组织死亡的表现，植物的根、茎、叶、花、果实都能发生坏死，主要有6类。

① 斑点。局部组织或细胞变色，然后坏死，形成各种形状、大小和颜色不同的斑点，轮廓比较清楚。

② 枯死。芽、叶、枝、花局部或大部分组织发生变色、焦枯 ，大面积坏死，形成叶斑，叶枯、环斑、条斑或轮纹斑等，叶斑上有轮纹的称轮斑或环斑（ring spot），在表皮组织出现的坏死纹称蚀纹。

③ 穿孔和落叶落果。叶片的局部组织坏死后脱落形成穿孔，有些植物的花、叶、果等染病后，在叶柄或果梗附近产生离层而引起过早的落叶、落果等。

④ 疮痂。果实、嫩茎、块茎等的染病组织表层局部先突起，木栓化，然后表皮细胞破裂，表面粗糙，发生龟裂。

⑤ 溃疡。植物皮层组织坏死或腐烂，使木质部外露，病部面积大、稍凹陷，周围的寄主细胞有时增生和木栓化，多见于木本植物的枝干。

⑥ 猝倒（damp off）和立枯。大多发生在各种植物的苗期，幼苗的茎基或根冠组织坏死，地上部萎蔫，以致死亡，发病后植物立而不倒的称立枯，发病后植物因基部腐烂而迅速倒伏的称猝倒。

(3) 腐烂(rot)

腐烂是指染病植物细胞和组织发生较大面积的消解和破坏，根据症状、染病细胞和组织失水快慢以及腐败组织的质地可分4类。

① 干腐。组织腐烂时，随着细胞的消解而流出水分和其他物质，水分能及时消失则形成干腐。

② 湿腐。细胞消解很快，腐烂组织不能及时失水则形成湿腐症状。

③ 软腐。组织中细胞的中胶层先受到破坏，腐烂组织细胞离析，再发生细胞的消解则形成软腐症状。

④ 流胶。也是腐烂的一种，桃树等木本植物受病菌危害后，内部组织坏死并腐烂分解，从病部向外流出黏胶状物质。

此外，根据腐烂的部位，有根腐、基腐、茎腐、果腐、花腐等；根据腐烂组织各种颜色变化的特点，有褐腐、白腐、黑腐等。

(4) 萎蔫(wilt)

萎蔫是由于感病植物水分运输受到影响而形成的症状。常常是由于根部的水分不能及时输送到地上部，导致枝叶萎垂，萎蔫可以是局部的也可以是全株性的，表现有枯萎、黄萎、青枯等症状，典型的萎蔫症状植物皮层组织完好，但内部维管束组织受到破坏，不可恢复。

(5) 畸形(malformation)

畸形是指病组织或细胞的生长受阻或过度增生而造成的形态异常，植物病害常见的畸形症状有7类。

① 陡长。指植株生长较正常的植株生长高大。

② 矮化和矮缩。矮化是植株各个器官的长度成比例变短或缩小，病株比健株矮小得多；矮缩则主要是节间缩短茎叶簇生在一起。

③ 瘤肿。病部的细胞或组织因受病原物的刺激而增生或增大，呈现出不定形的畸形结构。

④ 丛生。枝条或根异常地增多，导致丛枝或丛根。

⑤ 卷叶和缩叶。叶片卷曲与皱缩，有时病叶变厚、变硬，严重时呈卷筒状。

⑥ 蕨叶。叶片发育不良，叶片变成丝状、线状或蕨叶状。

⑦ 花变叶。正常的花器变成叶片状结构，使植物不能正常开花结实。

2. 病征类型

① 霉状物。病原菌物在植物受害部位形成的各种毛绒状的霉层，其颜色、质地和结构变化较大，有霜霉、绵霉、青霉、绿霉、黑霉、灰霉、赤霉等。

② 粉状物。病原菌物的孢子密集在植物受害部位所表现的特征，病部形成各种颜色的粉末层。

③ 粒状物。病部产生大小、形状及着色情况差异很大的颗粒状物，这些粒状物有的着生在寄主的表皮下，部分露出，不易与寄主组织分离，如菌物的分生孢子盘、分生孢子器、子囊壳、子座等；有的则长在寄主植物表面，如菌物的菌核、闭囊壳等。

④ 索状物。患病植物的根部表面产生紫色或深色的菌丝索，即菌物的根状菌索。

⑤ 菌脓和菌痂。细菌性植物病害，潮湿条件下在病部表面以及伤口、水孔、皮孔分泌溢出的乳白色或黄色的含菌体的黏液状物质称为溢脓，产生的黄褐色、胶黏状、似露珠的脓状物即菌脓，干燥后形成黄褐色的薄膜或胶粒即菌痂。

⑥ 虫瘿和菌瘿。患病植物组织内部包孕着大量病原物的结构叫瘿，病原物为线虫的叫虫瘿，病原物为菌物的叫菌瘿。

⑦ 寄生性植物。寄生性种子植物或寄生藻寄生于植物，在寄生处形成肉眼可见的寄生性植物体本身。

病征一般在植物发病的后期才出现，气候潮湿有利于病征的形成。此外，在发病部位出现的线虫的虫体、寄生植物的子实体，都属于病征。

症状是植物发生某种病害以后在内部和外部显示的表现型，每一种病害都有它特有的症状表现。人们认识病害首先是从病害症状的描述开始，描述症状的发生和发展过程，选择最典型的症状来命名这种病害，如烟草花叶病、大白菜软腐病等。从这些病害名称就可以知道它的症状类型。反过来，我们可以根据症状类型和病征，对某些病害做出初步的诊断，确定它属于哪一类病害，其病因是什么。因此，症状在植物病害诊断中具有重要的作用。

3. 植物病害症状的变化

植物病害的症状具有复杂性，可表现出种种变化。多数情况下，一种植物在特定条件下发生一种病害以后只出现一种症状，但有不少病害并非只有一种症状或症状固定不变，可以在不同阶段或不同抗性的品种上，或者在不同的环境条件下出现不同的症状。例如，烟草花叶病毒侵染普通烟后，寄主表现花叶症状，但它侵染心叶烟后，植株却表现枯斑症状。

① 典型症状。在寄主植物上常见的一种症状称为典型症状。

② 综合征(syndrome)。有的病害在一种植物上可以同时或先后表现两种或两种以上不同类型的症状，这种现象称为综合征(syndrome)。例如，稻瘟病菌侵染叶片出现梭形病斑，侵染穗颈部导致穗颈枯死，侵害谷粒则表现褐色坏死斑。

③ 并发症(complex disease)。当植物发生一种病害的同时，有另一种或另几种病害同时在同一植株上发生，可以出现多种不同类型的症状，这种现象称为并发症(complex disease)。其中伴随发生的病害称为并发性病害，如柑橘发生根线虫病时常并发缓慢性衰退病。

④ 继发性病害(succeeding disease)。当植物感染一种病害以后，可继续发生另一种病害，这种继前一种病害之后而发生的病害称为继发性病害(succeeding disease)，如大白菜感染病毒病后，极易发生霜霉病。

⑤ 拮抗现象和协生现象。当两种病害在同一株植物上发生时，可以出现两种病害各自的症状而互不影响，但有时这两种症状在同一个部位或同一器官上出现，就可能彼此干扰，发生拮抗现象，即只出现一种症状或很轻的症状，也可能出现相互促进、加重症状的协生现象，甚至出现完全不同于原有两种各自症状的第三种类型症状。因此，拮抗现象和协生现象都是指两种病害在同一株植物上发生时出现症状变化的现象。

⑥ 隐症现象(masking of symptom)。一种病害的症状出现后，由于环境条件的改变，或者使用农药治疗以后，原有症状逐渐减退直至消失。隐症的植物体内仍有病原物存在，是个带菌或带毒植物，一旦环境条件恢复或农药作用消失后，植物上的症状又会重新出现。

⑦ 潜伏侵染现象(latent infection)。有些植物病害还有潜伏侵染现象(latent infection)，即病原物侵入寄主后长期处于潜伏状态，寄主不表现或暂不表现症状，而成为带菌或带毒植物。引起潜伏侵染的原因很多，可能是寄主有高度的耐病力，或者是病原物在寄主体内发展受到限制，也可以是环境条件不适宜症状出现等。

当我们掌握了大量的病害症状表现，尤其是综合征、并发症、继发性病害以及潜伏侵染与隐症现象等症状变化后，就可以根据症状类型、病征及病害症状的变化特点对植物病害进行综合分析，对病害做出客观准确的判断。症状是识别和诊断病害的重要依据，但由于症状表现出的复杂性，对某些病害不能单凭症状进行诊断，特别是不常见的或新发生的病害，更不能只根据一般症状下结论，必要时应进行病原的鉴定。

(三) 病原学依据

广义的病原也称病因，是指引致植物发病的原因，包括生物因子和非生物因子。前者引致侵染性病害，后者引致非侵染性病害。因此，用于植物病害诊断的病原学依据应包括生物病原和非生物病原两个方面：生物病原方面的依据包括对病原物进行形态特征、生物学特性、侵染性实验、免疫和分子生物学检测鉴定等；非生物病原方面的依据包括对病原进行化学诊断、治疗实验和指示植物鉴定等。

第二节　植物病原物的检测与鉴定

一、生物病原物检测鉴定的方法

（一）保湿培养和显微镜鉴定

保湿培养和显微镜鉴定是病原物常规检测和鉴定的方法。一般侵染性病害的病组织经保湿培养后即会出现明显症状和病征，如菌物病害会出现菌丝体、霉层等；细菌性病害可出现菌脓。但难培养细菌、病毒或菌原体所引致的病害则只表现病状，不出现病征。显微镜鉴定是利用普通显微镜观察病原物形态特征或病组织的内部病理变化，如菌物菌丝有无隔膜，孢子或子实体的形状、颜色、大小、隔膜数目等。如为细菌病害，一般可以看到有大量细菌从病部溢出（菌溢），这是诊断细菌病害比较简易和准确的方法。

（二）病原物分离培养技术

病原菌在适合的培养基上能够良好生长，一些病原菌需要特定的培养基才能生长，如使用选择性培养基，可达到良好鉴别效果，常用于菌物与细菌的检测鉴定。

（三）电子显微技术

在电子显微镜下可直接观察病毒的形态结构、存在与否，是病毒最直接，最准确的检测鉴定手段。也常用于细菌和菌原体的检测。

（四）生物学方法

不同的病原物在传播介体、噬菌体技术、鉴别寄主、寄主范围等方面常表现其特有的性状，因而可作为该病原物的鉴别方法。如噬菌体技术是细菌分类鉴定的常用方法。噬菌体是寄生于细菌的病毒，其对宿主的感染和裂解作用具有高度的特异性，即一种噬菌体往往只能感染或裂解某种细菌，甚至只裂解种内的某些菌株。所以，根据噬菌体的宿主范围可将细菌分为不同的噬菌型和利用噬菌体裂解这样的特异性进行细菌鉴定。

（五）生物化学反应法

不同的病原物有其最适合的培养基，各种特殊的培养基广泛应用于病原物的检测鉴定。在细菌检测和鉴定中，广泛采用生理和生化性质测定技术。不同细菌对某种培养基或化学药品会产生不同的反应，从而被作为鉴定细菌的重要依据。常用于鉴定细菌的生化反应包括糖类发酵能力、水解淀粉能力、液化明胶能力、对牛乳的乳糖和蛋白质分解利用、在蛋白胨培养液中测定代谢产物、还原硝酸盐能力、分解脂肪能力等。

（六）免疫学技术

免疫学技术是以抗原抗体的特异性反应为基础发展起来的一种技术，已广泛应用于植物病原物的检测鉴定中。其中，以酶联免疫分析技术（enzyme-linked immunosorbent assay，ELISA）最为常用。

（七）新技术新方法

近年来，随着分子生物学的迅速发展，新技术新方法特别是在用常规方法鉴定有困难的植物病原物如类病毒、菌原体等的分类鉴定中，发挥了巨大作用。这些技术越来越多地用于病原物的分类鉴定研究。例如,细胞壁成分分析、蛋白质和核酸的组成分析、核酸杂交、原核生物 16S rRNA 序列分析、氨基酸序列测定、氨基酸合成途径的研究、数值分类、光谱和色谱技术测定、菌物代谢产物、菌物细胞细微结构分析以及聚合酶链式反应(polymerase chain reaction,PCR)技术。

近 20 年来,快速、准确、灵敏、简易、自动化的鉴定方法和技术也发展很快,如植物病害诊断计算机专家系统、植物病害病原鉴定计算机辅助系统以及微生物自动分析系统等。利用计算机技术实现对植物病原的检索鉴别,体现了信息化时代现代科技与学科之间的有效结合。

二、非生物病原及没有病征的病毒、菌原体等生物病原检测鉴定的方法

(一) 化学分析法

也称化学诊断法。经过初步诊断,如怀疑病原可能是非生物因素,就可进一步采用此法。通常是将病组织或病田土壤的成分和含量进行测定,并与正常值比较,从而查明过多或过少的成分,确定病原。这一诊断法对植物缺素症和盐碱害的诊断较可靠。

(二) 模拟实验

根据初步分析的可疑病因,人为提供类似发病条件,如低温、缺乏某种营养元素以及药害等,对与发病植株相同植物(品种)的健康植株进行处理,观察其是否发病。如果处理植株发病,且症状与原来的发病植株症状相同,则可推断先前分析的病因是正确的。

(三) 对症治疗

根据田间发病植物的症状表现和初步分析的可疑病因,拟定最可能有效的治疗措施,进行针对性的施药处理,观察病害的发展情况,这就是对症治疗,也称治疗诊断。例如,对表现黄化症状、经初步分析怀疑为菌原体病害的植株,采用四环素注射治疗,如果处理后植株症状消失或减轻,则可诊断为菌原体病害;对怀疑缺钾的水稻植株,采用磷酸二氢钾叶面喷施,如处理后植株症状消失或减轻,则可诊断为缺钾症。

(四) 生物测定

又称指示植物鉴定法,常用于鉴定病毒病和缺素症病原。鉴定缺素症病原时,针对提出的可疑病因,选择最容易缺乏该种元素、症状表现明显而稳定的植物,种植在疑为缺乏该种元素的植物附近,观察其症状反应,借以鉴定待诊断植物病害是否因缺乏该种元素所致。这种具有指示作用的植物称为指示植物。常见的缺氮指示植物有花椰菜和甘蓝,缺磷指示植物有油菜,缺钾指示植物有马铃薯和蚕豆,缺钙指示植物有花椰菜和甘蓝(症状表现与缺氮时不同),缺铁指示植物有甘蓝和马铃薯,缺硼指示植物有甜菜和油菜。鉴定病毒病时,可取病叶汁液摩擦接种指示植物,观察接种反应,据此判断病害的侵染性和病原种类。例如,烟草花叶病毒接种心叶烟,黄瓜花叶病毒接种苋色藜,均产生枯斑症状。

第三节　植物病害诊断及病原鉴定的程序

一、植物病害诊断的程序

对植物病害诊断时,首先要求熟悉病害,了解各类病害的特点;其次要求全面检查,仔细分

析;最后注意下结论要慎重,要留有余地。

诊断的程序一般包括下述五步。

1. 田间的观察和调查

这是诊断的第一步,通过以下多项内容的观察与调查,结合各种病害特点,可以初步确定病害类型,即确定是属于侵染性病害还是非侵染性病害。

① 观察植物病害群体在田间的表现,包括病害在整个田间如何分布。

② 其时间动态和空间动态如何变化。

③ 是个别零星发生,还是大面积成片发生。

④ 是由点到面发展,还是短时间同时发生。

⑤ 发病部位是随机的,还是一致的。

⑥ 开始发病时间、株龄和生长发育阶段。

⑦ 发病田周围田块表现、相邻田块和整个当地的发生情况。

⑧ 不同类型作物发生情况。

⑨ 不同品种的田块发生情况等。

⑩ 询问病史与查阅有关档案,即询问病史看以前是否发生过,查阅资料看是否有相关报道。

⑪ 了解品种及栽培管理情况,包括品种来源、名称、播期、施肥、灌溉和农药使用情况等。

⑫ 调查生长环境及气象条件,包括土壤环境、周围生态(地势、工厂、生物、水源等)及近期或更早时间的温度、湿度、降雨等变化情况。

2. 症状的识别与描述

① 首先观察植物病害个体表现,包括症状的局部和整株、地上和地下、内部和外部。

② 然后观察病征和病状表现及症状的变化,详细观察病植株的外观反常现象以及病组织上是否有病征出现。真菌性病害伴有霉状物、点状物、粉状物等病征;细菌性病害发病初期多呈水渍状,并伴有菌脓和细菌溢出现象;线虫病害通常病部形成虫瘿、根结等特征;病毒病无病征,但通常具有一些特异性的症状可作为该类病害的初步诊断依据。

症状的识别与描述,可进一步缩小诊断的范围,对其作出大致的估计。对于病征不明显或者明显但我们又不能断定是否由病原生物引起的病害,我们就要进行第三步,在田间采样到实验室进行病原物检查。

3. 采样检查

① 首先主要观察和了解是否有病原物。观察方法因病原而异,菌物、线虫及部分病毒内含体可直接通过普通光学显微镜观察,细菌用油镜观察,菌原体、病毒粒体及部分病毒内含体用电镜观察。

② 然后不能仅仅根据观察到的病原物就下结论,而应通过一系列实验过程来确定病原。通过实验了解所要鉴定病原物的有关性状,再通过查阅资料进行对照比较,如和资料中某个种相符就可确定,若资料中没有则可能是新种或新病害,确定一个种需要有完备的资料。各种病原物鉴定依据不同,一般真菌和线虫主要依据形态特征进行鉴定;细菌和病毒主要依据其综合生物学性状及生理生化等特性进行鉴定。在实验过程中遵循的一个重要法则就是柯赫氏法则(Koch's rule),该法则是通过对致病性的测定来确定某种生物是否是病原物。

③ 为保证检查结果的准确,还需要做到:病害标本症状必须典型明显,症状不明显的可以在

25～28℃下保湿培养1～2 d;观察时间要适宜,太早观察不到,太迟腐生菌干扰或病原孢子飞散或释放;观察部位要完整,发病主要部位,其他部位甚至整株,均要取样观察;制片要正确,病部正背面、内外部、刮切兼顾,要多取几个部位,多做几个切片观察;观察要仔细,注意光线的调节,注意病原物与杂质、植物组织等的区别,注意观察病原物不同部分。

通过以上病原检查和鉴定,可以确定侵染性病害是由哪一类病原生物(菌物、病毒、细菌还是线虫或其他病原物)侵染引起的;非侵染性病害中是营养失衡还是环境不适等其他原因引起。

4. 专项检测及病原物鉴定

由于病害和症状的复杂性,任何典型症状都有可能有例外,另外,病害早期往往不表现症状。如按常规的诊断方法,就会出现误诊或漏诊。因此,为了快速、准确的诊断病害,人们根据病害的特点、病原物的生物学特性、生理生化特性以及分子生物学特性,形成针对不同病害或病原物特点的专项检测技术和鉴定方法。

① 噬菌体方法。噬菌体即侵染细菌的病毒,它侵染细菌,引起细菌细胞破裂,使细菌培养液由浊变清或使含菌的固体培养基上出现透明的噬菌斑。噬菌体和寄主细胞间大多存在专化性相互关系。因此,可利用专化噬菌体从病组织中检测细菌,10～20h就可看到反应结果,是一种快速的诊断方法。

② 血清学技术。抗原和抗体特异性结合的反应技术,可以快速地鉴定病原及生物类群间的亲缘关系。常用的方法有沉淀反应、凝集反应、琼脂双扩散法、免疫电镜技术、放射免疫测定和酶联免疫吸附反应等。

③ 核酸杂交,也叫核酸探针技术。已知的核酸片段和未知核酸在一定的条件下通过碱基配对形成异质双链的过程称为杂交,其中预先分离纯化或合成的已知核酸序列片段叫做核酸探针(probe)。核酸杂交可以在DNA和DNA之间以及DNA和RNA之间进行,不仅可以检测到目标病原物的核酸,而且还可以检测出相近病原物间的同源程度,是从核酸分子水平上鉴定病原物的方法。

④ 聚合酶链式反应(PCR)。是一种体外扩增特异性DNA的技术,用于扩增位于两段已知序列之间的DNA区段。首先从已知序列合成两段寡聚核苷酸作为反应的引物,然后经过DNA加热变性、引物退火和引物延伸三个过程重复循环,在正常反应条件下,经30个循环可扩增至百万倍。应用PCR扩增技术可将很少的病原微生物核酸扩增放大,用于病害的早期诊断和病原鉴定,也可产生大量的核酸探针,用于病害的诊断和鉴定。

通过专项检测和鉴定,可进一步确定病原物的分类地位。

5. 逐步排除法得出适当结论

将上述所得的结果与已知描述的病害进行核对,采用逐步排除法得到结论。病害确诊必须做到症状吻合,病原物鉴定吻合。对于一种不熟悉的或新的病害时,该病原物的鉴定必须完成柯赫法则(Koch’s rule)所规定的步骤,才能下结论。

二、病原物鉴定程序

1. 病原物鉴定程序(四步操作程序)

柯赫氏法则(Koch’s rule)又称柯赫氏假设(Koch’s postulates)或柯赫氏证病律,是1882年德国细菌学家柯赫(Koch)在研究了人和动物的病害之后,提出的确定一种微生物致病性的三个必要条件。

① 这种微生物经常与某种病害有联系，发生这种病害往往就有这种微生物存在。

② 从病组织上可以分离得到这种微生物的纯培养，并且可以在各种培养基上研究它的性状。

③ 将培养的菌种接种在健全的寄主上，可诱发出与原来相同的病害。史密斯(Smith)在1905年又补充以下一条。

④ 从接种后发病的寄主上，能再分离到原来的微生物。通常经过以上四步操作程序，即经过两次症状观察和两次分离培养，若前后结果相同，可用来确定所观察到的微生物就是病原物。

2. 柯赫氏法则的应用范围

① 所有侵染性病害的诊断与病原物的鉴定都必须按照柯赫法则来验证。

② 当发现一种不熟悉的或新的病害时，应用柯赫氏法则的四步来完成诊断与鉴定。

③ 一些专性寄生物如植物线虫、病毒、菌原体、霜霉菌、白粉菌和锈菌等，由于目前还不能在人工培养基上培养，以往常被认为不适合于应用柯赫法则，但现已证明柯赫法则也同样可以适用于这些生物所致病害，只是在进行人工接种时，直接从病株组织上取线虫、孢子，或采用带病毒或菌原体的汁液、枝条、昆虫等进行接种。当接种株发病后，再从该病株上取线虫、孢子，或采用带病毒或菌原体的汁液、枝条、昆虫等，用同样方法再进行接种，当得到同样结果后才可证实该病的病原为这种线虫、这种菌原体、或这种病毒。

④ 柯赫氏法则也适用于对非侵染性病害的诊断。只是以某种怀疑因素来代替病原物的作用，例如：当判断是缺乏某种元素引起病害时，可以补施某种元素来缓解或消除其症状，即可确认是某元素的作用。

柯赫氏法则在病理学上非常有用，其基本原理对任何病原都是适用的，只不过具体实验操作过程因病原不同而已。

第四节　植物病害的诊断和病原物鉴定的原则及方法

一、植物病害诊断和病原物鉴定原则

总的原则是，严格按植物病害的诊断程序进行。包括全面细致地观察检查病植物的症状、调查询问病史和相关情况、采集样品对病原物形态或特征性结构进行观察、进行必要的专项检测、综合分析病因；同时要注意综合征、并发症、继发症、潜伏侵染与隐症现象等的辨析；病原鉴定按柯赫氏法则进行。

二、植物病害诊断和病原物鉴定方法

（一）非侵染性病害诊断及病原鉴定方法

1. 非侵染性病害发生的原因

（1）植物虫害

害虫如蚜虫、棉铃虫等啃食、刺吸、咀嚼植物引起的植株非正常生长和伤害。无病原物，有虫体可见。

（2）生理性病害

植物受不良生长环境限制以及天气、种植习惯、管理不当等因素影响，植物局部或整株或成

片发生的异常，无虫体和病原物可见。大多数非侵染性病害属此类，可分为药害、肥害和天气灾害等几种。

① 药害。因过量施用农药或误施、飘移、残留等因素对作物造成的生长异常、枯死、畸形现象。又可分为：杀菌剂药害，因施用含有对作物花、果实有刺激作用成分的杀菌剂造成的落花落果以及过量药剂所产生植株及叶片异形现象；杀虫剂药害，因过量和多种杀虫剂混配喷施农作物所产生的烧叶、白斑等现象；除草剂药害，除草剂超量使用造成土壤残留，下茬受害黄化、抑制生长等现象，以及喷施除草剂飘移造成的近邻作物受害畸形现象；激素药害，因气温、浓度过高、过量或喷施不适当造成植株异形、畸形果、裂果、僵化叶等现象。

② 肥害。因偏施化肥，造成土壤盐渍化，或缺素造成的植株烧灼、枯萎、黄叶、化果等现象。又可分为：缺素症，施肥不足，脱肥，或过量施入单一肥料造成植物缺乏微量元素现象；中毒症，过量施入某种化肥或微肥，或环境污染造成的某种元素中毒，如 SO_2、SO_3、HCl、粉尘等引起叶缘、叶尖枯死，叶脉间变褐导致落叶。

③ 天气灾害。因天气的变化，突发性天灾造成的危害。又可分为：冬季持续低温对作物生长造成的低温障碍；突然降温、霜冻造成的危害；因持续高温对不耐热作物造成的高温障碍；阴雨放晴后的超高温强光下枝叶灼伤；暴雨、水灾植株泡淹造成的危害等。如：当水分失调时，水多引起根部窒息腐烂，地上部分发黄，花色浅；水少时造成植物地上部萎蔫。高温可造成灼伤；低温造成冻害或组织结冰而死；冬春之交，高低温交替，昼夜温差大，也可使树干阳面发生灼伤和冻裂。

（3）植物遗传性疾病

先天的植物不正常，有的植物种质由于先天发育不全，或带有某种异常的遗传因子，播种后显示出遗传性病变或称生理性病变，例如白化苗、先天不孕等，它与外界环境因素无关，也无外来生物的参与，这类病害是遗传性疾病，病因是植物自身的遗传因子异常。无虫体和病原物可见。

除了植物遗传性疾病之外，非侵染性病害主要是上述种类繁多的不良环境因素所致。

2. 非侵染性病害的诊断

如果病害在田间大面积同时发生，没有逐步传染扩散的现象，而且从病植物上看不到任何病征，也分离不到病原物，则大体上可考虑为非侵染性病害。可从发病范围、病害特点和病史几方面来分析。

① 病害突然大面积同时发生，发病时间短，只有几天，处于同一环境条件的相同品种植株间发病程度轻重较为一致，大多是由于大气污染、水源污染、土壤污染或恶劣气候等因素所致，如毒害、烟害、冻害、干热风害、日灼等。

② 发病植株有明显的枯斑、灼伤、畸形，且多集中在某一部位的叶或芽上，无既往病史，大多是由于使用农药或化肥不当所致。

③ 病害只限于某一品种发生，植株间发病程度轻重相对一致，症状多为生长异常，如畸形、白化、不实等，而处于同一环境条件的其他品种未见该种异常，则病因多为遗传性障碍。

④ 植株生长不良，表现明显的缺素症状，尤以老叶或顶部多见，多为缺乏必需的营养元素所致。

⑤ 植物根部发黑，根系发育差，往往与土壤水多、板结而缺氧，有机质不腐熟而产生硫化氢或废水中毒等有关。

⑥ 非侵染性病害的病组织上可能存在非致病性的腐生物，结合非侵染病害症状特点和病部生物种类综合分析和分辨，必要时可通过柯赫氏法则进行验证。

⑦ 从非侵染性病害的病植物上看不到任何病征，但侵染性病害的初期病征也不明显，而且病毒、菌原体等病害也没有病征。因此，需要在分析田间症状特点、病害分布和发生动态的基础上，结合组织解剖、免疫检测或电镜观察等其他方法进一步诊断，如可以通过田间有中心病株或发病中心（连续观察或仔细调查）、症状分布不均匀（一般幼嫩组织症状重，成熟组织症状轻甚至无症状）、症状往往是复合的（通常表现为变色伴有不同程度的畸形）等特点与非侵染性病害相区别；不能确定是否有病征时，可以通过病组织保湿培养和普通显微镜观察，看有无病征和病原物，可以与细菌、真菌、线虫病害初步区分。当和病毒、菌原体等病害难以区分时，可按病毒病害的诊断方法如组织解剖、传染实验、免疫检测或电镜观察等进一步诊断是否是非侵染性病害。

3. 非侵染性病害病原鉴定方法

经过以上步骤和分析，确认为非侵染性病害后，再通过以下方法进一步确定和鉴定具体病因。

① 对病株组织或病田土壤进行化学分析，测定其成分和含量并与正常值进行比较，从而查明哪种成分过多或过少，确定病因。

② 根据初步分析的可疑病因，人为提供类似条件如低温、缺素或药害等，对植物进行处理，观察其是否发病。

③ 初步分析可疑病因，采取治疗措施如怀疑缺某种元素，可以对植株进行喷洒、注射或浇灌营养液等方法，观察症状能否减轻或恢复健康。

④ 根据可疑病因，选择对该病因敏感、症状表现明显且稳定的植物作为指示植物，种植在发病环境中，观察症状反应，一般用于果树植物缺素症鉴别。

（二）侵染性病害的诊断及病原鉴定方法

侵染性病害一般不表现大面积同时发生，不同地区、田块发生时间不一致；病害田间分布较分散、不均匀，有由点到面、由少到多、由轻到重的发展过程；发病部位（病斑）在植株上分布比较随机；症状表现多数有明显病征，如菌物、细菌、线虫、寄生性种子植物等病害。病毒、菌原体等病害虽无病征，但多表现全株性病状，且这些病状多数从顶端开始，然后在其他部位陆续出现；多数病害的病斑有一定的形状、大小；一旦发病后多数症状难以恢复。在此基础上，再按不同病原物的病害特点和鉴定要求，进行诊断和鉴定。

1. 菌物病害

（1）菌物病害的诊断方法

① 症状观察。菌物病害病状多为坏死、腐烂和萎蔫，少数为畸形；大多数在病部有霉状物、粉状物、点状物、锈状物等病征；对一些菌物的维管束病害，茎干的维管束变褐，保湿培养后从茎部切面长出菌丝。对于常见病害，通过这一步就可确定病害种类。

② 制片镜检或分离培养。对于不能确定的病害，通过刮、切、压、挑等方法制片，观察孢子、子实体或营养体的形态、类型、颜色及着生情况等。镜检时，病征不明显的，进行保湿培养；保湿培养后仍没有病征的，可选用合适的培养基进行分离培养。另外，镜检或分离时，要注意区分次生或腐生的真菌或细菌，较为可靠的方法是从新鲜材料或病部边缘制片镜检或取样分离，必要时还要通过柯赫氏法则进行验证。

(2) 菌物检测鉴定方法

① 形态学鉴定。一般情况通过病菌形态观察我们可鉴定到属；对常见的病害根据病原类型，结合症状和寄主可确定病原菌物的种及病名；对于少见或新发现的菌物病害，必须经过病原菌致病性测定后，根据其有性、无性孢子和繁殖器官的形态特征经查阅有关资料核对后才能确定病原的种；有些病原菌物需要测定其寄主范围才能确定其种、变种或专化型；对寄生专化性强的菌物，需要测定其对不同寄主品种或鉴别寄主的反应，才能确定其生理小种。菌物的分类和鉴定工作，早期完全依赖于形态性状，主要以孢子产生方式和孢子本身的特征和培养性状来进行分类。

形态学鉴定方法的关键是要选用适当方法以获取可供进行形态学鉴定的病原。植物病原真菌常用的检验方法有：直接检验，对通过肉眼、放大镜或显微镜能观察的真菌采用该方法直接进行检验；洗涤检验，对附着于植物种子表面的真菌采用该方法进行检验；保湿培养检验，对种子表面和内部、植物其他器官等材料携带的真菌采用该方法进行检验；病组织分离培养检验，对有症状但未产生病征的真菌或虽有无性态但仍需要产生有性态进行鉴定的真菌，或复合侵染真菌，或潜伏侵染真菌，均可采用该方法进行检验。

② 生理生化和生态性状分析。常用的生理生化方法有可溶性蛋白和同工酶的凝胶电泳、脂肪酸组分分析和胞壁碳水化合物的组成分析等。另外，有些菌物的生活习性和地理分布等生态性状，也是分类鉴定的参考依据。

③ 分子生物学检测鉴定。分子生物学技术的不断发展为菌物的分类和鉴定提供了许多新的方法，弥补了传统分类的不足，特别是对于形态特征难以区分的种类的鉴定具有重要意义。这些技术主要包括蛋白质分子和核酸分子检测鉴定技术。常见的蛋白质分子检测鉴定方法主要有凝集反应法、沉淀反应法、Western 法、ELISA 法、胶体金检测法等。常见的核酸分子检测鉴定方法主要有常规 PCR、实时荧光 PCR、基因芯片和核酸序列测定与比对等。

2. 细菌病害

(1) 细菌病害的诊断方法

① 症状观察。大多数细菌病害的症状有一定特点，初期病部呈水渍状或油渍状，半透明。细菌病害常见的症状是斑点、穿孔、腐烂、萎蔫和肿瘤。真菌也能引起这些症状，但病征则与细菌病害截然不同。病斑上有菌脓外溢是细菌病害的病征。

② 制片镜检。由细菌侵染所致植物病害的病部，可以在徒手切片中观察到有大量细菌从病部喷出，这种现象称为喷菌现象(bacteria exudation, BE)。喷菌现象是细菌病害所特有的，因此可取新鲜病组织切片镜检有无喷菌现象来判断是否为细菌病害。

上述观察未发现细菌病害典型症状则可通过下面的实验进一步诊断。

③ 分离培养及过敏反应测定。用选择性培养基来分离细菌，进而接种测定过敏反应也是细菌病害诊断很常用的方法。

④ 噬菌体检验和血清学反应。是细菌病害快速诊断中常用的方法。

(2) 细菌病原检测鉴定方法

一般常见病原经过田间观察、症状诊断和镜检为细菌时，就可确定病名和病菌种名。少见或新的细菌病害，通过镜检和柯赫氏法则验证后，在确定病原细菌的属、种时，还需进行如下检测鉴定。

① 形态特征。观察纯化培养的可疑细菌菌落的形态特征，经过不同的染色方法，在显微镜下观察细菌菌体的形状，大小及排列情况，有无鞭毛及鞭毛着生位置和数目，是否产生荚膜和芽孢，芽孢产生的部位和形状，细胞内含物特点，进行植物病原细菌属的鉴定。

② 培养特征。在固定培养基平板上观察分离得到的细菌单菌落的形状、大小、颜色、光泽、隆起的形状、黏稠度、透明度、边缘特征以及质地、水溶性色素等特征。获得细菌的纯培养后，观察生长量的多少、菌苔的形状、光泽、黏度、扩散性色素和气味等特征。

③ 生理生化性状。根据细菌在代谢过程中所产生的合成或分解产物的不同，将纯化培养的细菌接种于特定的培养物或检测管，通过产酸、产气、颜色变化等反应，检查细菌的耐盐性、好氧性或厌氧性、对碳素化合物的利用和分解能力、对氮素化合物的利用和分解能力、

大分子化合物的分解能力等，鉴定细菌的种和属。

④ 遗传性状。随着分子生物学的迅速发展，细菌的分类鉴定从传统的表型、生理生化分类进入到各种基因型分类水平，如(G+C)mol%、DNA 杂交、rDNA 指纹图、质粒图谱和 16S rDNA 序列分析等。通过分子生物学的方法对细菌遗传性状进行分析，可进行细菌种以下的分类与亲缘关系鉴定。

⑤ BIOLOG 鉴定系统。主要根据细菌对 95 种碳源的利用情况，以四唑紫(tetrazolium)为指示剂。Biolog 代谢指纹经计算机处理并与数据库内已知细菌比较，实现对待测菌的快速鉴定。Biolog 细菌鉴定系统已广泛应用于细菌快速鉴定，具有自动化和标准化程度高、结果快速准确和操作简便等优点。

3. 菌原体病害

① 菌原体病害的诊断方法。菌原体包括植原体和螺原体，病害的特点是植株矮缩、丛枝、小叶、黄化，系统性侵染，无病征，可通过嫁接、介体昆虫作为传播途径，观察其有无侵染性。只有在电镜下才能看到菌原体。植原体可结合治疗实验判断，病株注射四环素以后，初期病害的症状可以隐退消失或减轻，对青霉素不敏感；螺原体可结合培养性状判断，在含甾醇的固体培养基上可形成煎蛋状小菌落。

② 病原鉴定方法。通过以上诊断确定属后，结合寄主，查阅资料，采用分子生物学方法进一步作种的鉴定。

4. 病毒病害

(1) 病毒病害的诊断方法

① 症状观察。病毒病的特点是无病征，症状主要表现为变色(花叶、斑驳、环斑、黄化等)、畸形(矮缩、蕨叶等)、坏死，多为系统性侵染，症状多从顶端开始表现，然后在其他部位陆续出现。以花叶、矮缩、坏死为多见。

② 电镜检查。在电镜下可见到病毒粒体和内含体。

③ 传染性实验。汁液摩擦、嫁接或蚜虫接种等方法进行传染性实验，可以初步确定病毒病。

④ ELISA 检测。是目前广泛采用的病毒病快速诊断方法。

⑤ 病毒的分离和纯化。植物病毒常混合侵染，鉴定时，首先要进行病毒的分离和纯化。一般方法有利用寄主植物分离；利用不同传播途径分离；利用病毒的理化性状分离；少数还可采用电泳和色层分析等方法进行分离。分离后应通过柯赫氏法则验证、镜检或血清学方法测试。对于新的病毒病害还需要做进一步的鉴定实验。

（2）病原检测鉴定方法

病毒一般通过生物学性状观察、血清学检测、电子显微镜观察和物理化学分析等方面的综合结果进行鉴定。

① 生物学性状观察。目的是确定病原的侵染性，并证明病毒与病害的直接相关性，内容包括症状表现、寄主范围、鉴别寄主、传染方式、交互保护作用等。

② 电子显微镜观察。主要内容有病毒和内含体的形态、大小及细胞病理解剖结构。

③ 物理化学分析。主要内容包括分子量、沉降系数、致死温度、稀释终点、体外保毒期、包膜有无、蛋白外壳结构、氨基酸组成、核酸类型和数量等。

④ 分子生物学检测。PCR 扩增及核酸杂交等方法也常用于植物病毒的检测与鉴定。

5. 植物类病毒的诊断与鉴定方法

植物类病毒主要引起畸形和矮化的症状，由于不显性侵染比较普遍，症状表现受环境温度的影响较大，而且几种鉴别植物对不同类病毒的反应症状相似，故难于应用生物方法测定。由于类病毒不能产生任何蛋白质，所以也不能使用血清学方法检测。核酸杂交和 PCR 扩增等检测核酸的方法可用于类病毒的检测。

6. 线虫病害

（1）线虫病害的诊断方法

① 症状观察。线虫病害的特点是症状表现为植株矮小、叶片黄化、萎蔫、坏死、根部腐烂、局部畸形（根结、叶扭曲）等。病征为在植物根表、根内、根际土壤、茎或籽粒（虫瘿）中可见到线虫。

② 镜检。对于病部产生肿瘤或虫瘿的线虫病，可以作切片用光学显微镜观察，为了观察更清楚，也可用碘液对切片进行染色，线虫可染成深褐色，植物组织呈淡黄色。

③ 分离观察。对于不产生肿瘤或虫瘿，在病部难以看到虫体的病害，可采用漏斗分离法，收集到线虫后进一步观察鉴定，也可通过叶片染色法，观察线虫是否存在。观察时要注意线虫是否有口针，以和腐生线虫区别；同时还要考虑线虫数量的大小，因为某些线虫必须有足够的群体数量才能引起明显症状；另外，有些线虫可引起二次侵染，要注意区分，必要时进一步实验验证。

（2）病原鉴定方法

① 形态学鉴定。线虫的形态学鉴定主要依据雌虫和雄虫的形态特征。如线虫侧尾腺的有无，雌虫和雄虫的头部和口针的形状、食道类型、尾部形状、生殖系统的形态差异等进行鉴定。针对雌、雄虫主要鉴定特征仔细观察并显微摄影，同时在每张图片上加相应标尺。线虫的体长、体宽及虫体各个体段的长度及其比例等也是线虫鉴定的参考依据。同一性别、同一龄期的线虫个体需测量 20 条以上，不足 20 条的全部测量。根据观察到的线虫形态特征，结合寄主、致病性的特点，与相关资料进行对照、比较和分析，然后确定其种类。

② 其他鉴定方法。采用生物学、分子生物学等方法，结合传统形态学，准确、快速鉴定线虫种类。

7. 寄生性高等植物病害的诊断与鉴定方法

寄生性高等植物由于缺少叶绿素或器官退化，靠寄生在其他种子植物上生活，因此，造成寄主植物不能正常生长。寄生性高等植物所致病害也表现为植株矮化、黄化、生长不良，在病植物上或根际可以看到其寄生植物，如菟丝子、列当、寄生藻等。其鉴定可进行形态与分子生物学鉴定。

8. 原生动物病害的诊断与鉴定方法

由原生动物侵染引起的原生动物病害，如椰子心腐病。其诊断要点是受害的树木呈现稀疏的变黄和落叶，随着变黄和落叶的逐渐增多，只有幼嫩的顶叶还保留着，其他部位都成光秃的枝条；根尖部开始枯死，树势恶化，最终死亡。鉴定特征是在最初出现症状时，在韧皮部中只有很少几个大的[(14～18)μm×(1.0～1.2)μm]梭形的鞭毛虫。许多叶片变黄并脱落，鞭毛虫的数量很多，细长而呈梭形，大小为(4～14)μm×(0.3～1.0)μm。病原可以通过根接而传染，但不能通过绿色的枝条或叶片的嫁接而传播。

9. 复合侵染的诊断方法

(1) 一般植物病害诊断程序和方法

当一株植物上有相同或不同种类的两种或两种以上的病原物侵染时，植物可以表现一种或多种类型的症状，如花叶和斑点、肿瘤和坏死。两种病毒或两种菌物以及线虫和菌物所引起的复合侵染是较为常见的。在这种情况下，首先要按照柯赫氏法则确定病原物的种类，然后按照上述各类病原所致病害的诊断方法进行。

(2) 植物病害快速诊断仪

目前，台湾 Fiolog 研发了一种植物病害快速分析仪已在生产上应用。植物病害检测仪的问世，为植物病害的诊断与防治开创了新纪元。诊断仪的原理为根据生物物理学方法，一般健康植物的膜位在－50 mV 左右，外液挎膜电阻均在 105 Ω/cm 左右，膜电容基本保持在 1 μF。植物一旦染病，必然导致分子振动光谱的变化和膜电位的升高，不同病原物感染植物发生变化的值不同(见表 2-0-1)。

表 2-0-1　台湾 Fiolog 植物病害快速诊断仪诊断结果参考值

病害种类	正常值	参考值
病毒病	＞493	＜262
真菌病	＞485	＜266
细菌病	＞420	＜249
真菌病毒复合病	＞472	＜228
真菌细菌复合病	＞502	＜258
病毒细菌复合病	＞511	＜316
真菌细菌病毒复合病	＞412	＜147
残留量	＞096	＜063
微量元素缺素症	＞372	＜236
光合作用率	＞505	＜311
叶片长势	＞438	＜402

根据这一原理，通过电导和光衍射的方法就能够分辨出病害的种类及类型；同时测试值也为指导防治提供了参考值。测试值大于参照值为生长正常，测试值越少表明作物病害越严重或植物长势越弱，低于参照值就可参考用药防治。

第五节　植物病害标本的采集制作与病原物的保存

一、植物病害标本的采集

植物病害的标本，是植物病害症状最直观的实物记载，是识别和描述植物病害症状的基本依据，也是进行植物病理学工作最为直接和基础的试材。有了标本即可在田间诊断观察的基础上，不受季节和区域限制直观的在室内做进一步比较鉴定，从而作出准确的诊断、识别和鉴定。没有合格的标本，病害诊断和病原物的分类鉴定工作就无从做起。因此，病害标本的采集和制作是植物病害研究和实验室的基本建设工作，也是植病工作者必须掌握的基本技术之一。

（一）标本采集的使用工具

采集夹、标本夹、标本纸、标本箱(筒)、剪刀、镊子、刀片、修枝剪、高枝剪、手锯、手铲、纸袋(装花果散件和植物碎片)、小型塑料袋(暂存小草及柔弱植物)、广口塑料瓶(用于采集果实的液体保存)、手持放大镜、望远镜、光学照相机或/和数码照相机、海拔仪、采集记录本、手提式计算机、标签、铅笔、碳素水笔、粗细不同的记号笔、米尺、标本夹绑带(耐火尼龙带)和长绳和玻璃扁绳等。

① 采集夹。在野外临时收存新采标本的轻便夹子。一般由两个对称的用一些木条按适当的间距平行排列的栅状板(亦有用胶合板或硬纸板组成的)，其上附有背带，在接近四个角落的地方，设有长短可以调整的活动固定带或弹簧，以适应采集过程中标本逐渐增多的需要。

② 采集箱。用于临时收存新采集的果实等柔软多汁的标本。从前是由铁皮制成的扁圆箱，内侧较平，外侧较鼓，箱门设在外侧，箱上设有背带，现已经被轻巧便携而实用的塑料袋所取代。

③ 标本夹。是用来翻晒、压制标本的木夹。由两个对称的一些平行排列的栅状板组成，长约 43 cm，宽约 30 cm，每块栅状板由宽约 2.5～3 cm、厚约 5～7 mm 的木条钉成，横向每隔 4～5 cm一条，四周用较厚(约 1.8 cm)木条钉实，木条端部向外突出约 5 cm 长，便于用绳捆绑标本夹，标本夹上应附有约 6 m 长的一条绳子。

④ 标本纸。主要用来吸收标本的水分，使标本逐渐干燥。一般用草纸或麻纸作标本纸，它们的吸水性较好，旧报纸也可代替，但因其上有油墨，吸水性较差。

⑤ 修枝剪、手锯和手铲。主要用于剪取较硬或韧性较强的枝条，高处的枝条要使用高枝剪，难于折断的枝干则要借助于手锯，手铲用来挖掘地下患病植物器官(如根、块根、块茎等)。

⑥ 烘干机/炉。用于加热干燥标本，有时可用电热器或家用的电吹风代替，也可使用火炭或煤油、汽油炉子等。

⑦ 其他标本采集和包装用品。

（二）标本采集的基本要求及田间实地采集标本时的注意事项

1. 标本采集的基本要求

① 病状典型。病状是病害诊断的重要依据，一种病害在同一植物上可同时表现不同类型的症状，在植物生长发育的不同时期也可先后表现不同类型的症状。采集病害标本，不仅需要采集某一发病部位的典型病状，还需要采集不同时期、不同部位的病状标本，如稻瘟病，应采集苗瘟、叶瘟、节瘟、枝梗瘟、穗颈瘟、谷粒瘟等各个时期的典型病状，对叶瘟还应注意急性型、慢性型、白点型和褐点型等典型病状类型。

② 病征完整。为进一步诊断病害，应注重标本的病征，如细菌性病害往往有菌脓溢出；真菌性病害在感病部位的各种霉状物、粒状物等的存在；有的真菌往往在枯死株上才产生病征，故应注意采集地面的枯枝落叶；病原有性阶段产生子实体的，要采集带有子实体的标本，如白粉病叶片上的粒状物即为由病菌闭囊壳形成的病征；病原真菌包括有性和无性两个阶段的，应在不同时期分别采集具有病征的标本；不同的病原物在同一寄主上所致病状，有时是很相似的，单凭病状是不够的，因此必须鉴定病原菌才能作出最后的诊断。

③ 避免混杂。每种标本上的病害种类应力求单一，一个标本上有多种病害症状的一般来说采集价值不大，如在采集病斑类的叶片标本时，一个叶片上应只有一种类型的病斑。同时，各种病害标本应单独分装于不同的纸袋（塑料袋或小瓶）中，以免散落的病原物（各种霉层、粉状物等）相互混杂、玷污、影响鉴定的准确性。

④ 寄主鉴定要准确。植物病害依附寄主而存在，尤其是专性寄生的白粉菌、锈菌、病毒等引起的病害，离开寄主很难鉴定。因此，采集时必须正确鉴定寄主植物的种类，对于不认识的植物，应同时采集枝、叶、花、果实和种子，带回查证或送请专家鉴定；有转主寄生现象的病害（梨锈病等），应在不同时期采集两类不同寄主的标本（含转主寄生的标本）；许多病害有多种寄主植物，采集时也尽可能采到所见的不同寄主上的标本。

⑤ 采集时间。病害标本材料的采集时间，一般以病害发生盛期进行，但有时也可在发病后期进行。

⑥ 采集的数量。一般情况下，每种病害标本采集的数目不可过少，最好采集 10 份以上，如 10 片病叶、10 个病果或 10 根病根（茎），以备鉴定或制作时损坏或交流。

⑦ 记录全面。没有记录或记录不全的标本将失去使用价值，采集标本时，要随时作采集记录。要求记录准确、简要、完整，并用铅笔或永久炭素水笔记录，记录内容包括寄主名称、采集日期、地点、采集人姓名、标本编号、分布情况、地理条件、发病情况等。除记录本上记载外，还应在标本上挂上签标，注明标本编号、采集时间、地点、采集人姓名等。不同的标本、不同产地的同样的标本应分别编号，每份标本的记录与标签上的编号必须相同。宜长期保存纸质记录和电子文档，以便查对。有些有色标本难以记录或易变色的，最好当时摄下彩色照片。

2. 田间实地采集标本注意事项

① 对于较薄和较易失水的叶片标本，在采集时应用携带的吸水纸或废旧的书，随采随压，以免叶片迅速失水卷缩后而无法展平。

② 腐烂的果实标本及柔软的肉质类标本，应先以吸水纸分别包裹后，再放在标本箱中，并且不能装得太多，以免污染和挤压。

③ 黑粉病类标本，也应以纸袋分装或用纸包好后，再放采集箱中，以免混杂。

④ 对于体形小，易碎的材料，如种子、菌体、干枯病叶等，采后放入纸袋或广口瓶中。

（三）田间病害标本的采集

田间病害标本的采集分按季节采集和按寄主采集。按季节采集主要是针对每年只在特定时期发生的病害；按寄主采集主要针对寄主范围广泛的病害。其采集内容主要有如下几种。

① 采集病叶。用剪刀剪取病植物上的发病叶片，放入采集夹中。

② 采集病穗。用剪刀剪取病穗装入采集筒中。对于黑粉类的病穗，每种病穗要及时放入小的采集袋中，同时注意隔离，以防黑粉散落和不同病穗间相互混杂。

③ 采集病果。用剪刀剪取病果装入采集筒中。对于像番茄一类多汁的病果，要特别加以注意，应先以标本纸分别包裹后，置于采集筒（箱）中，以防相互挤压而变形。

④ 采集病根。用铁铲挖取病根装入采集筒中。在挖取此类病害的标本时，要注意挖取点的范围要比较大一些，以保证取得整个根部。同时，对于像大豆胞囊线虫病害一类的病根，在除去根须上的泥土时，操作要谨慎，保证其根须上的胞囊不散落。

⑤ 采集像菟丝子、列当这样的寄生植物，应连同寄主一起采集，并记录寄主的名称。

（四）标本的整理

田间采集后，携带所采集的标本在实验室内进行标本的取舍和初步的整理。对于同一种病害的标本，应尽量保留带有典型症状的标本，对于真菌性病害，在发病部位应带有子实体。在整理时，应使其形状尽量恢复自然状态。对于采集到的比较稀少的标本，如症状不典型，或暂时观察不到子实体的，也不要舍弃，应该同样制作成标本，以备日后采取措施进行鉴定。如果外出采集，每天晚上都要将当天采集的标本进行整理、压制，第二天及时换纸或晾晒，防止霉变。

二、植物病害标本的制作

采集的新鲜病害标本必须经过制作，才能保存和应用。制作的方法通常根据标本的性质和使用目的而定，以尽量保持标本原有性状和特征为原则。标本制作方法分为干燥法和浸渍法两种。干燥法适用于一般大田作物及蔬菜果树的茎、叶、花及去掉果肉的果皮等标本的保存；浸渍法适用于根茎（如土豆、地瓜等）及果实等多汁液的器官等标本的保存；病原物做成玻片标本保存；比较难以保存的和特殊的标本可通过多媒体扫描系统或显微系统存入计算机中，制成相应的文体图形、动画、视频图像等。

标本制作用具及试剂通常有：剪刀、标签、标本瓶、玻璃瓶、玻璃板、塑料绳、水浴锅（或简单的加热装置）、水、硫酸铜、明胶、石蜡等。

（一）干标本的制作

干标本通称蜡叶标本，即经干燥法制成的标本。将田间采集的新鲜病叶标本用标本夹压平后，经过几次换翻，待标本干燥，即成蜡叶标本。蜡叶标本制作时要求在短时间内把标本压平干燥，使其尽量保持原有的形态和颜色。干燥法制作标本，简单、经济，能保持植物病害症状原形，便于交换、鉴定、展览和长期保存，所以应用最广。

常用的干标本的制作方法有下列五种。

（1）压制干燥法

① 含水量小的标本的压制。对于像水稻和小麦等植物，其叶片比较薄，它们的叶片病害标本，经过整理后，立即进行压制。对于此类标本，在压制时，标本分层压在标本夹中，一层标本，一层标本纸（每层 3～4 张），以吸收标本中的水分，使标本中的水分快速散失。每个标本夹总厚度以 3 寸左右为宜，太厚不利于干燥，夹好后用绳绑紧，放在阳光充足，通风干燥处自然干燥，干燥愈快，保持标本原色的效果愈好。

② 含水量大的标本的压制。对于像甘蓝、大白菜、马铃薯等比较厚、不易失水的叶片，最好经过一段时间（1～2 d）的自然散失水分，然后，再进行压制。自然散失水分的时间不宜过长，最好是在叶片将要卷曲但还未卷曲时进行。幼嫩多汁的标本，如花及幼苗等，可先夹在两层脱脂棉中，然后在标本夹中压制。

一般情况下，前一周的时间里要每天换干燥的吸水纸1次，以后的时间，可隔天换纸，视情况而定，直至标本完全干燥为止(在正常晴好的天气条件下，一般经过10 d左右的时间即完全干燥)。夏季压制的前3～4 d，每日换纸1～2次，以后每隔2～3 d换纸1次；春秋可适当减少换纸的次数，直至彻底干燥为止。在第1次换纸前，要对标本进行形状的整理，尽量使其舒展自然，因为标本已经变软，易于铺展，但在整理时，要十分小心，特别是比较柔嫩的植物标本，更应多加注意，以免破损。在换纸时，注意不要遗失标签，要特别注意不要混用已经污染了的纸张，对于完全干燥的标本，要特别小心移动，以防破碎。

具体制作时要注意以下两方面。

① 随采随压。采集标本后，要即刻放入标本夹中压制，以保持标本的原形，减少压制过程中的整形工作，有些标本在压制时需作少量的加工，如标本的叶子过多、茎秆或枝条粗大，压制时应把叶子剪掉一部分或将枝条剪去一侧再压制，如玉米大斑病叶，因叶片较宽、较长，可以根据病斑的大小，剪取有病斑的一部分压平，防止过多的叶片重叠或标本受压力不均匀而变色、变形，整株的标本，如水稻、小麦茎叶标本，可折成N形压制。

② 勤换勤翻。植物本身含水量大，为使其水分易被标本纸吸收，使标本尽量保持原色，要勤换勤翻，标本放到标本夹内后，用标本绳将标本夹扎紧，或用重物压实，将标本夹放在通风处放置，使标本尽快干燥，以便保持原有色泽，若遇高温潮湿天气，标本在纸内容易发霉、变黑。在压制标本过程中，前4天通常每天早、晚各换1次纸，以后每天换1次，直至完全干燥为止，在第一、二次换纸时要对标本进行整形，因经初步干燥后，标本容易展平。

(2) 烫干法或硅胶烘干法

含水量太高的标本和不准备作为分离用的标本可以采用此种方法。为了加快标本的干燥速度，更好地保持标本原有的色泽，可以将刚采集的标本放在吸水纸或布中用电熨斗来回迅速烫干或将其夹在草纸和干燥过的硅胶粉的标本夹中捆紧，放入30～45℃的烘箱内2～3 d，烘干，使其很快干燥。但换纸要更勤，至少2 h换一次纸。

(3) 微波炉干燥保色法

为了弥补烫干法的不足之处，可根据植物病害标本的质地，采用微波干燥保色法。此法干燥迅速，保色效果较佳，可长期保存而不褪色。

(4) 冷冻干燥法

是目前比较好的方法。标本在冷冻的情况下干燥，几乎能完全保持原有的色泽和形状。

(5) 自然干燥法

① 水分很少的标本如枝干病害的枝条等，不需要采取任何干燥的手段，在空气中自然干燥即可。这类标本应置于朝阳(但应避免强光直射)通风处，置于吸水纸上，进行自然干燥。同时，也要定期进行翻动，使其整体较为均匀地干燥。对于此类标本的干燥，开始时，就要选择在比较宽敞的空间内进行，以免其整个形状不被挤压而发生变形。

② 多汁或大型不好压制的标本，还可装挂在通风良好处风干或晒干。

③ 对某些容易变色的叶片标本(如烟草、马铃薯、蚕豆、梨等的叶片)，可平放在有阳光照射的热沙中，使其迅速干燥，以达到保持原色的目的。

(二) 浸渍标本制作

多汁的果实、块根、块茎、鳞茎等病害标本及柔嫩肉质的子囊菌和担子菌子实体，不宜制成干标本保存,需用浸渍液泡制在标本瓶中。浸渍液的种类很多,主要作用是防腐,因此制作和保存常是同一种药液。有些标本需要漂白,使病原物与植物组织分色;有些标本则要求保持原色。需配制特殊的浸渍液。

常用的浸渍方法有下列六种。

(1) 普通防腐浸渍液

只有防腐作用,不能保持原色。适用于无色的块根、块茎、根组织(萝卜、马铃薯等)。常用的浸渍液为福尔马林、酒精和水的混合液。

配方一	福尔马林(甲醛)25 mL,95%酒精 150 mL,水 1000 mL
配方二	5%~6%亚硫酸 15 mL,水 1000 mL
配方三	5%福尔马林或 70%酒精

方法:以上三配方选一。浸渍时将标本洗净,淹浸在浸渍液中,用线将标本固定在玻片或玻棒上防止标本上浮。若浸泡标本量大,浸泡数日后应更换一次浸渍液。加盖密封保存,标本瓶上贴上标签。

(2) 保持绿色浸渍法

保存绿色的浸渍液很多,要根据不同的植物病害标本选择适当的方法,才能达到好的效果。

① 醋酸铜-福尔马林浸渍法。这种方法保色效果良好,但与原色稍有出入。

配方:醋酸铜饱和液(50%醋酸 1000 mL+醋酸铜结晶 15 g)。

方法一。热处理法,醋酸铜饱和液用水稀释 3~4 倍,将标本加入到煮沸的稀释液中,继续加热,标本的绿色开始褪去,经 3~4 min,使绿色恢复后,将其取出,用清水冲净,保存于 5%的福尔马林溶液中,或压制成干燥的标本。

方法二。冷处理法,醋酸铜饱和液稀释 3~4 倍,将标本加入到稀释液中 3 h,褪绿色,3 d 后标本绿色恢复,将其取出,用清水冲净,放于 5%的福尔马林溶液中保存。

② 硫酸铜-亚硫酸浸渍法。本法用于保持绿色叶片及果实等,颜色比醋酸铜法自然,但应注意密封瓶口或每年更换一次亚硫酸浸渍液。

配方:5%硫酸铜液亚硫酸浸渍液(亚硫酸:酒精:水=1:1:8)。

方法:洗净标本材料,浸入 5%硫酸铜液中,12~24 h 后,标本变色,取出标本,清水漂洗 4~8 h,放入浸渍液中。

③ 瓦查(Vacha)浸渍法。本法适于保存叶片和果实的绿色,也可保存梨和苹果等的黄色。

配方:亚硫酸 142 mL,硫酸铜 1 g,酒精 142 mL,乙酰水杨酸 1.5 g,福尔马林 3 mL,香油 1 mL,水 1000 mL。

方法:洗净标本材料,放入浸渍液中。

(3) 保持橘红色或黄色浸渍法

柿、杏、梨、柑橘、黄苹果、辣椒等采用保持橘红色或黄色浸渍法。

配方:亚硫酸(含 SO_2 5%~6%)配成 4%~10%的水溶液(含 SO_2 0.2%~0.5%)。

方法:洗净标本材料,放入浸渍液中。防腐力不够可加适量酒精。如果实褪色,可降低亚硫酸浓度;如果实开裂,可加入适量甘油。

(4) 保持红色浸渍法

大多为水溶性花青素，较难保持，可采用保持红色浸渍法。

① Hesler(赫斯娄)浸渍液。适用于番茄、苹果、花红等，但不能保存花瓣中的色素。

配方：氯化锌 50 g，福尔马林 25 mL，甘油 25 mL，水 1000 mL。

方法：氯化锌溶于热水中，加入福尔马林，沉淀弃去，加甘油，混匀浸入材料。

② Vacha(瓦查)浸渍液。适用于草莓、辣椒、花等，效果好。

配方：硝酸亚钴 15 g，氯化锡 10 g，福尔马林 25 mL，水 2000 mL。

保存液：福尔马林 10 mL，亚硫酸饱和液 30～50 mL，酒精(无水)10 mL，水 1000 mL。

方法：材料洗净，浸入浸渍液中，2 周后取出，置于保存液中。

(5) 保存紫色、黑色标本浸渍液

保存葡萄效果很好。

配方：福尔马林 10 mL，饱和食盐水 10 mL，水 175 mL。

方法：洗净标本材料，放入浸渍液中。

(6) 保存真菌色素浸渍液

① 硫酸锌-福尔马林浸渍液。

配方：硫酸锌 25 g，福尔马林 100 mL，水 1000 mL。

② 醋酸汞-冰醋酸浸渍液。

配方：醋酸汞 10 g，冰醋酸 5 mL，水 1000 mL。

方法：新鲜标本材料，放入浸渍液中保存。

总之，各种保色的浸渍液，除有些保存绿色的浸渍液外，保存其他颜色的浸渍液，效果都不理想。为了更好的显示植物病害的危害状，最好采用多媒体系统将其扫描或摄影，制作成相应的图片和视频进行保存。

(三) 玻片标本制作

玻片标本是展现病原物形态的一种标本，在实际工作中，植物病原玻片的制作也是一项重要的工作。制作的方法有徒手制片和石蜡切片两种。

1. 徒手制片

徒手制片在病害诊断中，常用作临时玻片制作观察，是病害诊断和现场检验中应掌握的一项基本功。该法应用广泛，不需任何特殊的设备，制作简单。对于生长在植物病部表面或培养基上的菌丝体、分生孢子梗、分生孢子和其他子实体等，可直接从病部挑取少许病原物或经过徒手切片而得病原物，封藏在适宜的浮载剂中，制成临时玻片，在显微镜下进行观察，一般可用 8～10 年。

(1) 植物组织中病原物的获取

根据材料特点和观察目的不同而采用不同的方法。常用方法可以概括为挑、刮、拨、撕、涂、切等。

① 挑。对于在基物表面生长茂密的霉状病原物，如霜霉菌，或个体分明的子实体，如白粉菌的闭囊果等，可用尖细的拨针挑取少许制片，用拨针把重叠霉状物拨开，便于镜检分辨，在选材典型的前提下，所取材料越少越好，以免材料互相重叠，影响观察。

② 刮。对于病原物稀少或用放大镜也不能清楚分辨出霉层存在的病害标本，可采用三角拨

针(针端三角形,两侧具刃)刮取病原制片。用三角拨针的一侧,蘸浮载剂少许,在病部同一个方向刮取2~3次,将刮取的物体沾在载玻片上的浮载剂中。载玻片应先擦干净,浮载剂只要滴一小滴,要尽量少,少量的病原物在大滴的浮载剂中极易分散,漂流到盖玻片边缘,不便观察。

③ 拨。对于产生在植物皮层下或半埋于基物内的病原物子实体,如分生孢子器、分生孢子盘、子囊壳等,可以把病原物与寄主组织一同拨下,放入载玻片上的浮载剂中,用两支解剖针,一支稳定材料,另一支小心拨去多余的植物组织,使病原物外露,然后在显微镜下观察。

④ 撕。用小金属镊子撕下病部表皮制成临时玻片。此法适合观察着生在寄主或基物表面的菌丝和孢子,寄主表皮细胞内的真菌菌丝、吸器和休眠孢子囊以及病毒病的内含体等,如烟草、南瓜白粉病菌和烟草花叶病。

⑤ 涂。此法适用于细菌及黑粉菌厚垣孢子(分散而不成团)等的制片。细菌涂片后,需在灯焰上烘干固定,而后染色封藏。黑粉菌厚垣孢子的涂片不必烘干,可以直接封固保藏。注意,制片时要用崭新的、清洗干净的载玻片,否则,材料容易脱落。

⑥ 徒手切片。对于侵入寄主体内或埋生于基物内的真菌子实体结构、植物组织内的细菌等,需要将这些材料切成薄片进行观察。徒手切片的缺点是对于微小或过大、柔软、多汁、肉质及坚硬的材料不易切取,也不能制成连续的切片,此外,切片的厚薄也很难一致。对于过于柔软或较薄的材料,可以夹在通草或其他“夹持物”中进行切片。实验室中通常将通草浸于70%酒精中备用。

(2) 制片中常用的浮载剂

表 2-0-2 常用浮载剂

名称	配方	方法
乳酚油浮载剂	苯酚(结晶加热熔化)20 mL,乳酸20 mL,甘油40 mL,蒸馏水20 mL。	配成的乳酚油合剂有一定黏稠度,类似油状物,乳酚油具有杀死、固定病原物的作用,可使干瘪的真菌孢子膨胀复原,还可使病组织略为透明便于观察。乳酚油制作的玻片可长期保存,不易干燥,但不足是封片困难,易与封固剂起作用,盖玻片易滑动。解决方法是玻片使用前要在铬酸洗涤液中处理几小时,然后,水冲洗几次,擦干后,放入酒精中备用。封片前,擦干盖玻片周围乳酚油,用中性树胶封片。
甘油明胶浮载剂	① 明胶5 g,甘油35 g,水30 mL。 ② 明胶15.6 g,甘油115.5 g,水100 mL,苯酚1 g。	将明胶在水中浸透,加热至35℃,将甘油、苯酚加入搅匀,纱布过滤。使用时将材料经甘油脱水或干燥(含水量少的不需脱水)。取小团甘油明胶浮载剂放玻片上,微加热,气泡消失后,将材料放在浮载剂中,加盖玻后轻轻向下压,擦去周围多余浮载剂,平放10 d,干燥后封固,可长久保存。
苯酚-醋酸明胶浮载剂	明胶10 g,苯酚结晶28 g,冰醋酸28 mL。	将苯酚溶于醋酸中,再加明胶任其溶化,约2 d,最后加甘油10滴搅匀,存于褐色玻瓶中。此液适用于干燥标本制作,含水量多的可先在冰醋酸中浸几分钟脱水再用。该液制片干燥很快,1 d后即可封片保存。

(3) 徒手制片

将新鲜材料放在平整小木板上，上面压一块玻片，用刀片将材料切成薄片，再用挑针置于玻片的浮载剂内观察。

徒手制片除刀切外，还可将病原物用上述挑、刮、拨、撕、涂等方法取部分病组织制片观察。

(4) 玻片标本的组织透明制片

为了观察病菌侵入寄主组织中的菌丝、吸器、子实体等，可将组织经透明处理后，制成载玻片直接镜检观察。常用的方法如下。

① 乳酚油透明法。嫩而薄的叶片接种病菌后，在适宜的温、湿度条件下培养一定时间后取出，或在田间选取被入侵的叶片，浸在乳酚油棉蓝液内煮 30 min，透明和染色。镜检可以观察病菌入侵的途径和组织中的菌丝。

② 水合氯醛透明法。水合氯醛是最常用的透明剂，效果较好。

a) 观察病叶表面和内部的病菌。

● 固定。将小块叶片在 95%酒精与等量的冰醋酸混合液中固定 24 h。

● 透明。将固定后的材料移入饱和的水合氯醛水溶液中(水合氯醛 10 g，水 4 mL)进行透明。

● 染色。组织透明后取出用水洗净，经苯胺蓝(0.01%～0.05%)水溶液染色。

● 封藏。甘油封藏，或甘油脱水后以甘油明胶封藏。

b) 观察枯叶表面和内部病菌。

● 透明。将枯叶在水合氯醛饱和水溶液中浸渍过夜(或浸至透明为止)。

● 脱色。将叶片自水合氯醛中取出，清水漂洗数次，然后在 10% KOH 水溶液中浸数日，以除去枯叶中的褐色素。

● 脱水。脱色后在清水中漂洗数次，移入 95%酒精中浸 3 h，换 2 次，再在无水酒精中浸 3 h，并换无水酒精 1～2 次，脱去水分。

● 封藏。脱水后的材料，用苯酚松节油混合液(融化的结晶苯酚 40 mL 与松节油 60 mL 混合)进一步透明，经二甲苯浸洗过后，再用加拿大胶封固。

c) 显示叶片组织中的病菌吸器及菌丝体(如南瓜白粉病菌吸器及菌丝观察)。

小块叶片组织，放在水合氯醛饱和水溶液中，抽气除去组织中的气泡。浸数日至数星期，使之充分透明。

● 染色。锈菌初侵染时，采用甲配合式，染色 1～2 h；较老的侵染，采用乙配合式，染色 3～4 h。

表 2-0-3　染料配法

	甲配合式	乙配合式
2%酸性品红(70%酒精)	0.5 mL	0.5 mL
水合氯醛(饱和水溶液)	6.0 mL	3.0 mL
95%酒精	4.0 mL	3.0 mL

● 褪色。染色以后，移入水合氯醛饱和液中褪色，待显示出病菌及寄主的清晰结构为止，然后在一滴饱和水合氯醛液中检视。寄主及病菌的细胞壁，细胞核及吸器均染成鲜红色。

- 脱水。经85%及无水酒精脱水。
- 复染。用浓的苦味酸冬青油溶液复染。
- 封固。用冬青油透明,加拿大胶封固。

③ 乳酚油-水合氯醛透明法。将小块标本或切片浸在酒精、冰醋酸混合液中浸渍除去叶绿素;将标本移至载玻片上,用1%酸性品红的乳酚油溶液染色,徐徐加热至发烟为止,倾去剩余的乳酚油,加入数滴不含染料的乳酚油,微微加热,除去多余的染料;移至水合氯醛饱和溶液中,使组织透明;用水合氯醛饱和溶液封藏,用火漆贴金胶水封边,即可永久保存。

④ 水合氯醛-苯酚透明法。将等量的水合氯醛结晶与苯酚结晶混合,徐徐加热熔化,叶片在此液中约浸20 min,即呈透明状。

⑤ 吡啶透明法。将幼嫩病叶切成小块浸渍在10～20 mL吡啶中,并更换吡啶数次,约经1 h即透明,用乳酚油棉蓝液染色,水洗或不经水洗,封藏在乳酚油内。小麦、玉米、棉花、菜豆、白菜、黄瓜、萝卜、烟草、番茄等用此法透明效果均好。

2. 石蜡切片

石蜡切片法是应用最广,发展比较完善的切片制作法。它是把材料浸渍和包埋在石蜡中后,连同石蜡一起进行切片,所以称为石蜡切片法。用石蜡法制片,要经过多个步骤,但制成的标本可更清楚地显示组织构造和细胞结构。材料可永久保存。

石蜡法制片共有以下11个主要步骤。

选材→固定→脱水→石蜡渗透→包埋→切片→粘贴→去蜡→染色→透明→封固。

(1) 选材

材料选择是根据制片目的决定的。一般原则是在照顾其完整性的前提下,尽可能的"精而小",并且应尽量采用新鲜有代表性的材料。最可靠的办法是先作徒手切片确定合适的部位,再进行取材。材料选好后,立即切成小块,投入适当的固定液中杀死和固定。切块大小视材料的性质而定。块状组织每边长不超过2～3 mm为宜,薄组织(如叶片)则切成2～3 cm×2～4 mm大小较适宜。切的形状要便于以后操作。

(2) 杀死、固定和保存

杀死和固定的目的是迅速终结生物组织的生命活动,尽可能地固定保存细胞和组织在生活时原有的结构和状态,因此,就要选择渗透力强的药品,力求在短时间内渗入材料组织中去,迅速杀死细胞,并使原生质的亲水胶体凝固,对细胞起硬化的作用,以便于切片。杀死和固定的意义是不相同的。固定液通常是由各种药剂混配成的,兼有杀死和固定作用。

① 材料固定的注意事项。

a) 根据材料性质选择合适的固定液。最好先通过实验找出适合不同材料的固定液和配方。

b) 材料选好后立即投入固定液中。固定液的用量一般应为材料的20～50倍。

c) 植物材料常带有茸毛及气体沉入固定液中,会影响药液的渗入。因此,在固定时一定要抽气。最简便的抽气方法是用一个20 mL的注射器,将材料连同固定液倒入注射器中,插入活塞,注射孔向上,轻轻将管内空气排出,用左手指按住注射孔,右手向外拉注射器活塞,使注射器内压力减小。这时可见到材料断面有气体排出,如此往返数次直到材料下沉,即表示抽气已完成。注意用力不可过猛,否则会损伤材料。也可以用抽气机交替抽气及放气数次,使材料下沉。为了安全,抽气时必须通过一套适当的抽气装置,材料放入后,根据材料的性质、大小,决定抽气的时间，每次开动 2～5 min，并控制瓶上的活塞，使气压计或水银柱保持在 25～30 mm 左右，当达到一定时间后，关闭抽气机，徐徐打开活塞进气，如此往复几次，至材料完全下沉，即可拧开干燥器取出材料。采用抽气机抽气时，抽气瓶中 1 次可放入大批的材料管，处理一致，但每管上必须分别贴上标签，注明材料名称、固定液种类及固定日期等，以免混乱。

② 常用固定液。

a）福尔马林醋酸酒精固定液（FAA）。

配方：酒精（95%）50 mL，福尔马林 5 mL，冰醋酸 5 mL（丙酮替代效果好，称 FPA），水 35 mL，材料置于 FAA 中，至少需 18 h，也可长期保存。

b）铬酸醋酸福尔马林固定液。

溶液 A：铬酸 1 g，冰醋酸 7 mL，蒸馏水 92 mL。

溶液 B：中性福尔马林 30 mL，蒸馏水 70 mL。

使用前临时等量混合 A、B，材料置于固定液中可长期保存。

③ 固定方法。

将材料选择好，切成小块，大小不超过边长 2～3 mm 为宜。组织材料大小、形状依后续操作方便为宜。材料浮于固定液上，应交替抽气使材料下沉。固定好的材料可储存在固定液中，但有的不宜储藏，需保存在储藏液中（储藏液 70%酒或酒精：水：甘油＝3：2：1）。

（3）脱水、透明

固定液都是一些水溶液，但是水不能溶解石蜡，同时，它和许多石蜡的溶剂也不能混合，所以必须经过脱水过程，将材料中的水分除去，而后用可以溶解石蜡的溶剂取代。脱水剂首先是必须能和水任意混合，理想的脱水剂最好还要能和酒精混合，并能溶解石蜡和加拿大胶，对植物的组织结构无不良影响。到目前为止，只有氧化二乙烯和丁醇这两种溶剂是比较合乎这些要求的。其他常用的脱水剂还有丙酮和甘油等，应用最广的是酒精。

按照上述要求，酒精并不是最理想的脱水剂，它容易使组织细胞发生收缩，使材料变硬而不利于切片，脱水后还必须再用其他有机溶剂除去酒精才能浸蜡，手续比较繁杂。但由于酒精应用已久，而且廉价易得，方法易于掌握，仍是目前普遍应用的脱水剂。在制片技术中应用的酒精有两种，95%酒精和无水酒精，后者是经过蒸馏而得，价格昂贵，要尽量节约使用。一般配制 95%以下浓度的酒精都是用 95%酒精稀释。

① 脱水原则。低浓度脱水剂→逐步高浓度脱水剂→最后完成脱水。脱水的过程应从低浓度开始，逐渐替换到高浓度酒精。如果操之过急一开始就放入高浓度酒精会使材料收缩或损坏。用酒精配制的混合固定液，可以从同浓度酒精开始脱水。材料在各级酒精中停留的时间，视材料的性质和大小而定。一般长、宽 2 mm 左右的材料，应在各级酒精中脱水 2～4 h；大的或较硬的材料，要适当延长时间。

材料水分脱尽后，还要经过一种既能与脱水剂又能与石蜡相混溶的溶剂处理，以便石蜡能够渗入。因为这种溶剂能使材料透明，这个步骤也称为“透明”。常用的透明剂有二甲苯、氯仿、甲苯、苯和丁香油等，而应用最广的是二甲苯。它的作用非常迅速，能溶解石蜡和加拿大胶，但容易使材料收缩变脆。

② 脱水过程。材料→50%酒精 2 次，每次 30 min→70%酒精 2～24 h→90%酒精 2～24 h→95%酒精 2 h→无水酒精 2 次，每次 2 h→无水酒精 3/4＋1/4 二甲苯 2 h→1/2 无水酒精＋1/2 二

甲苯 2 h→1/4 无水酒精＋3/4 二甲苯 2 h→纯二甲苯 2 次，每次 2 h →进入石蜡渗透。

(4) 浸蜡和包埋

材料完全被透明剂浸透之后，紧接着就应进行浸蜡，若在二甲苯中放置太久会使材料变脆。浸蜡就是使石蜡慢慢融于浸透材料的二甲苯或其他透明剂中，逐渐浸入组织中，最后彻底取而代之。要求石蜡要完全浸透细胞的每个部分，紧密得贴在细胞壁的内外，成为不可分离的状态，以便于切片。石蜡浸透必须缓慢得进行才能完全，一般是从低温到高温，从低浓度到高浓度，不可操之过急。

① 将石蜡切成薄片，在室温下少量多次地加入含有材料的透明剂中，使之逐渐融化渗入组织中，不断地加入石蜡直到饱和；或将石蜡削成长形的蜡块，用线扎好放入材料管中，调节线的长度，使蜡块大部浸入透明剂中(但不要接触材料，或距材料太近)，使之缓缓融解达到饱和。

② 将上述材料管放入 36～40℃温箱中，不断地加入小蜡块，经几小时直到达到 1/2 透明剂和 1/2 石蜡的体积为止。

③ 在 52～56℃温箱中，打开瓶塞，放置数小时让二甲苯挥发。

④ 倒去含有二甲苯的石蜡，换入已融化的石蜡，经数小时再更换纯蜡 1 次，再经数小时，使材料完全被石蜡浸透，再除尽二甲苯。

⑤ 包埋。包埋就是将材料排列在融化的石蜡中，材料可以稳固地埋在蜡块中，便于以后进行切片。包埋步骤：用牛皮纸或重磅道林纸折叠成长方形的纸盒；在纸盒上写上欲包埋材料的名称或处理及日期，将其平放在金属温台上，倒入融化的石蜡至满为止；视纸盒大小用烧热的镊子自融化状态的材料中夹取材料数块，迅速投入纸盒中；将纸盒移至温台距加热点远的一端或桌面上，以使盒底部石蜡稍稍凝固；用烧热的镊子迅速将材料在纸盒中排开，把位置整理好，并用烧热的镊子烫材料周围的石蜡，驱尽其中的气泡；材料的间隔距离，以不影响将来分割、整修石蜡块为宜；将纸盒自温台或桌面上拿开，向蜡面徐徐吹气，使表面石蜡凝固，待能经受水的压力时，迅速将纸盒淹浸在冷水中，使石蜡迅速凝固，否则，石蜡凝固缓慢结构疏松，不易切片，包埋好的蜡块，应该质地均匀，不含气泡，材料与石蜡结合紧密，便于切片。

注意，浸蜡和包埋，要依季节选择不同熔点的石蜡。一般在夏季时采用熔点较高(55～60℃)的石蜡，冬季宜用熔点较低的(45～52℃) 石蜡。熔点愈高的石蜡质地愈疏松，不易切片。如能将 2～3 种不同熔点(如 35℃、45℃及 55℃) 的石蜡混熔，可得到较好的效果。在石蜡中加入蜂蜡混熔，则能使蜡的质地变得较柔软而滑润，适于进行切片，加入比例视材料的性质和经验决定。此外，用过或熔过多次的石蜡，质地往往也变得比较紧密而韧，比较合用。

(5) 切片

石蜡切片一般在轮转式切片机上进行。

① 蜡块的切修与黏附。在包埋好的蜡块上，沿欲切取的材料四周用利刀划 1～2 mm 深的痕，折断蜡块，使之成为小块，再将切下的蜡块用刀修整齐，使之成为梯形，便于黏附在载蜡器上，蜡块的切面呈长方形，特别是上下两边，要切得平行，否则切片时蜡带不直。

黏附就是将蜡块黏附在载蜡器上。将载蜡器固着面(有沟纹的一面)加热，蘸涂一厚层石蜡，并使其凝固，然后借助烧热的解剖刀柄或镊柄，将已修好的蜡块迅速黏附在载蜡器上，梯形底面向下，并用烧热的解剖针顺接缝纵横穿刺数下，使接缝合紧，最后再用碎蜡将蜡块四周粘牢。黏附牢固的蜡块连同载蜡器投入冷水中使之迅速凝固，取出后再加整修即可安装在切片机的夹物部进行切片。

② 切片刀的安装。切片刀安装的角度很重要，角度太小，刀内侧会碰坏材料，角度太大，刀片将不是“切”而成为“刮”的作用。刀口向材料一面倾斜的角度一般以垂直成 5°～8°为宜，刀口的倾斜角在切片机上带有标注，可供参考。刀安装好后，再调节载蜡器使材料切面与刀锋平行，切面接近刀口，但不要超过刀口。

③ 切片的厚薄。切片之前应先调整好厚度计，必须对准刻度，使之达到需要的厚度。一般来讲，切片厚度 10～15 μm，对一般植物病害标本都比较适宜。

④ 切片。上述各项调节好后，即可摇动飞轮进行切片。摇轮用力要均匀，速度要适中，右手摇机，左手握毛笔，轻轻将切出的蜡带托起并向外拉出。到蜡带长度达到 20～30 cm 时，即可用毛笔挑起安放在盘中的白带上，按顺序排好，便于检查和应用。

(6) 粘片

就是将切成的石蜡薄片用粘贴剂粘在载玻片上。载玻片必须干净，而所用的粘贴剂要不被染色，并且不溶于染色时所用的药剂中。

粘贴时，在载玻片上滴一小滴粘贴剂(郝普特粘片剂)，用手粘涂匀成一薄层。加少许浮载剂，将蜡片放在液面上(蜡片的光面向下)，然后将载玻片置 36℃左右的温台上，蜡片受热即慢慢伸平，吸取多余浮载剂，经加温干燥或在室温下放置数日让其自然干燥即可染色。

(7) 染色

粘贴在载玻片上的蜡片完全干燥后，即可进行染色。染色前必须先行去蜡，去蜡的方法就是将粘有切片的载玻片浸在石蜡的溶剂中，将石蜡溶去，再换溶剂把石蜡溶剂除去。一般都是用二甲苯去蜡，然后再逐步转入酒精或水中，具体视染料溶于水或酒精而定。为了获得良好的染色效果，应当根据观察和研究的对象，选择适宜的染色剂。

染色的方法有以下三种。

① 单染。一种染料染色，铁矾苏木精染色。

② 复染。二种染料染色，区分不同结构，花红 0、坚牢绿染色。

③ 三重染。三种染料染色，弗兰敏三重染结晶紫、花红 0、橙 G。

(8) 封固

封固是制片的最后一步。封固的目的一方面为了长期保存标本，另一方面通过用有合适折光率的封固剂封固，使经过染色的材料，结构更加清晰。

香脂是常用的封固剂，合成树脂也可。封固时将载玻片自二甲苯中取出，放在吸水纸上，有标本的一面向上(侧视可见标本的影子)，将标本周围的二甲苯揩去，在标本上的二甲苯未干前，加一滴封固剂，如封固剂中有气泡可将载玻片微微加热以除去气泡，将盖玻片一端与封固剂接触，然后缓缓落下封固，除去盖玻片周围溢出的封固剂，在 32℃下烘干或自然晾干。

(9) 封固后的材料，贴上标签就完成了病原玻片的制作

制成的载玻片标本要及时贴标签储放于避光、干燥处。

三、植物病害标本的保存

标本的制作是为了尽量保持标本的原有特性及便于日后应用，稳妥的保存方法是达到上述目的的保障。无论用干燥制作法保存标本，还是用浸渍制作法保存标本，都是为了尽量减缓标本变质的速度或避免腐烂霉变，同时，也是为了尽量使标本保持其原色，以延长标本的使用时间和

提高标本的保存质量。

制成的标本，经过整理、登记，然后依一定的系统排列和保存。标本室(柜)要保持干燥、清洁，并要定期检查防止霉变和虫蛀。

1. 蜡叶标本的保存

(1) 封套内保存

一些不需要的或多余的蜡叶标本，可放入牛皮纸封套内保存，封套上注明病害名称、采集地、采集人、采集时间等，然后按一定顺序分别放入蜡叶标本柜中，柜内放防潮和防虫药物。具体步骤为：将干燥好的蜡叶标本放进消毒室或消毒箱内，传统的方法是用酒精、升汞液消毒，或将敌敌畏或四氯化碳与二硫化碳混合液置于玻皿内，利用毒气熏杀标本上的虫或虫卵，约 3 d 后即可取出，有条件也在－40℃低温处理消毒。将消毒好的蜡叶标本鉴定、整理，然后装进标本袋中，贴好标签，备用。

(2) 制作盒装标本

植物病害症状典型的蜡叶标本和干燥的果实标本，可利用玻面纸盒的方法进行保藏。按照标本的大小，选择合适的纸盒(一般为长 28 cm、宽 20 cm、高 1.5～3.0 cm)，在纸盒中铺一层棉花，棉花上放标本和标签，注明寄主植物、寄生菌的名称、采集时间等，然后加上玻盖，棉花中可加入少量的樟脑粉或驱虫的药剂。这种方法制作的标本可长期保存，循环使用。

(3) 塑封标本

适合保存叶片标本和较小的茎秆(如小麦、水稻)标本。具体步骤为：根据植物病害标本的大小选择适当的护卡膜，将一张比护卡膜稍小的白纸放入护卡膜中，在白纸右下角写上该标本的标签，然后把标本放在白纸上摆好，再把膜放平，放入预热到 160℃ 的过塑机封塑即可。如果标本较小、较窄，一张纸上可放几个标本，可根据需要分类装订成册。这种方法做出的标本弥补了以上盒装方法的许多缺点，如标本盒体积大，携带不便，造价较高，只能用肉眼和手持放大镜观察标本的局部，对细小组织和结构观察困难，标本易变色、发霉、受虫蛀、不耐储存等。

2. 浸渍标本的保存

浸渍标本一般保存在标本瓶、玻璃瓶或试管中。由于浸渍液所使用的药品大都为挥发性或容易氧化的，因此浸渍标本最好放在暗处，以减少药液的氧化，或瓶口因温度变化而造成瓶口破裂。瓶口一般需要密封，封口方法有临时封口和永久封口两种。

① 临时封口法。将蜂蜡及松香各 1 份，分别融化后混合，加少量凡士林调成胶状物，涂于瓶盖边缘，将盖压紧封口，也可用明胶加石蜡热熔调成胶状物应用。

② 永久封口法。用酪胶和消石灰各 1 份混合，加水调成糊状物，即可使用，也可用明胶、重铬酸钾和熟石膏调制而成的混剂进行永久性的封口。

植物病害症状标本的采集受植物生长季节、气候条件、采集地点、采集时间及作物品种布局等多种因素的影响，要把握时机才能采到需要的症状典型的标本。另外，对于病害标本的制作，不同部位制作和保存的方法不同。蜡叶标本在保存过程中，要保持标本室的干燥才能防止发霉，但干燥标本易遭虫蛀，因此最好每年用药剂熏蒸处理，以保证标本的完好。浸渍标本保存液也要经常更换，以保证标本不腐烂。

3. 玻片标本保存

玻片标本一般经制作完成后，应按一定顺序排放在玻片标本盒内，或标本柜内保存。

四、植物病原物的保存

分离纯化后的植物病原物要用适当的方法进行保存，保持其原有性状基本稳定，避免死亡、污染，便于研究、交换和使用的目的。

1. 植物病原物保存的基本原则

① 应针对病原物的生物学性状选择适宜方法进行保存。

② 应使保存的病原物不染杂菌，使退化和死亡降低到最低限度。

③ 应保证保存病原物的安全性，不能对周围环境造成污染和危害。

2. 病原物保存的基本方式

先将病原物接种到如培养基、矿物油、土壤、水等不同载体物上，然后控制不同的环境因子（如常温、低温、超低温、真空干燥、冷冻干燥等）进行保存。

3. 病原物的常规保存方法

病原物的保存方法有多种，应根据病原物的生物学特性以及病原物保存的目的和用途，采用不同保存方法，达到保存效果。常用的病原物保存方法有如下几种。

(1) 植物组织中保存法

适用于病原物需进行组织分离的材料及含病毒、难培养细菌和植原体病害组织材料等的保存。一般将感病植物组织放塑料袋内，－20℃保存。叶斑病标本中细菌在叶组织内，尤其是黄单胞杆菌属细菌，菌体外有多糖保护，干燥状态下也可室内保存几年。

(2) 定期移植保存法

亦称传代培养保藏法，包括斜面培养、穿刺培养、液体培养等。该法为可分离培养病原物常用的保存方法。将病原物接种于适宜的培养基中，最适条件下培养，待菌种生长完全后，通常置于 4～6℃进行保存并间隔一定时间进行移植培养。

(3) 无菌蒸馏水保存法

适用于细菌的保存。细菌用牛肉浸膏蛋白胨培养液繁殖后，离心洗涤 3 次，将细菌悬浮在灭菌蒸馏水中，每毫升约含菌 106～107 个，放冰箱 4℃中，可存活几年。也可在斜面生长后，洗下细菌，置灭菌蒸馏水中保存，管口密封可存几年（青枯菌可存 10 年）。

(4) 沙土管保存法

适用于真菌孢子的保存。将培养好的菌种用无菌水制成悬浮液，注入灭菌的沙土管中混合均匀，或直接将菌苔或孢子刮下接种于灭菌的沙土管中，使其吸附在载体上，将管中水分抽干后熔封或石蜡封口，置干燥器中于 4 ～10℃进行保存。

(5) 明胶膜干燥保存法

适用于病原物的储放和邮寄。

保存液配制：肉汁胨培养液＋10％明胶＋0.25％抗坏血酸，装试管 2～5 mL，121℃灭菌 15 min。

明胶菌膜制作：① 灭菌绘图蜡纸（121℃，15 min 灭菌）；② 斜面培养的菌用肉汁胨液少量洗下；③ 洗下的菌悬液混入上述保存液中使菌浓度达每毫升 10^{10} 以上；④ 用无菌微量吸管吸菌液滴在蜡纸上；⑤ 放干燥器中抽气干燥；⑥ 无菌条件下取下菌膜胶片，切成小块；⑦ 装小螺管瓶中，存放冰箱 4℃中即可。使用时取小块菌膜放适当培养基上培养。

(6) 液体石蜡保存法

亦称矿物油保存法，是定期移植保存法的改良方法。适用于可培养病原物的保存。将菌种接种在适宜的斜面培养基或半固体培养基上，最适条件下培养至对数生长期后，注入灭菌的液体石蜡，使其高出整个斜面或半固体顶端 1 cm。封口后直立放置于 4～10℃进行保存。一般可存 10 年。

(7) 甘油冷冻保存法

适用于可培养病原物的中、长期保存。保存时间一般为 2～4 年左右。将病原物在最适条件下培养至对数生长期后，注入灭菌的甘油，使甘油浓度达 15%，然后分装小瓶(1 mL)，放 －20℃保存。

(8) 滤纸保存法

适用于细菌和丝状真菌保存。可保存 2 年左右，有些丝状真菌甚至可保藏 14～17 年之久。方法与步骤：① 将滤纸剪成 0.5 cm×1.2 cm 的小条，装入 0.6 cm×8.0 cm 的安瓿管中，每管 1～2 张，塞以棉塞，121℃，灭菌 30 min；② 将需要保存的菌种，在适宜的斜面培养基上培养，使其充分生长；③ 取灭菌脱脂牛乳 1～2 mL 滴加在灭菌培养皿或试管内，取数环菌苔在牛乳内混匀制成浓悬液；④ 用灭菌镊子自安瓿管取滤纸条浸入菌悬液内，使其吸饱，再放回至安瓿管中，塞上棉塞；⑤ 将安瓿管放入内有五氧化二磷作吸水剂的干燥器中，用真空泵抽气至干；⑥ 将棉花塞入管内，用火焰熔封，保存于低温下；⑦ 需要使用菌种，复活培养时，可将安瓿管口在火焰上烧热，滴 1 滴冷水在烧热的部位，使玻璃破裂，再用镊子敲掉口端的玻璃，待安瓿管开启后，取出滤纸，放入液体培养基内，置温箱中培养。

(9) 冷冻干燥保存法

亦称冻干法，是在无菌条件下将欲保存的菌种制成悬浮液后冻结，在真空条件下使冰升华直至干燥，从而使病原物的生理活动趋于停止而长期维持存活状态。是病原物保存方法中最有效的方法之一。对一般生活力强的微生物及其孢子以及无芽孢菌都适用。即使对一些很难保存的致病菌亦能保存。但不适于保存不产孢子的丝状真菌等，适用于菌种长期保存，一般可保存数年至 10 余年。但设备和操作都比较复杂。

(10) 液氮冷冻保存法

此法除适宜于一般病原物的保存外，对一些用冷冻干燥法都难以保存的病原物，难以形成孢子的霉菌均可长期保存，而且性状不变异。缺点是需要特殊设备。

(11) 低温冷冻保存法

此法是将病原物保藏在 －60～－80℃低温冰箱中以减缓其生理活动的一种病原物保存方法。适用于大多数需要长期保存的病原物，如细菌、真菌和病毒等，一般可保存 1～5 年。

第六节　植物病原物的接种

植物病原物的接种是指人工将病原物引入植物的合适部位，并置适宜的环境条件下，诱发病害发生的过程。人工接种是验证引致植物传染性病害病因的重要步骤，从感病植物上分离到的微生物不一定都是具有致病性的病原物，只有通过接种到植物体上，才能确定它的致病性，人工接种亦是柯赫氏法则中不可缺少的一个重要步骤；同时，人工接种也是植病研究中最重要的工作，如在研究病害发生发展规律、测定品种抗病性、研究病原物致病性分化、植物病害防效测定中都需要采用人工接种技术。因此，人工接种技术也是植病研究工作中的一项基本技能。

一、接种方法选择依据

植物病原物人工接种方法的选择，原则上是根据病害的传播方式和侵染途径设计，应尽可能接近自然条件，使接种植物发病率高。植物病害的种类很多，其传播方式和侵染途径各异，因此接种方法也不相同。有时也因研究目的不同，需要采用特殊的接种方法。人工接种是否成功取决于人工接种的植物是否发病，而植物的发病主要由病原物、寄主植物和环境条件三方面的因素决定。因此，在选择一种接种方法时，必须考虑下面几个因素。

① 接种体的浓度。接种体的浓度与侵染剂量(infection dosage)有关，侵染剂量就是病原物成功侵入所需的最低个体数量。侵染剂量因病原物种类、寄主种类或品种抗性、侵入部位不同而异。如锈菌单孢子就可侵入，麦类赤霉病菌的分生孢子需要 1000 个/mL、水稻白叶枯病菌需要 10^8 cfu/mL。一般情况下，接种体的浓度要高于侵染剂量。人工接种前必须考虑接种体的适宜浓度。

② 接种体的致病性。对新近分离培养的病原物，并经过致病性测定的，可以直接繁殖接种体。人工继代培养时间较长的病原物，宜经过提纯复壮后，再繁殖接种体。对存在着致病性分化的病原物应考虑对供试寄主植物(品种)的致病力。

③ 寄主的生育期。有些寄主植物不同生育期的感病性不同，如茄科植物成株期较抗青枯病，苗期就比较感病。幼嫩组织侵入的病害应考虑，感病的生育期是叶片完全展开前或转色前后等，幼嫩组织侵入病害在幼嫩组织(如嫩叶)大量长出的生育期一般是感病期。

④ 外界条件的控制。主要是病原物的萌发、侵入对温度和湿度的要求。如有些真菌孢子萌发需要水滴，疫霉菌的胞子囊释放一般要经过低温处理等。

⑤ 隔离接种。对检疫病害要防止病原物外逸，致病性分化病原物要考虑不同小种间是否会交叉感染等。

二、常用接种方法

病原真菌和细菌常用的接种方法，根据侵染来源和传播途径可分为以下几种。

1. 种子传染病害的接种

① 拌种接种法。用病菌孢子或菌落与种子混匀，再播种，对寄主的生长状况进行观察，此为黑粉病类最常用的一种方法。

② 浸种接种法。用病菌孢子悬浮液浸泡种子，再把浸泡后的种子倒在含有真菌孢子的吸水纸的容器内，20℃保湿 24 h 后，取出放在纸袋中自然干燥后进行播种，观察。

2. 土传病害的接种

① 土壤接种法。最常用的一种接种方法，在作物播种前或播种时将病菌接种入土壤中，接种方式有用病菌孢子或菌丝体悬浮液混入土壤中；用病菌悬浮液加细砂混合后，撒入土壤中；用玉米粉、细砂混合培养后，拌入土壤中；带菌土壤接入无菌土壤中；将病残体粉碎后撒入土壤中。

② 蘸根接种法。将幼苗根部稍加损伤，在病菌悬浮液中浸后再移栽，此种方法较土壤接种法效果好，因病菌与伤根直接接触，病菌易于侵入，受土壤影响较小。

③ 根部切伤接种法。将植物先种植土壤中，在一定的生育期，用铲和其他工具在植株附近

插入土壤，使根系受伤，然后将病菌悬浮液注入根部使植物发病。

3. 气流和雨水传播病害的接种

① 喷雾法。将病菌悬浮液喷洒在植物体表，使其侵入引起发病，此法是应用于气流，雨水传播病害中最普遍的一种方法，但应注意，病菌从气孔侵入的，应喷洒叶背；病菌从伤口侵入的，喷前应造成寄主表面微伤；叶面有蜡质层，病菌不易黏附的，应加入适当的展布剂（如 0.1%肥皂、洗衣粉等）。

② 喷撒法。将干的病菌孢子喷洒在湿的植物表面，喷时可加入滑石灰用小喷雾器喷，比例 1∶10，用于接种锈菌、白粉菌。

③ 涂抹法。将病菌孢子悬浮液涂抹于寄主表面。

以上三种方法接种后的植物，都必须保湿 12～24 h，有时需 24～48 h，才能使病菌孢子萌发并侵入。

④ 注射法。将病菌悬浮液用注射器注入寄主植物叶片或其他部位，直至有注射液渗出为止。

4. 伤口传染的病害接种

① 剪叶法。常用于叶部伤口侵入病菌的接种，如稻白叶枯病菌。

② 针刺法。一般采用灭菌针，刺伤寄主组织，然后再将病菌接于伤口部，接种后注意保湿，有的如果实、块根、块茎的腐烂病接种时，也需要保湿，枝干病害、储藏器官病害往往病菌由伤口侵入，接种此类病菌可采用针刺法接种，细菌病害也常用此法。

③ 高压喷雾接种。细菌悬浮液用高压喷雾方法接种，常用于由气孔侵入的细菌接种。

④ 摩擦接种。在叶面造成伤口有利细菌侵入，常用金刚砂摩擦叶面造成伤口。

5. 昆虫传染病害的接种

将无病昆虫，转入感病植株上，然后将获得病原物的昆虫转入植物寄主上。

三、植物病毒的传染方法

植物病毒的传染与细菌、真菌比较，有非常不同的特点。细菌可借雨水、昆虫传到适宜寄主上，在一定条件下即可侵入。真菌有传播器官（孢子），可借助自然因素作远距离传播，真菌侵入可直接侵入、自然孔口侵入和伤口侵入。而植物病毒是专性寄生物，在寄主活体外的存活期较弱，又无特殊的传播器官，无主动侵入的能力，因而近距离主要靠活体接触、摩擦而传染侵入，远距离则依靠繁殖材料和传毒介体的传带。根据自然传染的方式，可将植物病毒的传染分为介体传染和非介体传染。

① 介体传染。是病毒依附于其他生物体上，借其活动而进行传播传染，包括动物介体、多种昆虫和植物介体。

② 非介体传染。植物病毒从寄主体上，由于伤残或分泌而达寄主体外，然后与另一寄主通过微伤口接触而传染，或通过寄主细胞间的有机结合（嫁接）而传染。非介体传染中又可分为两类：一类是病毒越出本寄主体外传染的，有汁液擦伤、嫁接、花粉和土壤传染等；另一类是病毒不越出本寄主体外而通过繁殖器官进行传播，如种子及无性繁殖材料的传播等。

无论哪一种病毒的传染途径都需要接种实验来确定，任何一种病毒的性状测定、病毒的繁殖和保存以及各方面的研究也都要通过接种来实现，因此，植物病毒接种在病毒研究中占有非常重要地位。同时，植物病毒的接种方法又与病毒的传播途径、传染方式有关。按传染途径，病毒的接种方法有如下几种。

（一）机械传染的接种方法

机械传染是非介体传染中最常见的一种传染方式，是指病毒从植物表面的机械损伤处侵入，引起发病。包括了汁液摩擦传染和接触传染。利用机械传染方式进行接种实验是证明病毒传染性最简便的方法。但只有部分病毒可用机械接触传染，如花叶型、环斑型可传染，黄化型不易传染。机械传染接种方法有如下几种。

① 病株汁液摩擦接种法。病株汁液，经纱布过滤，将过滤液在撒少量金刚砂的寄主叶面来回摩擦，清水洗净叶面。

② 喷枪接种法。在大量植株苗期接种或筛选抗病材料中使用，绘画喷枪，100 mL 接种液＋金刚砂 12 g，压力 1.5～2.0 kg/cm^2，距离接种植物 2～5 cm，喷时边摇边喷。

③ 病组织直接接种。对不稳定的病毒或病组织材料很少时，不必制备汁液，可直接接种。或者少量接种时也适用。方法：取小块病组织用砂纸摩擦和稍加挤压后，随即在接种叶上摩擦即可，再水洗；将病叶叠起，用刀切口，立即在接种叶上摩擦，再接种时，又切一刀，摩擦，水洗；针刺接种，病叶放接种叶之上，细针穿透病叶并针尖微刺健叶进行接种；注射接种，病株汁液可注射到茎部、叶脉进行接种，虫媒传病的，有人注射到韧皮部也可以成功。

（二）嫁接和菟丝子传染接种方法

1. 嫁接传染

非介体传染方式，系统性传染的病毒病，都可进行嫁接传染，对一种疑似病毒的病害，若其他方法未能接种成功的，都必须用嫁接方法进行实验。嫁接传染成功的条件是砧木与接穗的形成层或附近的分生细胞愈合而形成胞间连丝，从而使病毒传递。嫁接方法如下。

① 根据使用材料，分为芽接、皮接、枝接。

② 根据砧穗结合部位，分为顶接法，即将砧木顶部切去，接穗切成“V”形，剖开砧木插入接穗；侧接法，即将砧木茎边缘切一斜口，接穗切一斜口相近面插入砧木；此外，还有靠接法、套接法。

2. 菟丝子传染

有些不容易相互嫁接的植物，或一些难分离的病毒，可利用菟丝子传染法。接种方法：将不带毒菟丝子缠上感病寄主，形成吸盘，然后将吸毒后的菟丝子与健株靠近，让菟丝子缠上健株，观察是否感病。

（三）种子和花粉传染

1. 种子传染

种子传染的病毒以蚜虫传染的花叶型病毒较多，此外，许多线虫传染的病毒也可以是种子传染的。

① 种子传染的类型。胚传，为真正的种传，病毒在种子胚部，萌芽后传入幼苗；此外，病毒在种皮、珠心等部位，胚内无病毒，种子萌芽后由外部传到幼苗上，番茄、辣椒种传花叶病毒属此类。

② 种传病毒方法。采集病、健株种子，在防虫条件下播种在灭菌土壤中，检查幼苗发病情况。测定的种子数量要多，一次测定不少于 300～500 粒。测定结果分析：同一种病毒在不同物种上，表现的传病率不一样，症状重的传病率高，症状轻的传病率低；植株种子是否带毒，最迟感

病在开花前或开花后不久就系统感染的，才能表明种子传病；种子内病毒的检查，可用解剖的方法，将外皮、胚珠、胚乳、胚分开，分别接种枯斑寄主测定侵染力；有的未成熟种子的胚可检测到侵染病毒，但成熟种子无病毒，病毒已纯化；种子内病毒可用超薄切片在电镜下检查病毒粒体。

2. 花粉传染

花粉传染病毒很少，至今发现还不到 10 种，樱桃坏死环斑病毒，在植株间的花粉传染，不仅将病毒传给种子，有的还可进一步侵染到整个植株引起系统感染，父本和母本都感染病毒的，其种子的带毒率更高。

（四）介体传染

介体传染是植物病毒研究中的特殊问题，它对病毒的鉴定，病毒病的流行分析和控制都是非常重要的。传染病毒的生物介体有昆虫、螨类、真菌、线虫、菟丝子等，昆虫中以蚜虫和叶蝉最重要。

1. 蚜虫传染

蚜虫是植物病毒最主要的虫媒，占发现虫媒数的 80%以上。无翅蚜和有翅蚜都能传毒，无翅蚜繁殖快，有翅蚜传播远，因而决定病毒病最早发生和流行的是有翅蚜。

(1) 蚜虫传毒的类型

① 根据蚜虫传毒的持久性，可分为非持久性、半持久性和持久性三种。

② 根据病毒在虫媒上存在的部位和在虫媒体内能否增殖的情况，可分为口针型、循回型、增殖型三类。

a) 口针带毒型。该类蚜虫所需的得毒饲育时间(指虫媒在毒源植物或供毒植物上要饲育一定的时间才能传毒)很短，一般不超过 2 min，饲育时间长反而降低它的传毒能力。

蚜虫经饥饿后再移到毒源植物上饲养，可增强传毒能力。得毒蚜虫立即可传毒，无循回期。接毒饲育时间(指获得传毒能力的虫媒，在健株上也要饲育一定时间才能传毒)也很短，有的不到 1 min，但也很快就丧失传毒能力，有的可短于 1 h。传毒蚜虫蜕皮后或口针前端经紫外线、福尔马林处理后，就丧失传毒能力。此类蚜虫不是很专化，一般该类病毒可用机械接种的方法传染。

b) 循回型。病毒在蚜虫体内得毒饲育时间较长，一般 20 min 以上，饲育时间长，传毒能力强，保持时间也长。

蚜虫得毒前饥饿处理，不能增强传毒能力，并有一定的潜伏期，可超过 3 h。保持传毒能力的时期较长，几天以上，但能力逐渐减退。此类蚜虫一般从叶肉或韧皮部取食。病毒进入虫体内，需经中肠、血腔到唾液腺的转移，最后传毒。电镜下可见各部位有病毒粒体。此类病毒的传毒蚜虫比较专化，汁液摩擦接种不易成功或不能传染。

c) 增殖型。循回型病毒在虫媒体内可以增殖的称增殖型。

蚜虫传染的病毒，最常见的口针带毒型，或是口针带毒和循回型之间的类型，增殖型较少。对一种未知的蚜虫传染的病毒，若汁液摩擦接种易成功，为口针带毒型，或口针带毒和循回型之间的类型；若机械接种不能成功或很难传染，这种病毒是循回型的。

(2) 蚜虫传毒实验

① 蚜虫的饲养和转移方法。取初生若虫在健株上繁殖，繁殖在养虫笼内进行，要求通风透光，最适温度 15～18℃，适当低温防止蚜虫外逸。实验所用蚜虫必须要确定不带毒，且都用无翅蚜，因活动性不大，转移方便，转移时注意不损伤口针，可先用软毛笔轻碰蚜虫触角或尾端，或对

其吹气，使口针拔出后再转移，单个蚜虫可用吸管吸。蚜虫移出，用一纸片接上，靠近植株叶面让其自行移动上去。

② 蚜虫传染时期。虫媒的接种最好在苗期，双子叶植物在第一真叶展开期，单子叶 2～3 叶期，一般进行虫媒实验不是一次就可成功的，需要先做初步实验，再作进一步测定。

③ 得毒饲育和传毒方法。将无毒蚜虫移至病株上，饲育 24 h。将得毒蚜虫移至测定的幼苗上，观察，每苗接种蚜虫数，依病毒种类而不同，一般需 2～3 头，有的 5～10 头，接种幼苗一般 10 株左右。

④ 持久性的测定。在证明蚜虫可传毒后，再进行传毒的持久性测定。将传毒蚜虫移幼苗上，经 12 h、24 h 后，再转移到另一批幼苗上接种，观察发病情况：若 12 h、24 h 后就丧失传毒能力，说明持久性短，再进行几小时测定；若 24 h 后还能传毒，说明持久性较长，进一步实验则以 1 d、2 d、4 d、8 d 等进行测定。

⑤ 得毒饲育时间的测定。先将一批无毒蚜虫，同时放在病株上，经 1 h 后分批接到同龄苗上，经 72 h 后喷药灭虫，记载苗的发病数，发病率最高的一批为最适，口针带毒型病毒得毒饲育时间，不过 20～60 s，在病株上饲育，5～6 s 要移一次。有时较难判断其刺探时间，精确测定则需将幼嫩病叶取下，在培养皿内，放入蚜虫后用扩大镜观察其刺探，计时再移植。

⑥ 接毒饲育时间测定。将得毒蚜虫同时放在许多批幼苗上饲育，每批 10 株，每苗 2～3 d，每隔一定时间(0.5 h、1 h、2 h、4 h、8 h)杀死一批苗上蚜虫，观察发病情况。蚜虫杀死最早而又发病的，为接种最短时间；发病率最高的一批，为接毒饲育最适时间。

⑦ 得毒前饥饿处理。无毒蚜虫取下置培养皿中经一定时间再转于病株上饲育，再转到健株上接种，实验以不经饥饿的做对照。

2. 叶蝉传染(飞虱传染)

叶蝉主要传染许多禾本科和双子叶植物病毒或植原体。飞虱主要危害禾本科，传染为数不多的病毒。两种虫媒的传染性状的实验方法有许多相似。

① 叶蝉传染的方式和类型。叶蝉是以口针穿刺寄主的韧皮部、木质部传毒的，传染的病毒主要有黄化型病毒病，此外其他症状的病毒病也传染，这些病毒和植原体大都是在韧皮部增殖，也有木质部增殖，叶蝉传染的病毒都是循回型或增殖型的，带毒叶蝉(飞虱)保持传毒时期长，有的终生传毒，有的还经卵传毒。

② 叶蝉饲养与转移。以不带毒的幼龄若虫或从卵繁殖，在原寄主(近似寄主)上饲养，雌、雄虫分笼饲养，经植物接种不带病毒再并笼交配，饲养适宜温度 28℃左右，有足够光照(不引起滞育)，叶蝉活动性强，转移时可利用其趋光性。

③ 叶蝉传染方法。得毒饲育时间、潜伏期、接毒饲育时间，持久性测定与蚜虫相同，所不同的是一般所需的时间要比蚜虫传毒要长。实验最好用 3～4 龄若虫，若用老的成虫，传染能力差，易提早死亡。证明一种病毒可由叶蝉传染后，先测它的潜伏期，潜伏期超过 8 天的，增殖的可能性就很大。

④ 经卵传染测定。将传毒叶蝉的卵孵化后立即移到健株植物上接种测定，病毒在虫媒体内增殖，最好的方法是通过连续多代的经卵传染实验。

3. 其他昆虫介体和螨的传染

其他昆虫传播的病毒较少，如粉虱传染大豆黄化花叶病毒，水蜡虫传染可可肿枝病毒，蓟马传染番茄斑萎病毒，此类都属于半持久性的。专门由甲虫传染的病毒有45种，都是持久性的。螨类传染的病毒不多，有7种左右，小麦条斑花叶病毒由螨类传染。

（五）土壤传染

土壤传染病毒有两种情况：无介体土壤传染和有介体土壤传染。

1. 无介体土壤传染

无介体土壤传染的病毒很少，TMV可作为代表。TMV是非常稳定的，在土壤中寄主作物残余组织中可长期存活。播种感病寄主后，病毒大概从根部的微小伤口侵入为害，TMV主要以接触传染的方式传播，马铃薯x病毒也相似。

2. 有介体土壤传染

此类病毒大都需要介体，没有介体不能传染。介体主要有线虫、真菌。

（1）土壤线虫传染

许多草本和木本植物的病毒是由土壤线虫传染的，主要集中在线虫的4个属中，如剑线虫属、长针线虫属、毛刺线虫属、拟毛刺线虫属。此类线虫都是专性寄生的，土壤中营自由生活的外寄生线虫，从根冠附近表皮细胞穿刺吸食。它们的寄主范围广，对病毒传染有一定的专化性。传毒时间长，但不经卵传毒。

剑线虫属、长针线虫属主要传染线传病毒组的病毒，如葡萄扇叶病毒、烟草环斑病毒、番茄环斑病毒、桑树环斑病毒。

毛刺线虫属、拟毛刺线虫属传染烟草脆叶病毒组病毒，如烟草脆叶病毒、豌豆早期脉纹病毒。

（2）土壤真菌传染

至少有10种以上的植物病毒是由土壤多种真菌传染的。

① 甘蓝油壶菌（*Olpidium brassicae*）。其寄主范围广，可传多种病毒，如烟草坏死病毒，烟草坏死卫星病毒、生菜巨脉病毒、烟草矮化病毒等。病毒在游动孢子和鞭毛表面，不能进入休眠孢子。

② 禾谷多黏菌（*Polymyxa graminis*）。其传播禾本科植物病毒，如小麦土传花叶病毒、梭条花叶病毒、大麦黄化病毒等。甜菜多黏菌主要危害藜科植物，传染的病毒主要有甜菜叶脉黄化坏死病毒，病毒在游动孢子和鞭毛表面，也可进入休眠孢子。

a）土壤介体传染病毒的实验。

田间观察。病害发生与田间土壤中某种线虫、真菌有一定的联系，线虫传病毒病在田间一般有固定的地点，逐年扩展，速度慢，成片发生。

病土接种。取病株周围土壤，播种感病植物，观察比较，此外病土加压蒸气灭菌，播种感病植物作对照，确认是否为介体传染病毒。

b）初步确认为真菌、线虫为介体的病土实验。

取病土，室温下干燥1～2周后播种。在此土中，仍能发病的，线虫传病的可能性大，因线虫抗干燥，不发病的，真菌传病可能性大。

c）进一步确证，需进行线虫接种实验、病土处理实验等。

实验 2-1　植物病害症状观察与临时玻片标本的制作

【实验目的】

通过室内外植物病害症状的观察，认识各类病害对植物造成的危害，掌握植物病害的症状类型和特点，学习描述和记载植物病害症状的方法，掌握常用临时玻片制作及病原菌检查方法，认识症状在植物病害诊断中的作用。

【实验原理】

植物病害的症状是植物患病后由于异常生理活动而发生在细胞和组织上的病理变化，最后表现为肉眼可见的形态变化，患病植物外部形态的反常现象就是症状。植物病害的症状可区别为两类不同性质的特征：病状和病征。

通常把植物生病后植物本身所表现的异常变化，如颜色变化、形态变化、质地变化等，称为病状。病状有各种各样的类型，归纳起来包括五种类型：变色、坏死、腐烂、萎蔫和畸形。病状是一定的寄主植物和病原在一定外界条件下相互作用的病变结果的外部表现，是以各自的生理机能或特性为基础的，而每种生物的生理机能，都在质上有特异性，并且是相对稳定的，因此，病状作为病变过程的表现，其特征也是较稳定和具有特异性的，这是通过病状诊断植物是否发病的基础。

病征是指病原生物在植物受害部位所形成的特征性结构。由病原生物的群体或器官着生在病体表面所构成，通常在植物罹病部位出现的是病原物的繁殖体或营养体。直接表现为病原物在本质上的特点，例如植物真菌病害在病部出现霉层、粉状、黑点、颗粒等结构；植物细菌性病害在病部出现菌脓，植物病毒、植原体及非侵染性植物病害等没有病征的表现。因此，根据病征能够进一步诊断植物病害类型。

症状是识别和诊断病害的重要依据。不同植物的任何病害都具有其独特症状，通常在病害发生过程中按一定顺序出现。因此，可根据这种顺序出现的独特症状诊断植物病害。但不能单凭症状就进行确诊，特别是不常见的或新发生的病害，更不能只根据一般症状下结论。主要原因是植物病害的症状具有复杂性，可表现出种种变化，如综合征、并发症、潜伏侵染与隐症现象等症状变化。因此，在观察植物病害时，需认真从症状的发展变化中去研究和掌握症状的特殊性，必要时需采集植物病害标本，带回实验室仔细地研究病害症状特征，正确诊断病害。

【实验材料及准备】

（1）材料

① 按照植物病害的病状类型和病征类型准备植物病害的盒装标本、瓶装浸渍标本及新鲜标本。

② 各类症状的挂图、照片、模型、多媒体课件等。

③ 水稻白叶枯病叶。

（2）仪器与用品

① 实体显微镜，手持放大镜，水果刀，载玻片，记载用具等。

② 脱脂棉，小烧杯，封口膜。

【实验方法及步骤】

（一）症状观察

用肉眼或放大镜仔细观察并记录陈列的植物病害标本的病状和病征。

（1）病状类型

注意不同类型病害所表现病斑的形状、大小、颜色等的异同以及病斑上有无轮纹、花纹伴生，同时注意观察各类病斑上有无病征以及病征的特点。斑点类发生在叶、茎、果等部位，受病组织局部坏死，一般有明显的边缘。斑点中还可以伴生轮纹、花纹等，根据病斑的颜色、形状等特点可分为褐斑、黑斑、紫斑、角斑、条斑、大斑、小斑、胡麻斑、轮纹斑、网斑等多种类型。对于萎蔫类病害病状的观察应用新鲜标本，在田间实地观察，观察时要注意其微管束组织的病变，干标本则失去了原有的特点。

（2）病征类型

借助手持放大镜或实体解剖镜观察病害标本，注意病征类型。粉状物的颜色、质地和着生状况等；注意区别霜霉、黑霉、绵霉、青霉和灰霉等不同类型的霉状物；注意点状物是埋生、半埋生还是表生，以及在寄主表面的排列状况、颜色等；注意菌核的大小、形状、颜色、质地等，并观察菌核萌发状况；注意溢脓的颜色、出现位置等。

（二）喷菌现象观察

由细菌侵染所致植物病害的病部，可以在徒手切片中观察到有大量细菌从病部喷出，这种现象称为喷菌现象。切片镜检有无喷菌现象是植物细菌病害最简便易行又最可靠的诊断技术。

取水稻白叶枯病叶片，在病健交界处用剪刀将植物组织剪成 4 mm^2 的小块，平放在载玻片上的水滴中，盖上盖玻片，在显微镜下观察或直接用载玻片对光观察喷菌现象。

（三）细菌菌脓的诱导和观察

① 将水稻白叶枯病叶片用酒精棉球表面擦拭消毒后剪成 1～2 cm 的小段。

② 在玻璃小烧杯中放入两个用水浸湿的棉球。

③ 将小段的病叶片垂直插入烧杯里的棉球中间，使其直立，且相互之间不要靠在一起。

④ 用封口膜将烧杯口封好，并注意使叶片顶端不要靠近封口膜。

⑤ 将烧杯置于 28℃ 培养箱中保湿培养过夜后观察叶片上菌脓出现的情况（注意观察菌脓的颜色、浑浊度以及有无真菌的菌丝体出现）。

（四）病原真菌临时玻片制作及显微观察

① 采集标本。新鲜采集具有粉状物、霉状物、颗粒状物等病征的植物病害标本。

② 制片。根据病征类型及所要观察目标，采用适宜的玻片制作方法，以利于正确鉴定病原，确诊病害。

③ 镜检。制作好的玻片，显微镜下观察并记录描述病原特征，结合病害病状特点并查对工具书进行病原确定。

作业及思考题

（1）通过对室内陈列标本和室外校园内植物上病害发生情况的观察，选择 5～10 种不同症状类型的病害，扼要描述其症状特征并填入表 2-1-1。

表 2-1-1　室内外植物病害症状记录

寄主名称	病害名称	发病部位	病征类型	病状类型

(2) 观察和记录喷菌现象和菌脓诱导观察的实验结果。

(3) 根据病原真菌玻片显微观察结果,绘制病原菌营养体与繁殖体形态图。

(4) 讨论症状和病征在植物病害诊断上有什么作用。

实验 2-2　植物病害标本采集制作

【实验目的】

通过采集和制作标本，了解植物病害标本采集要求，学会标本的采集与记录，掌握植物病害标本的制作方法。每人鉴定 10 份病害标本。

【实验原理】

植物病害的标本，是植物病害症状的最直观的实物记载，是识别和描述植物病害症状的基本依据，也是进行植物病理学工作最为直接和基础的试材。有了标本即可在田间诊断观察的基础上，不受季节、时间和区域限制直观地在室内作进一步比较鉴定，从而作出准确的诊断、识别和鉴定。没有合格的标本，病害诊断和病原物的分类鉴定工作就无从做起。因此，植物病害标本的采集制作目的就是尽量保持标本原有性状和特征，以利对植物病害进行后续研究。

【实验材料及准备】

(1) 试剂

醋酸铜，硫酸铜，95％乙醇，甲醛溶液，亚硫酸，甘油，蒸馏水等。

(2) 仪器与用品

标本夹，标本纸，标本箱，塑料袋，纸袋，小刀，枝剪，手锯，手持放大镜，望远镜，海拔仪，照相机(数码照相机或录像机)，采集记录本，手提式计算机，标签，铅笔，碳素水笔，粗细不同的记号笔，米尺，标本夹绑带(耐火尼龙带)和长绳和玻璃扁绳，标本缸。

【实验方法及步骤】

(一) 标本的采集

1. 实验进行方式

按标本采集要求与采集注意事项，集中采集(结合教学实习进行)和平时田间活动随时分散采集相结合的方法进行，4 人分成一组，常年活动。

2. 标本的摄影

典型症状或首次见到的植物病害，首先要通过摄影将病害症状的自然状况记录下来，使用彩色胶卷还能表现标本的真实色彩，效果更好。

(二) 标本的制作

采集的标本要及时处理制作，制作方法不外干制和浸渍两种。干制法适用于一般大田作物及蔬菜果树的茎、叶、花及去掉果肉的果皮等；浸渍法用于根茎(如土豆、地瓜等)及果实等多汁液的器官。

作业及思考题

(1) 在采集植物真菌病害标本时，为什么尽量采集带有子实体的标本？

(2) 在标本制作的过程中，何种情况采用标本干燥制作法？何种情况采用标本浸渍制作法？

(3) 每人提交的蜡叶标本三份，浸渍标本一瓶。

(4) 每人上交 10 份已鉴定好的植物病害标本。

实验 2-3　植物病原真菌的常规检测与鉴定

【实验目的】

了解和掌握植物病原真菌常规检测与鉴定方法的基本原理和方法；掌握真菌检测鉴定方法的选用原则，即根据不同实验室检测能力、样品的具体情况，应选择一种或多种方法进行检测鉴定；了解免疫学检测方法的基本原理和方法；掌握真菌基因组 DNA 提取的方法及操作过程；学习 DNA 琼脂糖凝胶电泳及 DNA 纯度、浓度、分子大小的测定方法；学习 PCR 鉴定技术的原理和操作。

【实验原理】

目前，植物病原真菌检测与鉴定基本上是以形态特征为主，并辅之以生理、生化、遗传、生态、超微结构及分子生物学等多方面的特征，并逐步形成了植物病原真菌检测与鉴定的三种方法：即形态学检测方法、免疫学检测方法和分子生物学检测方法等。

(1) 植物病原真菌形态学检测方法

早期的真菌分类、鉴定工作几乎完全依赖于形态性状的观察。真菌主要以孢子产生方式和孢子本身的特征和培养性状来划分各级的分类单元。但是，要注意形态性状稳定性的问题，不然就会将同一种(属)的真菌误认为是不同种(属)的真菌，有些真菌在不同的基质上生长时，其形态性状是截然不同的。

(2) 植物病原真菌免疫学检测方法

常用的生理生化性状检测方法有可溶性蛋白和同工酶的凝胶电泳、血清学反应(如凝集反应法、沉淀反应法、Western 法、ELISA 法、胶体金检测法等)、蛋白质氨基酸序列分析和 DNA 中(G+C)mol%含量的比较等。自 20 世纪 80 年代以来这些方法被普遍使用，证明是区分属、种和种以下类群的重要手段。有些真菌的生活习性和地理分布等生态性状也是分类、鉴定的参考依据。

(3) 植物病原真菌分子生物学检测方法

用于植物病原真菌检测的分子生物学方法包括常规 PCR 方法、核酸分子标记方法(包括 RFLP、RAPD、AFLP)、实时荧光 PCR 方法、基因芯片方法、核酸序列测定和分析方法等。上述各种分子生物学检测方法各有其优缺点，其比较参见表 2-3-1。目前较适用的是常规 PCR 方法、实时荧光 PCR 方法以及核酸序列测定和分析方法。

表 2-3-1　真菌常用分子生物学检测方法比较表

方　法	优　点	缺　点
常规 PCR	快速、灵敏、简便，是分子生物学检测的奠基性方法，目前已扩展了巢式 PCR、多重 PCR 等多种方法	易产生交叉污染和假阳性等问题
实时荧光 PCR	减少交叉污染、操作快速、自动化程度高、结果准确、能进行定量检测	检测成本相对较高

续表

方　法	优　点	缺　点
RFLP 分析	试验结果重复性高,可靠性强,可检测多个遗传位点	对 DNA 质量要求高,需要量大,操作复杂,耗费时间长,通常要接触放射性
RAPD 分析	用量少,鉴定迅速,耗费时间短且不具放射性	易受环境和操作人员的影响,要求试验条件较高,试验结果重复性较差,可靠性不高
AFLP 分析	综合了 RFLP 和 RAPD 的优点,实验结果稳定可靠	对 DNA 模板质量要求高,时间长、步骤多,对操作技术要求较高
核酸序列测定和分析	操作简单、高效、精确,能准确反映真菌间的遗传关系,可用于不同分类水平的研究	利用高度保守的区段(如:ITS)有时难以区分不同致病类型的菌株,同时序列分析结果易受比对使用的基因库完善程度的影响
基因芯片	高通量检测、自动化程度高,数据客观可靠	技术成本昂贵、复杂、检测灵敏度较低

以 PCR 为基础的分子生物学检测的关键是从待测真菌 DNA 序列信息中设计并筛选出特异性引物,其中真菌的 4 种核糖体基因(5S、5.8S、18S、28S)及间隔区(ITS、IGS)有不同的进化程度,有的序列比较保守,有的序列进化较快,因此可以根据它们的序列信息,将真菌鉴定到属及属以上、种、亚种、变种、甚至菌株的水平(真菌核糖体不同序列分类等级参见表 2-3-2)。在植物病原真菌 rDNA ITS 序列研究方面,目前已公开发表了用于扩增 ITS 区域的几对常用引物(见表 2-3-3)。通过对真菌的 ITS 区段进行 PCR 扩增并测序,测序后即获得完整的包含 ITS1、5.8S rDNA 和 ITS2 的 ITS 序列。将该菌的 ITS 序列在 NCBI 网站(http://www.ncbi.nlm.nih.gov)上进行同源性比较(BLAST),分析和确定该序列与之相符的情况,据此鉴定真菌,该方法应用极为广泛。

表 2-3-2　真菌核糖体不同序列分类等级表

核糖体序列	适合分类水平
5S rDNA	科(family)及科以上
5.8S rDNA	属(genus)
18S rDNA	属、种(species)
28S rDNA	属、种、变种(variety)
ITS	种、近似种(sister species)、变种
IGS	种、变种、菌株(strain)

表 2-3-3　真菌 rDNA-ITS 通用扩增引物

引　物	序列(5' to 3')	位　置
ITS1	TCCGTAGGTGAACCTGCGG	18S
ITS2	GCTGCGTTCTTCATCGATGC	5.8S
ITS3	GCATCGATGAAGAACGCAGC	5.8S
ITS4	TCCTCCGCTTATTGATATGC	28S
ITS5	GGAAGTAAAAGTCGTAACAAGG	18S

续表

引　　物	序列(5' to 3')	位　　置
ITS1-F	CTTGGTCATTTAGAGGAAGTAA	18S
ITS4-B	CAGGAGACTTGTACGGTCCAG	28S

注：ITS 1、ITS 4 和 ITS 5 可应用于大多数担子菌和子囊菌，但这些引物也能扩增一些植物 ITS 区域；而 ITS 1-F 和 ITS 4-B 分别为真菌和担子菌的特异引物，能显著提高特异性。另外，ITS 1 和 ITS 2 用于扩增 18S rDNA 和 5.8S rDNA 之间的 ITS 1 区，引物 ITS 3 和 ITS 4 用于扩增 5.8S rDNA 和 28S rDNA 之间的 ITS 2 区，而引物 ITS 1 或 ITS 5 和 ITS 4 组合被广泛采用用于扩增全部 ITS 区和 5.8S rDNA。

分子生物学检测方法应遵循快速、准确和简便的原则。植物病原真菌分子生物学检测所使用的方法应是公开发表的，并经过相关专家确认和一定数量的实验室验证，同时，这些方法的可操作性(包括操作的难易、花费时间和速度)以及对操作人员所应具备的相关知识和经验都应具有普遍适用性，仪器的选用以及对照样品、试剂等的获取都应具有普遍适用性。现有国家标准或行业标准明确规定的分子生物学检测方法，推荐参照该标准方法。对于待测对象本身，已公开报道或易于筛选出特异性引物的，可选用特异性引物进行常规 PCR 法、巢式 PCR 法完成分子生物学检测；对于带菌量较低(如少量孢子样品)、病状区别不明显或隐症病害鉴定等，可采用巢式 PCR 法、实时荧光 PCR 法；对于多个病原真菌的同时检测，可采用多重 PCR 方法。上述方法如需定量检测，均可采用实时荧光 PCR 方法。

对于难以筛选出特异性引物或较难区分鉴定的病原真菌，可参照以下原则。

① 选用核酸序列测定和分析方法，通过对真菌在分类上有价值的序列(主要是 rDNA ITS 序列和 mtDNA 序列)进行测定，将所测定的序列与基因库(GenBank)等已报道的序列或已知序列进行比较分析(在已报道序列的选择上，应注意选已有论文发表或权威实验室测定的序列)，确定该序列与已报道序列的相符情况，据此鉴定真菌。

② 对于较难区分鉴定的病原真菌，可采用 RAPD-PCR、PCR-AFLP 等分子标记方法，找出该病菌的特异性条带，然后将该特异性条带进行克隆测序，并根据序列设计特异性引物进行 PCR 检测。

【实验材料及准备】

(1) 材料

待测植物病原真菌菌种。

(2) 试剂

液氮，TE 缓冲液，10%SDS，苯酚-氯仿-异戊醇(25∶24∶1)，异戊醇 PCR Buffer，dNTP，Taq 酶等。

(3) 仪器与用品

显微镜，离心机，PCR 仪，移液枪，各种规格 Eppendorf 管，PCR 管，冰台，电泳仪，电泳槽，紫外分光光度计等。

【实验方法及步骤】

1. 形态学检测鉴定方法

(1) 直接检验

对通过肉眼、放大镜或显微镜能观察的真菌采用该方法直接进行检验。适用于能在寄主植物上产生明显的症状的真菌(霜霉菌、根霉菌、子囊菌、青霉菌、灰霉菌等)。

(2) 洗涤检验

对附着于植物种子表面的真菌,例如黑粉菌常采用该方法进行检验。将实验样品倒入锥形瓶内,加入无菌蒸馏水(含表面活性剂),放于摇床上以一定转速振荡,一般光滑的种子振荡5 min,粗糙的种子振荡10 min。将悬浮液转移到无菌离心管中,离心,使孢子完全沉淀在离心管底部,小心弃去上清液,加入适量的浮载剂,重新悬浮离心管底部的沉淀。将各支离心管的悬浮液混匀,定容,制片、镜检。

(3) 保湿培养检验

对种子表面和内部、植物其他器官等材料携带的真菌,例如链格孢菌常采用该方法进行检验。用0.1%升汞或70%乙醇对种子、植物茎秆、叶片等材料进行表面消毒,无菌水冲洗3次;用3层无菌吸水纸,吸足无菌水后,放入无菌的培养皿内,将种子、茎秆等按照一定的距离排列在吸水纸上,一般不得少于2 cm;置于适当的温度、湿度和光周期的培养箱中培养。在培养期间,根据待检目标生物学特性制订具体观察计划,记录观察结果,并对培养箱的工作状况进行检查。

(4) 病组织分离培养检验

对有症状但未产生病征的真菌,或虽有无性态但仍需要产生有性态进行鉴定的真菌,或复合侵染真菌,或潜伏侵染真菌,例如稻瘟病菌常采用该方法进行检验。选择具有典型症状的病组织作为材料,用0.1%升汞或70%乙醇进行表面消毒,无菌水冲洗3次,将材料悬浮于少量无菌水中,用剪刀在材料的病健交界区剪取约5 mm的小块,在无菌超净工作台上风干或用无菌吸水纸吸干水后,置于相应的培养基上,再将培养皿置于适当的温度、湿度和光周期的培养箱中培养,观察,然后进行纯化和镜检。

2. 免疫学检测鉴定方法

① 描述样品前处理方法,包括离心、浓缩、有机试剂提纯等。

② 描述样品检测方法,如凝集反应法、沉淀反应法、Western法、ELISA法、胶体金检测法等,要设立强阳性对照、弱阳性对照、阴性对照和空白对照,要注明方法的灵敏度、特异性、重复性。

3. 分子生物学检测鉴定方法

(1) 植物病原真菌的基因组DNA提取

① 真菌菌丝DNA提取。

真菌分离培养后,通过单孢分离技术获取单孢菌株,将单孢菌株接种到PDA平板上在25℃条件下活化培养2~3 d。

两种方法收集菌丝:一种是当菌丝长满培养基表面并未产孢时,直接从平板上刮取菌丝;另一种是从平板上挑菌饼到液体PDA培养基中,28℃,180 r/min振荡培养5~7 d,过滤收集菌丝,经冷冻抽干收集干燥的菌丝,-20℃保存备用。

真菌菌丝DNA提取步骤:取备用菌丝0.1 g于液态氮中研磨至粉末状,置于1.5 mL离心管,加入300~500 μL CTAB缓冲液(其中含0.1 g蛋白酶K)混匀,65℃水浴1 h;13 000 r/min离心5~10 min,保留上清液;加500 μL Tris饱和酚∶三氯甲烷∶异戊醇(体积为25∶24∶1)混匀,13 000 r/min离心5 min~10 min,保留上清液;再加500 μL三氯甲烷∶异戊醇(体积为24∶1)混匀,13 000 r/min离心5 min~10 min,保留上清液;加入1 mL异丙醇混匀,-70℃下放置1 h,或-20℃过夜;13 000 r/min离心30 min,可见DNA沉淀;70%乙醇冲洗DNA沉淀,室温干燥；用 50～100 μL TE 溶解 DNA，置于－20℃下保存备用。

② 病组织 DNA 提取。

取一段新发病的植物组织（如叶片、枝条或果皮等）放于 28℃温箱中湿培 24～36 h 后，一般病组织能表现出相关病状和病征，该发病组织即可用于病组织总 DNA 提取。病组织总 DNA 提取步骤同真菌菌丝 DNA 的提取。

③ 真菌孢子 DNA 提取。

孢子数量较多时（如菌瘿），称取菌瘿约 10 mg 放入 2 mL 离心管中，加入 7 颗玻璃珠（直径 3～4 mm）和 200 μL 预热的 CTAB 提取缓冲液，放在涡旋仪上以 3000 r/min 的速度涡旋3 min 使孢子充分破壁；加入 300 μL CTAB 提取缓冲液和 10 μL 蛋白酶 K（10 mg/μL），65℃水浴 1.5 h 加入等体积的三氯甲烷：异戊醇（体积为 24：1）混匀，13 000 r/min 离心 20 min，取上清液（此步骤可根据情况重复）；往上清液中加入三分之二倍体积的－20℃预冷的异丙醇，轻轻混匀，－20℃冰箱内放置至少 1 h，使其充分沉淀后，13 000 r/min 离心 20 min，弃上清液；用 70%乙醇 300 μL 漂洗沉淀两次；真空干燥后溶于 30 μL TE，置于－20℃下保存备用。

孢子数量较少时（如通常为数十个甚至几个，以黑粉菌冬孢了为例），一般挑取单个孢子，在显微镜下将孢子的壁破碎使其释放出 DNA，加入 PCR 反应液，置于 PCR 仪中进行反应。一般提取步骤如下：解剖镜 20～30 倍下将单个冬孢子挑至已灭菌的盖玻片小块（1～2 mm^2）上，用另一块小盖玻片盖住冬孢子，用灭菌小镊子轻轻按压小玻片使孢子破裂，用灭菌水冲洗小玻片转移至 PCR 反应管中，直接加入 PCR 混和液进行扩增。

④ 土壤总 DNA 提取。

收集土壤样品，室温下晾干后碾碎过筛，剔除石砾等相关杂质，装袋后置 4℃冰箱保存。土壤总 DNA 提取步骤：称取 10.0 g 土样，放入盛有 10 粒无菌玻璃珠（直径 3～5 mm）的三角瓶中，加 15 mL 提取缓冲液（100 mmol/L Tris-HCl，100 mmol/L EDTA-Na_2，200 mmol/L NaCl，1% PVP，2%CTAB，pH 8.0）。在 180 r/min，37℃条件下振荡 30 min，加 2 mL 20%SDS 继续振荡 10 min，65℃水浴 1 h 后 6000 r/min 离心 15 min，收集上清液，加 0.5 倍体积 PEG（30%）-NaCl（1.6 mol/L），混匀后室温下静止 2 h，10 000 r/min 离心 20 min，沉淀用 2 mL TE 重新悬浮，加 4 mol/L 乙酸钠（pH 5.4）至终浓度 0.3 mol/L，用酚：三氯甲烷：异戊醇（体积比为 25：24：1）粗提一次，0.6 倍体积异丙醇沉淀 2 h，12 000 r/min 离心 20 min，沉淀干燥后，200 μL TE 溶解，再用 Wizad DNA Clean-Up System 纯化后，置于－20℃保存备用。

基因组 DNA 浓度的检测：利用紫外分光光度法将保存的 DNA 溶液用超纯水稀释一定倍数，测定其 OD_{260} 和 OD_{280}，DNA 纯度依据 OD_{260}/OD_{280} 判定，比值在 1.8 以上的 DNA 符合要求。

(2) 描述样品检测方法

常规 PCR、实时荧光 PCR、基因芯片和核酸序列测定与比对等检测方法，要设立对照，包括阳性照，阴性对照和空白对照，并注明方法的灵敏度，特异性和可重复性。

4. 结果判定

有国家标准或行业标准的病原真菌，应直接采用国家标准或行业标准进行结果判定，无国家标准或行业标准的病原真菌要根据不同鉴定方法进行判定。

(1) 对采用形态学进行鉴定的

如该病原真菌的形态学鉴定结果与国内外公认、可靠的真菌分类检索表中的某属或某种真菌一致的判定为该属或该种真菌。

(2) 对采用免疫学方法进行检测的

① 凝集反应检测。在所有阳性对照、阴性对照结果均正常的情况下，如系凝集反应，在有适量电解质存在下，形成肉眼可见的凝集小块，则判定为样品阳性；否则判定为阴性；如系凝集抑制实验，不形成凝集小块判定为阳性，否则判定为阴性。

② 沉淀反应检测。在所有阳性对照、阴性对照结果均正常的情况下，如出现肉眼可见的沉淀条带则判定为阳性，否则判定为阴性。

③ 酶联免疫吸附试验(ELISA) 检测。在所有强阳性对照、弱阳性对照、阴性对照和空白对照结果均正常的情况下，通过 P/N 的值进行计算，如果 P/N 值在推荐的阳性判定标准范围内，则判定为阳性样品；如果 P/N 值在推荐的可疑判定标准范围内，则判定为可疑样品；如果 P/N 在推荐的阴性判定标准范围内，则判定为阴性样品。

④ 免疫胶体金检测。如果胶体采用夹心法原理，在质控线(C 线)成立的情况下，同时在 C 线和 T 线出现两条检测线则判定为阳性，只出现一条质控线则判定为阴性样品。

(3) 采用分子生物学方法进行检测的

① 常规 PCR。则在阳性对照、阴性对照空白对照结果均正常的情况下，如样品的扩增产生特异性条带，该条带与某种真菌序列长度一致，则判定检测结果呈阳性；如该样品无特异性扩增条带，则判定检测结果是阴性。

② 实时荧光 PCR。则在阴性对照、阳性对照、空白对照均正常的情况下，根据实时荧光 PCR 的 *Ct* 值(cycle threshold，循环阈值)进行判定，在进行 40 个循环的前提下，如 *Ct* 值小于 35 的判定为阳性；如 *Ct* 值等于或大于 40 的判定为阴性；如介于 35 与 40 之间的为可疑阳性，如可疑阳性需要进行重复实验，或用其他方法进行验证。

③ 基因芯片检测。在阴性对照、阳性对照、空白对照均正常的情况下，如检测样品信噪比值大于或等于阳性质控信噪比，检测结果判定为阳性；如检测样品信噪比值小于阴性对照信噪比，检测结果判定为阴性；如检测样品信噪比值介于阴性对照信噪比值和阳性质控信噪比值之间为可疑阳性，需要采用其他检测方法加以验证。

④ 测序检测。把测序所得到的核苷酸序列与已知序列进行比对，如果与已知的某种真菌相应的特异核酸序列完全一致则判定检测结果呈阳性，不一致则需采用其他方法进行检测。

作业及思考题

(1) 记录实验结果，包括：检测病原真菌的基本信息；检验依据是标准或行业标准或实验室的非标等，注明标准编号；检测方法是形态学检测方法或分子生物学检测方法或免疫学检测方法等；检测结果描述，必要时要附真菌照片、实时荧光 PCR 结果图、免疫学检测图等；结论，如属形态学鉴定结论要写明所检测的真菌是何类真菌或何种真菌，如属分子生物学检测或免疫学检测结论要写明为阳性还是阴性等。

(2) 绘制所检测真菌的形态特征的简图并标注各部位的名称。

实验 2-4　植物病原细菌 16S rDNA 的检测与鉴定

【实验目的】

要求了解通过 16S rDNA 检测与鉴定植物病原细菌的原理；掌握 PCR 扩增 16S rDNA 的原理与基本操作技术。

【实验原理】

传统的细菌学检验与鉴定的主要依据是形态特征和生理性状，需要进行细菌培养及一系列复杂费时的生化反应或免疫学检测，对有些细菌也往往不能给出理想的鉴定结果。

随着分子生物学技术的发展，细菌的分类鉴定从传统的表型、生理生化分类进入到各种基因型分类水平，如(G+C)mol%、DNA 杂交、rDNA 指纹图、质粒图谱和 16S rDNA 序列分析等。DNA 所包含的遗传信息决定了不同种生物之间以及同种生物的不同亚种或株系之间的差异。因此分子诊断对细菌的分类比传统方法更为准确。

细菌中包括有三种核糖体 RNA，分别为 5S rRNA、16S rRNA、23S rRNA，rRNA 基因由保守区和可变区组成。5S rRNA 虽易分析，但核苷酸太少，没有足够的遗传信息用于分类研究；23S rRNA 含有的核苷酸数几乎是 16S rRNA 的两倍，分析较困难；而 16S rRNA 相对分子量适中，又具有保守性和存在的普遍性等特点，序列变化与进化距离相适应，序列分析的重现性极高，因此，现在一般普遍采用 16S rRNA 作为序列分析对象对细菌进行测序分析。

在细菌的 16S rDNA 中有多个保守性区段，根据这些保守区可以设计出细菌通用引物，通过 PCR 扩增出所有细菌的 16S rDNA 片段，并且这些引物仅对细菌是特异性的，也就是说这些引物不会与非细菌的 DNA 互补，而细菌的 16S rDNA 可变区的差异可以用来区分不同的细菌。因此，16S rDNA 可以作为细菌群落结构分析最常用的系统进化标记分子。随着核酸测序技术的发展，越来越多的细菌的 16S rDNA 序列被测定并收入国际基因数据库中，这样用 16S rDNA 作目的序列进行细菌群落结构分析更为快捷方便。

16S rDNA 鉴定是指利用细菌 16S rDNA 序列测序的方法对细菌进行种属鉴定。利用 16S rDNA 鉴定细菌的技术路线：① 细菌基因组 DNA 提取；② PCR 克隆 16S RNA；③ 阳性克隆鉴定；④ DNA 测序；⑤ 同源性分析；⑥ 序列比对；⑦ 系统进化树建立。

植物病原细菌检测与鉴定从最初的症状观察、显微镜形态检查、生理生化性状分析到血清学技术的发展，再到 PCR 检测，经历了由宏观到分子水平的过渡，检测技术的准确性、灵敏性和快捷性都在不断提高。

【实验材料及准备】

(1) 材料

病原细菌 DNA 悬浮液(模板 DNA)。

(2) 试剂

PCR Buffer，dNTP，Taq 酶，细菌 16S rDNA 特异性引物，琼脂糖，电泳缓冲液，DNA 染剂等。

(3) 仪器与用品

PCR 仪,移液枪,各种规格 Eppendorf 管,PCR 管,冰台,电泳仪,电泳槽等。

【实验方法及步骤】

1. 细菌基因组 DNA 提取

① 挑单菌落接种到 10 mL LB 培养基中 37℃振荡过夜培养。

② 取 2 mL 培养液到 2 mL Eppendorf 管中,8000 r/min 离心 2 min 后倒掉上清液。

③ 加 140 μLTE 打散细菌,再加入 60 μL 10 mg/mL 的溶菌酶,37℃放置 10 min。

④ 加入 400 μL digestion Buffer,混匀,再加入 3 μL Protein K,混匀,55℃温育 5 min。

⑤ 加入 260 μL 乙醇,混匀,全部转入 UNIQ-10 柱中,10 000 r/min 离心 1 min,倒去收集管内的液体。

⑥ 加入 500 μL 70%乙醇,10 000 r/min 离心 0.5 min。

⑦ 重复⑥。

⑧ 再 10 000 r/min 离心 2 min 彻底甩干乙醇,吸附柱转移到一个新的 1.5 mL 的离心管。

⑨ 加入 50 μL 预热(60℃)的洗脱缓冲液,室温放置 3 min,12 000 r/min 离心 2 min,即为基因组 DNA。

⑩ 电泳,取 3 μL 溶液电泳检测质量。

2. PCR 扩增

(1) 根据已发表的 16S rDNA 序列设计保守的扩增引物

16S (F)　5′-AGAGTTTGATCCTGGCTCAG-3′

16S (R)　5′-GGTTACCTTGTTACGACTT-3′

(2) PCR 扩增体系

在 0.2 mL Eppendorf 管中加入 1 μL DNA,再加入以下反应混合液,

16S (F)	1 μL(10 μmol/L)
16S (R)	1 μL(10 μmol/L)
10×PCR Buffer	5 μL
dNTP	4 μL
Taq 酶	0.5 μL

加 ddH_2O 使反应体系调至 50 μL,简单离心混匀。

(3) PCR 反应

将 Eppendorf 管放入 PCR 仪,盖好盖子,调好扩增条件。

温　度	时　间	
94℃	3 min	
94℃	30 s	35 cycles
50℃	45 s	
72℃	100 s	
72℃	7 min	

(4) PCR 产物的电泳检测

拿出 Eppendorf 管，从中取出 5 μL 反应产物，加入 1 μL 上样缓冲液，再加入 4 μL 的 ddH_2O 混匀。点入预先制备好的 1%的琼脂糖凝胶中，电泳 1 h。在紫外灯下检测扩增结果。

3. 扩增片段的回收

根据上步实验结果，如果扩增产物为唯一条带，可直接回收产物。否则从琼脂糖凝胶中切割核酸条带，并回收目的片段。

① 称量 2 mL 的 Eppendorf 管质量，记录。

② 在紫外灯下切割含目的条带的凝胶，放入 2 mL 的 Eppendorf 管内，称量，计算凝胶质量。

③ 每 100 mg 凝胶加入 100 μL Binding Buffer，混匀，60℃温育至凝胶融化。

④ 全部转入 UNIQ-10 柱中。10 000 r/min 离心 1 min，倒去收集管内的液体。

⑤ 加入 500 μL Binding Buffer，10 000 r/min 离心 1 min，倒去收集管内的液体。

⑥ 加入 70%乙醇，10 000 r/min 离心 0.5 min。

⑦ 再 10 000 r/min 离心 2 min 彻底甩干乙醇，吸附柱转移到一个新的 1.5 mL 的离心管。

⑧ 加入 30 μL 预热的洗脱缓冲液，室温放置 3 min，12 000 r/min 离心 2 min，即为回收的 DNA 片段。

4. DNA 片段测序

将回收的片段送至生物公司测序。

5. 序列比对

将所测 16SrDNA 序列与国际基因数据库(常用 NCBI 生物信息数据库)收录的序列进行基因比对和同源性分析。可确定待测细菌分类地位。

6. 系统进化树建立

利用生物信息软件，建立细菌系统进化树，由此可确定细菌间的亲缘关系及对不同类群细菌和不同致病变种亲缘关系的鉴定等。

作业及思考题

(1) 将实验所进行的具体病原细菌的 PCR 检测过程、实验原理及结果写成报告。

(2) 为了保证细菌 DNA 的完整性，在吸取样品、抽提过程中应注意什么？

(3) 采用 PCR 方法检测病原物时，引物应如何设计？

(4) 在 PCR 反应中，循环次数是否越多越好？为什么？

(5) 凝胶电泳时，使用上样缓冲液的目的是什么？

实验 2-5　植物病原病毒的检测与测定

【实验目的】

掌握用 ELISA 法检测植物病毒病的基本操作方法；掌握用琼脂双扩散技术检测植物病毒的基本操作方法；学习 PCR 的基本原理，掌握反转录 PCR(RT-PCR)的基本操作技术；熟悉并掌握利用鉴别寄主症状反应进行毒源种类鉴定的方法；学习掌握钝化温度、稀释限点和体外保毒期的测定方法；学习掌握植物病毒株系测定的基本操作方法。

【实验原理】

琼脂在高温时融化，冷却后凝固成多孔结构的物质，孔内充满水分，大小在一定范围内的抗原和抗体粒体可在琼脂中自由扩散，比例合适时，相应的抗原，抗体相遇后形成沉淀带，以此来判断病毒病的种类。

聚合酶链式反应(polymerase chain reaction，PCR)是体外酶促合成特异 DNA 片段的一种方法，为最常用的分子生物学技术之一。

典型的 PCR 由① 高温变性模板；② 引物与模板退火；③ 引物沿模板延伸三步反应组成一个循环，通过多次循环反应，使目的 DNA 得以迅速扩增。

其主要步骤是将待扩增的模板 DNA 置高温下(通常为 93～94℃)使其变性解成单链；人工合成的两个寡核苷酸引物在其合适的复性温度下分别与目的基因两侧的两条单链互补结合，两个引物在模板上结合的位置决定了扩增片段的长短；耐热的 DNA 聚合酶(Taq 酶)在 72℃将单核苷酸从引物的 3’端开始掺入，以目的基因为模板从 5’→3’方向延伸，合成 DNA 的新互补链。

PCR 能快速特异扩增任何已知目的基因或 DNA 片段，并能轻易在皮克(pg，10^{-12} g)水平起始 DNA 混合物中的目的基因扩增达到纳克(ng)、微克(μg)、毫克(mg)级的特异性 DNA 片段。因此，PCR 技术一经问世就被迅速而广泛地用于分子生物学的各个领域。它不仅可以用于基因的分离、克隆和核苷酸序列分析，还可以用于突变体和重组体的构建、基因表达调控的研究、基因多态性的分析、遗传病和传染病的诊断、肿瘤机制的探索、法医鉴定等诸多方面。

大多数植物病毒基因组为 RNA，而 Taq DNA 聚合酶不能以 RNA 为模板合成 DNA 链，这就需要首先在逆转录酶的作用下，以 RNA 为模板合成互补的第一链 DNA 之后才能进行常规 PCR 反应，这一技术称为反转录 PCR(reverse transcription PCR，简称 RT-PCR)。

【实验材料及准备】

1. 植物病毒 ELISA 检测

(1) 材料

感染 TMV 的烟草新鲜叶片。

(2) 试剂

① 抗原包被缓冲液(0.05 mol/L 碳酸盐缓冲液，pH 9.6)。试剂 Na_2CO_3 1.59 g，$NaHCO_3$ 2.93 g，NaN_3 0.2 g 定容于 1 L 蒸馏水中。

② 洗涤缓冲液（0.02 mol/L PBS-吐温缓冲液 PBS-T，pH 7.4）。NaCl 8.0 g，KH_2PO_4 0.2 g，$Na_2HPO_4 \cdot 12H_2O$ 2.9 g，KCl 0.2 g，NaN_3 0.2 g，定容于1 L蒸馏水中，加入5 mL吐温20。

③ IgG稀释缓冲液（0.02 mol/L PBS-T牛血清白蛋白溶液）。取0.1 g牛血清白蛋白溶于100 mL用灭菌蒸馏水配制的PBS-T缓冲液即可。

④ 底物溶液（邻苯二胺溶液，pH 5.0）。柠檬酸2.55 g，$Na_2HPO_4 \cdot 12H_2O$ 9.2 g，加蒸馏水至500 mL；称取40 mg邻苯二胺，溶于100 mL上述缓冲液中，加30% H_2O_2 0.15 mL（现用现配）。

⑤ 终止液（2 mol/L H_2SO_4 溶液）：60 mL水缓慢加入到10 mL H_2SO_4 中，定容至100 mL。

（3）仪器与用品

96孔酶标板，酶标仪，台式离心机，微量移液器，洗瓶，量筒，烧杯，三角瓶，研钵，记号笔。

2. 琼脂双扩散法检测植物病毒

（1）材料

① 被测样：感染SMV的大豆病叶。

② 正对照：SMV。

③ 负对照：健康的大豆叶片。

（2）试剂

① 大豆花叶病毒（SMV）抗血清。

② SDS（十二烷基硫酸钠）。

③ 叠氮化钠（NaN_3）。

④ 0.02 mol/L pH 7.0磷酸缓冲液。

⑤ 琼脂粉。

（3）仪器与用品

培养皿，打孔器，吸引器，温箱，量筒，烧杯，玻璃棒，研钵，天平，微波炉，长嘴吸管，纱布，剪刀等。

3. 植物病毒的分子检测

（1）材料

CMV病叶、TMV病叶，健康植株叶片。

（2）试剂

合成TMV外壳蛋白基因特异性引物（T1：5’-ACTCCATCTCAGTTCGTGTTCTTG-3’，T2：5’-GAGCTCTCGAA AGAGCTCCGATTA-3’），Taq dNA聚合酶及其反应缓冲液，逆转录酶及其反应缓冲液，dNTPs，灭菌超纯水，无水乙醇，溴化乙锭（EB）和琼脂糖等。

（3）仪器与用品

凝胶成像系统（或紫外观察仪），PCR仪，琼脂糖电泳仪，液氮，研钵，研棒（160℃干热灭菌3～4 h），台式高速离心机，离心管，微量可调试加液器等。

4. 植物病毒生物测定

（1）材料

① 毒源。白菜病毒病株。

② 鉴别寄主。普通烟(三生),心叶烟,普通曼陀罗,千日红,黄瓜。

(2) 试剂

① 0.1 mol/L pH 7.0 磷酸缓冲液(KH_2PO_4 5.445 g,$Na_2HPO_4 \cdot 12H_2O$ 21.49 g,蒸馏水 1000 mL)。

两试剂分别溶解后,加足水混匀,装入试剂瓶中供研磨受病植物组织及稀释用。

② 磷酸肥皂(洗衣皂 20 g,Na_3PO_4 5 g,水 100 mL)。

混匀,加热溶解后阴干,供操作前手及器皿类消毒用。

(3) 仪器与用品

烟波,纱布,金刚砂,洗瓶,棉花球,塑料标签。

5. 植物病毒的稳定性测定

① 感染 TMV 烟草叶片

② 感染 CMV 烟草叶片

6. 植物病毒株系的测定

① 鉴别寄主。南农 1138-2、猴子毛、突变 30、8101、铁丰 25、Davis、Buffalo、早熟 18、广吉、齐黄 1 号、科丰 1 号等 11 个大豆品种。

② 病毒标样。田间采集的典型的大豆病毒病标样。

【实验方法及步骤】

1. 植物病毒 ELISA 检测

① 制备样品。分别称取健株和病株叶片 0.4 g 于研钵中充分研磨,用抗原包被缓冲液分别配制 1∶10,1∶100,1∶1000 样品悬浮液,过滤或 3000 r/min 离心 10 min,取上清备用。

② 包被抗原。按照实验设计在酶标板相应孔中加样,每孔 200 μL,加盖后置 4℃冰箱中过夜(或 25℃温箱孵育 3~5 h 或 37℃孵育 2 h)。

③ 洗板。倒尽酶标板孔中的包被液,用洗涤缓冲液冲洗 3 次,每次 3 min(倒除清洗液时可稍用力甩干,使壁底无残留液和气泡)。

④ 配制抗血清工作液。根据 TMV 抗血清效价,用 IgG 稀释缓冲液配制一定浓度的抗血清工作液。

⑤ 加抗体。按照实验设计向酶标板孔中分别加入抗血清工作液,每孔 150 μL,37℃孵育 1~2 h。

⑥ 洗板,洗涤 3 次。

⑦ 配制酶标抗体工作液。用 IgG 稀释缓冲液配制一定浓度的辣根过氧化物标记羊抗兔抗体工作液。

⑧ 加酶标羊抗兔抗体工作液于酶标反应孔中,每孔 100 μL,37℃温育 1 h。

⑨ 洗涤 3 次,同前。

⑩ 加底物溶液,每孔 100 μL,37℃温育 1 h。

⑪ 每孔加入 1 滴终止反应。

⑫ 目测。以颜色深浅记录"+++""++""+""±""-",或用酶标仪测定波长 492 nm 处的 *OD* 值,比阴性对照读数高 2 倍以上者判断为阳性,必须设置空白对照、健康对照和阳性对照,每个样品应设 2~3 个重复,反应结束后立即用酶标仪读数。

2. 琼脂双扩散法检测植物病毒

(1) 培养基的配制

琼脂粉 0.8%，SDS 0.5%，NaN_3 1%，蒸馏水 100 mL。

把称好的琼脂粉放在烧杯中，加入 60～70 mL 蒸馏水加热溶化，不断用玻璃棒搅动，达到完全溶化，及待冷却至 60℃左右加入 NaN_3 及已溶解好的 SDS。然后加足水继续搅匀。用 20 mL 的量筒倒入培养皿中。倒时培养皿放平处，直径为 6 cm 的培养皿倒入 7～8 mL。直径为 9 cm 者倒入 15 mL 即 3 mm 左右的厚度。待培养皿冷却凝固后，进行打孔，放入 2～4℃冰箱保存备用。

(2) 测定方法

① 用打孔器打孔。打孔器在培养基打孔的位置要与图 2-5-1 相符，轻打，慢慢进行，防止把培养基带离皿底，孔距 3～3.5 cm，孔直径 5 mm，吸去孔中基质。

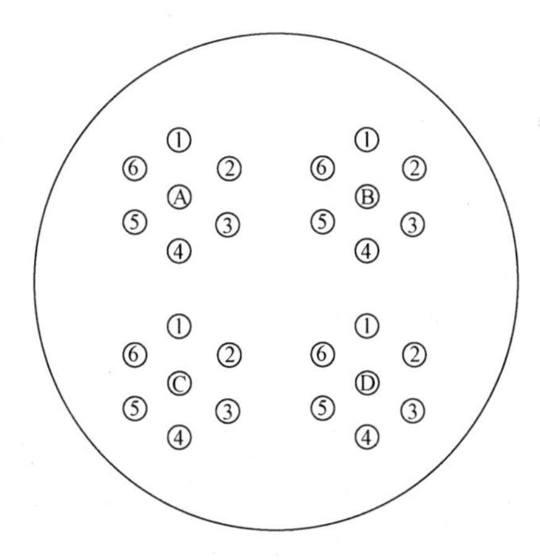

图 2-5-1　打孔器在培养基打孔的位置

② 加样。取被测样品(病叶)加 0.02 mol/L pH 7.0 PB 或蒸馏水 1∶0.5～1(W/V)用研钵研磨，纱布过滤取其汁液，滤液加 3% SDS 3∶1(V/V)，正负对照(已知抗原和健叶)加 PB 或蒸馏水 1∶4(W/V)研磨，汁液 3% SDS 3∶1(V/V)。

中间孔加满 SMV 的抗血清，周围加抗原(包括被测样，正负对照)，注意加入的量不可少，也不可溢出孔外。

③ 加盖保湿。放 20～25℃温箱中，第二天在琼脂双扩散器上观察中央孔与外围之间是否有沉淀线；记录结果：有反应的记"＋"，无反应的记为"－"。

表 2-5-1　记录结果

A	B	C	D
1 ______	1 ______	1 ______	1 ______
2 ______	2 ______	2 ______	2 ______
3 ______	3 ______	3 ______	3 ______
4 ______	4 ______	4 ______	4 ______
5 ______	5 ______	5 ______	5 ______
6 ______	6 ______	6 ______	6 ______

3. 植物病毒的分子检测

(1) 溶液配制

① 研磨缓冲液。100 mmol/L Tris HCl(pH 8.5),100 mmol/L LiCl,5 mmol/L EDTA (pH 8.0),100 mmol/L NaCl,1.0%(W/V)SDS。

② TE:10 mmol/L Tris,1 mmol/L EDTA (pH 8.0)。

③ 2 mol/L LiCl。

④ 8 mol/L LiCl。

⑤ 3 mol/L NaAc(pH 5.2)。

⑥ 氯仿:异戊醇(24:1)。

⑦ 70%乙醇。

⑧ 5×TBE 电泳缓冲液。54 g Tris,27.5 g 硼酸,20 mL 0.5 mol/L EDTA(pH 8.0),加超纯水至 1 L。

⑨ 10 mg/mL EB。在 20 mL 水中溶解 0.2 g 溴化乙锭,混匀后于 4℃避光保存。

⑩ 6×载样缓冲液。称取溴酚蓝 250 mg,加双蒸水 10 mL,在室温下过夜,待溶解后再称取蔗糖 40 g,加双蒸水溶解定容至 100 mL,加 10 mol/L NaOH 1~2 滴使之呈蓝色,配成含 40%蔗糖溶液的 0.25%溴酚蓝溶液。

(2) 植物总 RNA 的抽提

① 5 g 叶片(CMV 病叶、TMV 病叶或健康植株叶)加液氮研磨成粉末,解冻前迅速加入 600 μL 60℃预热的研磨缓冲液和 600 μL 氯仿:异戊醇(24:1)混匀。

② 匀浆液转入 1.5 mL 离心管中,剧烈振荡 5 min。

③ 4℃下 4000 r/min 离心 10 min。

④ 取上层水相至新离心管中,加等体积氯仿:异戊醇(24:1)轻微摇匀。

⑤ 4℃下 4000 r/min 离心 10 min。

⑥ 重复步骤④和⑤。

⑦ 取上层水相,加入 1/3 体积 8 mol/L LiCl,轻轻摇匀,4℃下沉淀过夜。

⑧ 4℃下 12 000 r/min 离心 10 min。

⑨ 去上清,沉淀用 2 mol/L LiCl 重悬浮。

⑩ 4℃下 12 000 r/min 离心 10 min。

⑪ 去上清,将沉淀风干,溶于 100 μL TE 中。

⑫ 加入 1/10 体积 3 mol/L NaAc(pH 8.0),2 倍体积冷的无水乙醇,−20℃过夜。

⑬ 4℃下 12 000 r/min 离心 15 min。

⑭ 小心弃去上清,沉淀用 70%乙醇洗一次,风干,溶于超纯水中,−20℃储存备用。

(3) RT-PCR 反应

① 反转录。以抽提的植物总 RNA 为模板,按所购试剂盒说明书进行。注意,以超纯水为平行对照,以已经确定的 CMV、TMV 标准样为阳性对照。

② PCR 扩增。反转录完毕,分别向反应体系中加入 PCR 缓冲液、引物和 Taq DNA 聚合酶(按说明书),在 PCR 仪上进行扩增反应。反应程序为:94℃ 5 min;94℃ 1 min,55℃ 1 min,

72℃ 1.5 min，35个循环后；72℃延伸10 min。

(4) 电泳检查RT-PCR结果

① 制胶。用0.5×TBE电泳缓冲液配制1.2%浓度的琼脂糖，用微波炉加热至琼脂完全溶解，冷却至60℃左右，加入终浓度0.5 μg/mL溴化乙锭，趁热将溶液倒入制胶板中，形成2～3 mm凝胶层。

② 点样。凝胶板置入盛满0.5×TBE电泳缓冲液的电泳槽中，RT-PCR产物与1/5体积6×载样缓冲液混匀，小心加入凝胶板的点样孔中，蓝色样品混合物将沉入点样孔下部，同时点加DNA分子量标准。

③ 电泳。打开电源，调节电压至3～5 V/cm，溴酚蓝条带由负极向正极移动，约1 h后观察结果。

④ 观察。将电泳好的胶置于紫外透射检测仪上，戴上防护观察罩，打开紫外灯，可见到橙红色核酸条带，根据条带有无及位置判定是否发生了目的片段扩增，从而确定样品中是否含有TMV。

4. 植物病毒生物测定

白菜病毒病主要由芜菁花叶病毒、番茄环花叶病毒、烟草环斑病毒或黄瓜花叶病毒引起，可以根据它们在鉴别寄主上的症状反应进行诊断。

① 操作前，操作人员的手和器皿都应用磷酸皂消毒过并经清水洗净。

② 取白菜病毒病病株的典型症状病叶，置研钵中，加近似等量的磷酸缓冲液，磨碎，用双层纱布滤出汁液，作为接种用的病毒汁液。

③ 取各种鉴别寄主幼苗各4株，插上塑料标签，在每株上部已展开的两片叶正面，轻轻撒一层金刚砂，左手指托叶背，右手用棉花球(或小画笔)蘸毒源汁液，在撒有金刚砂的叶面上轻轻涂擦，随即用洗瓶冲洗，即接种完毕。

④ 另取鉴别寄主幼苗各2株，方法如前，但不接种毒源汁液，蘸磷酸缓冲液在撒有金刚砂的叶面上涂擦，作为对照。

⑤ 将接种及对照的鉴别寄主幼苗放入无虫干扰的温室或防虫网室中，经2～3周后观察记载发病情况及在各种鉴别寄主上的症状。根据表2-5-2判断所取标样属何种病毒。

表2-5-2　白菜上四种常见病毒在几种鉴别寄主上的症状反应

病毒名称	普通烟(三生)	心叶烟	普通曼陀罗	千日红	黄　瓜
芜菁花叶病毒	局部症状枯斑	系统症状枯斑	无症状		无症状
番茄环花叶病毒	系统症状枯斑	局部症状枯斑	局部症状枯斑	系统症状花叶	无症状
烟草环斑病毒	系统症状环斑	局部症状枯斑	局部症状枯斑	局部症状枯斑	无症状
黄瓜花叶病毒	局部症状系统症状	系统症状花叶	系统症状花叶	系统症状花叶	系统症状花叶

5. 植物病毒的稳定性测定

(1) 钝化温度

病叶组织1 g加1.5 mL 0.01 mol/L磷酸缓冲液(pH 7.0)用研钵磨碎，细纱布过滤；薄壁试管中加0.5 mL过滤液，放在碎冰中；样本分别加温到45～70℃，间隔5℃，有的病毒如烟草花叶病毒，温度要到90℃；加温的方法是用水浴，用搅拌器使温度均匀，处理时间10 min，先测定最高温，待逐渐冷却过程中逐步测定较低的温度，处理后，将盛样本的试管立即放在冰水中，使其很快冷却；样本立即分别接种植物，有枯斑寄主植物的可以定量。接种后不发病的处理温度即钝化温度。

(2) 稀释限点

与上述同样的方法得到病株汁液；病株汁液用蒸馏水或 0.01 mol/L 磷酸缓冲液(pH 7.0)稀释，每次稀释 10 倍，原液 1.0 mL 加 9.0 mL 蒸馏水稀释到 10^{-1}，依次稀释到 10^{-6}。每稀释一次都换用吸管；每个稀释度，分别在植物上测定。接种后不发病的前一个稀释度为稀释限点。

(3) 体外保毒期

将病株汁液分装一套小试管，每管盛 0.5 mL；试管在室温下存放；每隔 1 d、2 d、4 d、8 d、16 d，取一个样本在植物上测定。根据初步测定的结果，再决定进一步测定的期限，或缩短时间间隔。

6. 植物病毒株系的测定

(1) 盆播鉴别寄主

11 个大豆鉴别寄主分批播于温室，相对于每个标样，每品种播 2 盆，每盆留苗 6～10 株。

(2) 接种鉴定

每个标样在每个品种上按常规方法进行汁液摩擦接种 2 盆，每批均接种 SC7 大豆品种为对照。

(3) 症状观察

接种 10 d 后，连续观察记载发病情况，分别记载接种叶和上位叶反应症状：系统花叶记为“M”；叶脉坏死、顶枯或枯斑均看作坏死，记为“N”；花叶和坏死都有的记为“MN”，无反应症状记为“—”。

(4) 株系划分

株系划分参照表 2-5-3 进行。

表 2-5-3　株系划分参照表

序号	株系鉴别寄主											SMV 株系群
	南农 11382	猴子毛	突变 30	8101	铁丰 25	Davis	Buffalo	早熟 18	广吉	齐黄 1 号	科丰 1 号	
1	S	S	R	R	R	R	R	R	R	R	R	SC-1
2	S	S	S	R	R	R	R	R	R	R	R	SC-2
3	S	S	S	S	R	R	R	R	R	R	R	SC-3
4	S	S	S	S	S	R	R	R	R	R	R	SC-4
5	S	S	S	S	S	S	R	R	R	R	R	SC-5
6	S	S	S	S	S	S	S	S	R	R	R	SC-6
7	S	S	S	S	S	S	S	S	S	R	R	SC-7
8	S	S	S	S	S	S	S	S	S	S	R	SC-8
9	S	S	S	S	S	S	S	S	S	S	S	SC-9
10	S	S	S	S	S	S	S	S	S	R	S	SC-10

作业及思考题

（1）完成实验操作，分析实验结果，完成实验报告。

（2）写出白菜病毒病生物鉴定结果的实验报告，并对实验结果进行分析讨论。

（3）分别测定 TMV 和 CMV 的钝化温度、稀释限点和体外保毒期。

实验 2-6　植物病原线虫的检测与鉴定

【实验目的】

掌握植物寄生线虫与腐生线虫的区别，了解植物寄生线虫的基本形态特征，掌握常见植物线虫属的分类特征。

【实验原理】

利用线虫趋水性和重力作用、浮力作用，将线虫从寄主植物、土壤或栽培介质、包装材料等中分离出来，根据形态特征，结合生物学、分子生物学等方法，判定其种类。

【实验材料及准备】

（1）试剂

40％甲醛，三乙醇胺，甘油，冰乙酸，蔗糖溶液（484 g 蔗糖：1 L 蒸馏水），高岭土，石蜡，凡士林，乙醇（浓度 70％、95％、100％），苦味酸，中性树胶，指甲油，阿拉伯树胶，丁香油，45％乳酸，40％过氧化氢，马铃薯葡萄糖琼脂，水琼脂。

（2）仪器与用品

生物显微镜，体视显微镜，培养箱，低速离心机，超净工作台，水浴锅，恒温箱，控温电热平板，胞囊漂浮器，冰箱，木工锯或电锯，斧头，解剖刀，解剖针，剪刀，镊子，分离筛，研钵，线虫滤纸，纱布，漏斗，浅盘，改进贝曼漏斗，乳胶管，夹子，吸管，烧杯，三角瓶，蒸发皿或培养皿，载玻片，盖玻片，凹玻片，酒精灯，试管，指形管，打孔器，干燥器，记号笔，毛刷，毛笔，玻璃纤维丝，自制线虫挑针。

【实验方法及步骤】

1. 样品的前处理

① 植物组织。将植物材料（根、茎、果实等）切成小段或薄片（厚度＜0.5 cm），或将种子等较小的植物组织碾碎，待测。

② 土壤及栽培介质。将从植物材料和运输工具上收集到的土壤或栽培介质混匀，作为待测样品。

③ 媒介昆虫。将媒介昆虫的整体或部分虫体放入小钵中研碎，加水浸泡后直接在体视显微镜下检测。

④ 原木、木制品和木质包装材料。将原木、木制品和木质包装材料制成小木条或木片（厚度＜0.5 cm）作为待测样品。

2. 线虫分离

① 线虫分离方法参见附 1。

② 根据抽取的样品类别、数量或质量，可能携带的线虫种类，选取附 1 中一种合适的分离方法进行分离。为提高检出率，各种分离方法可以结合使用。

3. 线虫标本制作

分离获得的线虫，根据具体情况，可以制作临时玻片或永久玻片来进行线虫的鉴定。一般情况下，为快速鉴定线虫，常制作临时玻片进行观察；如需进一步观察、鉴定或检出的重要线虫种类需要长期保存时，则需要制成永久玻片。线虫玻片标本的制作方法参见附 2。

4. 线虫培养

当分离到的线虫数量较少或为幼虫时，需要根据线虫种类，采用不同的培养方法培养，获得大量雌虫和雄虫，再进一步进行种类的鉴定。线虫培养方法见附 3。

5. 线虫的鉴定

(1) 形态学鉴定

线虫的形态学鉴定主要依据如下。

① 雌虫和雄虫的形态特征。如线虫侧尾腺的有无，雌虫和雄虫的头部和口针的形状、食道类型、尾部形状、生殖系统的形态差异等进行鉴定，针对雌、雄虫主要鉴定特征仔细观察并显微摄影，同时在每张图片上加相应标尺。

② 线虫的体长、体宽及虫体各个体段的长度及其比例等也是线虫鉴定的参考依据。

(2) 其他鉴定方法

采用生物学、分子生物学等方法，结合传统形态学，准确、快速鉴定线虫种类。

6. 结果判定

以形态学鉴定为主，辅以其他分类鉴定方法，判定线虫种类。

作业及思考题

(1) 详细记录检验过程，包括危害症状、检测方法、检测程序、检测结果等。

(2) 根据实验观察，描述线虫与腐生线虫的区别。

附 1　线虫分离方法

1. 直接分离

① 直接解剖分离。适用于植物组织中固着寄生线虫，如根结线虫、球胞囊线虫、胞囊线虫、异常珍珠线虫等。将洗净的植物组织放在培养皿中，加少量清水，在体视显微镜下用镊子固定住植物材料，用解剖针挑开或用镊子撕开植物材料，然后用镊子或线虫挑针将线虫从植物组织中分离出来，再用线虫挑针或者细毛笔把膨大的线虫或者蠕虫形线虫移出。但线虫大部分露于植物组织表面时，也可直接在体视镜下用解剖针轻轻剥离并挑取线虫。

② 直接浸泡分离。适用于相似穿孔线虫、茎线虫、菊花滑刃线虫等迁移性内寄生线虫的分离，也可用于研碎的媒介昆虫材料中线虫的分离。取少量植物材料或媒介昆虫材料置于培养皿中，加少量水浸泡一段时间，在体视显微镜下用线虫挑针直接挑取或用吸管吸取线虫。

2. 贝曼漏斗分离法

适用于植物、植物产品、媒介昆虫、土壤及栽培介质等样品中迁移性线虫的分离。将漏斗(直径 10～15 cm)置于漏斗架上，下方接长 5～10 cm 的乳胶管，乳胶管末端夹上夹子，漏斗中注入清水。将制备的样品用 2～3 层纱布包好，轻轻放入漏斗中，保持室温 15～28℃，12～24 h 后打开夹子，用培养皿收集乳胶管中的线虫悬浮液 5 mL，静置 10 min 左右，吸去上层清水，镜检。

3. 改进型贝曼漏斗法分离

适用于植物、植物产品、土壤及栽培介质等样品中线虫的分离。改进型漏斗法分离装置，由一只较大并类似于贝曼漏斗的玻璃或有机玻璃作为外壳，上部装置与浅盘装置相似。将线虫滤纸平放在筛盘筛网上，用水淋湿滤纸边缘与筛盘结合部分，将待测样品放置其上，从筛盘下部的空隙中将水注入分离器中，以淹没供分离的材料为止，在约 15～28℃下放置 24 h 后，打开止水夹，用离心管接取约 5～10 mL 的水样，静置 30 min 左右或 1500 r/min 离心 3 min，吸去离心管内上层清液后，即获得线虫含量较高的悬浮液。

4. 浅盘法分离

适用于植物、植物产品、土壤及栽培介质等样品中迁移性线虫的分离。两只不锈钢浅盘，一只口径较小，底部为粗筛网，另一只口径较大，底部正常。较小的筛网套放于另一只浅盘中，将线虫滤纸（也可用擦镜纸或双层纸巾）平铺在筛网上，用水淋湿，将制备的样品均匀放在其上，从两只浅盘的夹缝中注入清水至浸没样品，保持室温 15～28℃，24 h 后收集底盘中的线虫悬浮液，用 500 目筛过滤收集线虫。

5. 过筛法分离

此法主要用于土壤样品中线虫的分离。在大小合适的容器中，将样品加水充分搅拌，使土壤中的线虫充分悬浮到泥浆中，静置 10～20 s，悬浮液依次通过 20 目、60 目、400 目套筛（或用 10 目、100 目、400 目套筛等），重复冲洗过筛三次，用喷头在筛子下方向上充分淋洗各标准筛中的残余物，细小的土粒冲掉，并除去大的砂粒、根、茎等杂物，将筛上物冲洗入小烧杯，10～20 目分离筛除去杂物，60～100 目分离筛可收集胞囊，325～400 目分离筛可收集蠕虫形线虫，500 目筛可收集虫卵。

6. 离心法分离

适用于植物组织、土壤及栽培介质中大量线虫的分离。将上述样品放入烧杯或较大容器中，加适量水充分搅拌，静置片刻，将上浮液倒入离心管，加 1～2 mL 粉状高岭土，2000 r/min 离心 2～5 min，倒掉上清液，加入蔗糖溶液，用振荡器混匀或用玻璃棒充分搅拌均匀，2000 r/min 离心 2～5 min，上清液倒入 500 目筛子中，充分淋洗，将线虫洗入小烧杯。

7. 漂浮分离法

仅用于分离土壤中的胞囊。样品量 100g 以上用漂浮分离器分离，少于 100 g 用简易漂浮法分离。

① 漂浮分离器。将土样风干压碎，用孔径 3 mm 的标准筛过筛，除去植物组织和沙砾等杂物。淋湿下筛，漂浮筒灌满清水，将 100 g 过筛后的土样放入上筛，用强水流将全部土样冲洗入漂浮筒，土粒下沉，胞囊和一些较轻的杂物上浮，1～2 min 后，由上筛加清水到漂浮筒内，筒口的胞囊和杂物经水槽流入下筛（100 目），将胞囊等筛上物冲洗至三角瓶，瓶内注入清水至瓶口，静置片刻，将漂浮物倒入漏斗中过滤，滤纸晾干后在显微镜下检测。

② 简易漂浮法。待分离土样风干后，充分混匀，混匀的土样放在 1000 mL 三角瓶中，加水至 500 mL，充分搅拌成悬浮状，然后边加水边搅动，加水直至接近瓶口处，静置 1～2 min，待土粒沉入底部，胞囊浮在水面，把上层漂浮物倒入 100 目筛上，冲洗后将筛网上的收集物淋洗到铺有滤纸的小漏斗中，滤去水分，待滤纸晾干后即可在体视显微镜下观察，将滤纸上的胞囊用毛刷等夹取到另一铺有湿滤纸的培养皿中待鉴定，也可用 10％的硫酸镁溶液代替水。

附 2 线虫标本制作方法

1. 线虫杀死

杀死少量线虫，挑取数条线虫至凹玻片中央的水滴中，将凹玻片在酒精灯火焰上移动加热 5～6 s 即可。加热时要注意观察，当弯曲的虫体突然伸直，或称"C"形及螺旋形时，立即停止加热，或用手背接触玻片，感觉稍烫手即可。杀死大量线虫时，将 3～5 mL 线虫悬浮液移至试管中，在悬浮液中加入等量的沸水，或 60～65℃水浴处理 2～3 min，其间不断摇动试管，均匀受热，待悬浮液冷却后立即加入固定液。

2. 线虫固定

将杀死后的线虫移至 1 倍固定液中，或直接在悬浮液中加入等量浓度双倍的固定液。

常用线虫固定液

名　称	配　方
FG 液	40%甲醛：甘油：蒸馏水＝8：2：90
TA 液	40%甲醛：三乙醇胺：蒸馏水＝7：2：91
FA 液	40%甲醛：冰醋酸：蒸馏水＝10：1：89

3. 临时玻片制作

取一滴 FG 液于洁净载玻片中央，在体视显微镜下，用挑针挑取若干线虫至 FG 液中，使其下沉至浮载剂底部，并将线虫排列整齐，将 3 根与线虫虫体直径相近的玻璃纤维丝呈三角状均匀排列在 FG 液边缘，加盖玻片，用滤纸吸取溢出的溶液，用指甲油封片，待指甲油干后再加封一次，贴上标签，注明样品编号、制片时间、制片人，或将线虫沉入凹玻片的浮载剂底部，加盖玻片。可将临时玻片置于铺有潮湿滤纸的培养皿内，在 4℃冰箱内或低温处保存。但活体线虫制成的临时玻片应在 24 h 内鉴定，防止虫体变形影响观察。

4. 永久玻片制作

(1) 线虫的脱水

取一洁净的钟面皿（也可用培养皿或染色皿等较小的玻璃皿），加入 1 mL 脱水液Ⅰ，将固定好的线虫挑入脱水液Ⅰ中，在干燥器内注入 96%乙醇至容积十分之一左右，将该皿置于干燥器内，盖上干燥器盖，干燥器置于 35～40℃电热恒温箱内，保持 12 h 以上，打开干燥器盖，吸取皿上层液体，再加满脱水液Ⅱ，半盖上盖，40℃恒温箱内脱水 3 h 以上，使乙醇慢慢蒸发，直至线虫完全处于甘油液中，然后将线虫移至纯甘油中制片。可用 FG 液代替脱水液Ⅰ，减少乙醇对标本的影响。

常用线虫脱水液

名　称	配　方
脱水液Ⅰ	96%乙醇：甘油：蒸馏水＝20：1：79
脱水液Ⅱ	96%乙醇：甘油＝95：5

另外还有甘油缓慢脱水法。固定好的线虫移至一洁净培养皿（也可用染色皿等较小的玻璃皿），加入 FG 液至培养皿的三分之二，滴加 2 滴苦味酸（防止霉菌生长，避免口针褪色或变形），

为防止蒸发过快，在皿上加盖，然后放入 40～50℃温箱内或干燥器内，视蒸发情况，及时加入预热的 FG 液，通过不断地"蒸发、添加"，线虫体内的水分逐渐为甘油取代，至线虫体内的水分完全为甘油替代(一般需要 6～8 周)，然后加入数滴预热的纯甘油。脱水后线虫可制作永久玻片或保存在纯甘油中。

大量材料脱水可采用简易方法：在培养皿(也可用染色皿等较小的玻璃皿)中放入 1.5%～2.0%的甘油，将已固定好的线虫转移至其中，然后将皿放入干燥器，缓慢干燥，直至水分全部蒸发，线虫体内被纯甘油替代。

(2) 制片

① 蜡环封固制片。将直径为 1.5 cm 的打孔器在酒精灯火焰上加热，插到石蜡中蘸取少量石蜡(或石蜡凡士林混剂：8 份石蜡，3 份凡士林，65℃下充分混匀即可)，迅速轻按于洁净载玻片中央，冷却后即成一蜡环，在蜡环中滴 1 小滴纯甘油(与脱水后线虫体内的一致，用量以盖上盖玻片后不外溢为宜，尽量避免产生气泡)，挑入数条脱水的线虫，沉入甘油底部，排列整齐后，选用 3 根与线虫虫体直径近似的玻璃纤维丝，成三角状排列在纯甘油边缘，盖上盖玻片，将载玻片移至 65～70℃的加热板上融化石蜡，融化后移至平面上冷却，用指甲油(也可用中性树胶或阿拉伯树胶)封片，指甲油干后再重复封一次。最后加贴标签，左标签注明样品号、寄主、截获口岸、产地、制片日期，右标签注明线虫种名、虫态、数量。

② 胞囊线虫阴门锥制片。将胞囊在培养皿内用水浸泡 24 h，用毛笔将浸泡过的胞囊移至载玻片一侧的水滴中，在体视显微镜下用解剖刀切下胞囊后部的阴门锥部分，用线虫挑针、解剖针或细毛笔清除阴门锥内附着物，用解剖刀修整阴门锥边缘，将阴门锥依次移至玻片另一侧的 70%、95%、100%的乙醇中脱水，将脱水后的阴门锥移至丁香油中透明，然后在凹玻片的凹穴加一小滴中性树胶，涂平，使处理好的阴门锥顶端向上，埋于中性树胶内，中性树胶凝固后，再在阴门锥附近加入适量中性树胶，盖上盖玻片，加贴标签。

③ 根结线虫会阴花纹制片。将成熟雌虫移至塑料培养皿(或载玻片)1 滴 45%乳酸中，在体视显微镜下，用解剖刀切下虫体后部角质膜，用毛刷或线虫挑针剔除角质膜上的卵和其他黏附物。注意，要剔除干净，但又不能弄破角质膜，移至另一侧 45%乳酸中清洗、修整阴门部角质膜，角质膜要包含完整的会阴花纹且大小合适，将修好的角质膜移至纯甘油中，表面向上，加盖玻片，用封片剂封片，加贴标签。

附 3　线虫常用培养方法

1. 保湿培养

木质包装样品一般用保湿培养方法获得较多线虫。烧杯中加少量水，将处理好的病木块下端浸入水中，上方加纱布保湿，25℃培养 3～4 d 就可从水中分离到较多的线虫，或将病木喷湿，用塑料袋封好，25℃培养 3～4 d。

2. 真菌培养

首先进行线虫消毒，将分离的线虫悬浮液装于离心管中，3000～4000 r/min 离心 2 min，用吸管尽取上清液，加入线虫消毒液，轻轻涡旋洗涤 1 min，室温静置消毒 1 h 以上，3000～4000 r/min 离心 2 min，弃去上层消毒液，加入无菌水，轻轻涡旋混匀，3000～4000 r/min 离心 2 min；重复 3 次，最后一次离心后移走部分上清液，留下底部约 0.2 mL 无菌线虫悬浮液。

配制马铃薯葡萄糖琼脂(PDA)平板，将灰葡萄孢无菌接种到培养基中，25℃ 恒温箱中倒置培养 4 d,待菌丝长满培养皿平面后取出,在无菌条件下将无菌线虫悬浮液滴在长满灰葡萄孢的培养皿中,25℃恒温箱中 7 d 可获得大量线虫,该种方法可用于培养松材线虫等滑刃类线虫。

3. 植物组织培养

以胡萝卜愈伤组织作为培养基质,25℃可培养相似穿孔线虫等短体属线虫。

选用新鲜的胡萝卜,冲洗干净后,切去前端和末端,再用蒸馏水冲洗,喷 95%的酒精于胡萝卜表面,置于酒精灯火焰上烧(重复 3 次,直到表皮变黑、变干),用灭菌的削皮刀削去胡萝卜的表皮,然后将胡萝卜切成 5 mm 左右的薄片,置于 10 g/L 水琼脂培养基上培养 10～11 d(25℃)生成愈伤组织备用,无菌条件下将已经消过毒的线虫悬浮液滴在愈伤组织边缘,25℃恒温箱中 30 d 以上。

实验 2-7　植物病原物的保存

【实验目的】

要求了解病原物保存的基本原理，掌握病原物保存的几种常规方法和液氮超低温保藏病原物方法。

【实验原理】

植物病原物的保存是针对病原物的生物学性状选择适宜方法保持其原有性状基本稳定、避免死亡、污染，以便于对病原物进一步的研究、交换和使用的。

【实验材料及准备】

（1）材料

待存细菌，放线菌和真菌。

（2）试剂

牛肉膏蛋白胨斜面和半固体直立柱（培养细菌）、高氏 1 号琼脂斜面（培养放线菌）、马铃薯蔗糖斜面培养基（用蔗糖代替葡萄糖有利于孢子形成和丝状真菌的生长）。

（3）仪器与用品

接种环，接种针，无菌滴管，试管，干燥器，移液管，无菌培养皿（内放一张圆形滤纸片）等，医用液体石蜡（相对密度 0.83～0.89），10% HCl，筛子，五氧化二磷，石蜡，白色硅胶，保护剂，20% 甘油，10% 二甲基亚枫（DMSO）等。

液氮生物储存罐（液氮冰箱），控制冷却速度装置，安培管，铝夹，低温冰箱。

【实验方法及步骤】

1. 定期移植保藏法

本方法广泛适用于细菌、放线菌、真菌等的短期保藏。

① 贴标签。将注有菌株名称和接种日期的标签贴在试管斜面的正上方。

② 接种。将待保存的菌种用斜面接种法移接至注明菌名的试管斜面上。

③ 培养。细菌置 37℃恒温培养 15～24 h，放线菌和丝状真菌置 28℃培养 4～7 d。

④ 收藏。为防止棉塞受潮长杂菌，管口棉花应用牛皮纸包扎，或用融化的固体石蜡熔封棉塞。置 4℃保存，保存温度不宜太低，否则斜面培养基因，结冰脱水而加速菌种的死亡。

⑤ 定期移植。定期移植的间隔时间，因微生物种类不同而异，一般不产生芽孢的细菌间隔较短，需 1～2 周，最长 1 个月移植一次，放线菌和丝状真菌时间较长，每 4～6 个月移植一次即可，按相应的间隔时间将保存菌种转接到新鲜培养基中，在适宜条件下培养。

2. 液体石蜡保存法

本方法适用于不能分解液体石蜡的某些细菌（如芽孢杆菌属、乙酸杆菌属等）和某些丝状真菌（如青霉属、曲霉属等）。

① 石蜡油灭菌。将医用液体石蜡油装入三角瓶中，装置不超过三角瓶总体积的 1/3，塞上棉塞，外包牛皮纸，加压蒸汽灭菌（121℃，灭菌 30 min），连续灭菌 2 次，在 40℃温箱中放置 2 周（或

置 105～110℃烘箱中烘 2 h)，以除去石蜡油中的水分，使石蜡油变为透明状，备用。

② 培养。用斜面接种法或穿刺接种法把待保存的菌种接入合适的培养基中，培养后取生长良好的菌株作为保藏菌种。

③ 加石蜡油。无菌吸取石蜡油于菌种管中，加入量以高出斜面顶端或直立柱培养基表面约 1 cm 为宜，如加量太少，在保藏的过程中会因培养基稍露出油面而逐渐变干。

④ 收藏。棉塞外包牛皮纸，把试管直立放置于冰箱中 4℃保藏，放线菌、真菌及产芽孢的细菌一般可保藏 2 年，酵母菌及不产芽孢的细菌可保藏 1 年左右。

⑤ 恢复培养。当要使用时，用接种环从石蜡油下挑起少量菌种，在试管壁上轻轻碰几下，尽量使油滴净，再接种于新鲜培养基上，由于菌体外粘有石蜡油，生长较慢，所以一般需再移植一次才能得到良好的菌种。

3. 砂土管保存法

适用于保存产生芽孢的细菌以及形成孢子的真菌和放线菌，特别不适于以菌丝发育为主的真菌的保藏。

① 处理砂土。取河砂经 60 目筛子过筛，除去大的颗粒，用 10%HCl 浸泡(用量以浸没砂面为度)2～4 h(或煮沸 30 min)，除去有机质，然后倒去盐酸，用流水冲洗至中性，烘干或晒干，备用。另取非耕作层瘦黄土(不含有机质)，风干、粉碎，用 100～120 目的筛子过筛，备用。

② 装砂土管。将砂与土按 2∶1 或 4∶1(W/W)比例混合均匀，装入试管(10 mm×100 mm)中，装至约 1 cm 高，加棉塞，加压蒸汽灭菌，121℃灭菌 30 min，灭菌后取少许置于牛肉膏蛋白胨或麦芽汁培养液中，在合适的温度下培养一段时间确证无菌生长，才能使用。

③ 制备菌液。吸 3 mL 无菌水至斜面菌种管内，用接种环轻轻搅动，洗下孢子，制成孢子悬液。

④ 孢子液加于砂土管中。吸取上述孢子液 0.1～0.5 mL 于每一砂土管中，加入量以湿润砂土达 2/3 高度为宜。

⑤ 干燥。把含菌的砂土管放入干燥器中，干燥器内用培养皿盛五氧化二磷(或变色硅胶)做干燥剂，再用真空泵抽气 4 h，以加速干燥。

⑥ 收藏。砂土管保存于干燥器中，或将砂土管取出，管口用火焰熔封后保藏。也可以将砂土管装入 $CaCl_2$ 等干燥剂的大试管内，塞上橡皮塞并用蜡封管口，置冰箱中 4℃保存。

⑦ 恢复培养。使用时挑少量混有孢子的砂土接种于斜面培养基上即可。原砂土管仍可原法继续保藏。

4. 低温冷冻保存法

本方法适用于大多数需要长期保存的细菌、真菌、放线菌、病毒等。

① 冻存管的准备。将 2.0 mL 冻存管(圆底硼硅玻璃安瓿管或螺旋式塑料管)清洗干净，121℃下高压灭菌 15～20 min，备用。

② 保护剂的准备。保护剂种类要根据病原物类别选择，一般采用无菌的 10%～20%甘油或脱脂奶粉，或 10%二甲亚砜。

③ 培养物的准备。病原物不同的生理状态对存活率有影响，一般使用对数生长中后期培养物，菌种的准备可采用以下一些方法，刮取培养物斜面上的孢子或菌体，与保护剂混匀后加入冻存管内；接种液体培养基，振荡培养后取菌悬液与等体积的保护剂混匀后分装于冻存管内，或者

用直径 5 mm 的无菌玻璃珠来吸附菌液，然后把玻璃珠置于冻存管内；将培养物在平皿培养，形成菌落后，用无菌打孔器从平板上切取一些大小均匀的小块（直径约 5～10 mm），真菌最好取菌落边缘的菌块，与保护剂混匀后加入冻存管内；在安瓿管中装 1.2～2 mm 的琼脂培养基，按种菌种，培养 2～10 d 后，加入保护剂，待保藏。

④ 冷冻保藏。将含菌种的冻存管插入保存塑料盒中－60～－80℃低温冰箱中保存，保存期间应定期检查活力及杂菌情况，保存周期一般 1～5 年。

⑤ 恢复培养。从冰箱中取出菌种冻存管，应立即置 37～40℃水浴中轻轻摇动，直到溶化为止，开启冻存管，将内容物移接至适宜的培养基培养。

5. 冷冻干燥保存法

本方法适用于保存大多数细菌、放线菌、噬菌体、植原体、真菌和酵母等，但不适于保存不产孢子的丝状真菌等。

① 安瓿管的准备。选用中性玻璃制作的安瓿管，规格 8 mm×100 mm。将安瓿管洗净，并用 2%盐酸浸泡过夜，用蒸馏水洗干净后烘干。瓶内放入印有菌号和日期的标签，塞上棉塞，121℃灭菌 30 min 后置 60℃烘箱中干燥备用。

② 保护剂的准备。保护剂采用低分子和高分子化合物及一些天然化合物，其中以高分子和低分子化合物混合使用效果最好。冷冻干燥法常用保护剂及配方见表 2-7-1。

表 2-7-1　冷冻干燥法常用保护剂及配方

名　称	配　方
脱脂牛奶	脱脂牛奶(或奶粉)20%，110℃灭菌 20 min
脱脂牛奶-谷氨酸钠	脱脂牛奶 10%，谷氨酸钠 1%
血清	马血清，过滤除菌
血清-葡萄糖	马血清 400 mL，葡萄糖 30 g，0.2 μm 过滤除菌
干燥合剂	马血清 300 mL，牛肉膏 0.5 g，蛋白胨 0.8 g，葡萄糖 30 g，蒸馏水 100 mL，0.2 μm 过滤除菌

③ 菌悬液的制备。用保护剂 2 mL 左右加入已培养好的病原物斜面试管中，制成浓的菌悬液，每支安瓿管分装 0.2 mL。

④ 预冻。将分装好的安瓿管预冻 2 h 以上，冷冻温度达－15～－20℃。

⑤ 冷冻干燥。安瓿管放入真空干燥仪中的冷冻槽干燥瓶内，启动冷冻真空干燥机的真空泵，在 15 min 内使真空度达到 66.66 Pa。真空度上升至 13.33 Pa 以上，升高温度至室温（20～30℃）。在真空状态下，让安瓿管保存在冷冻真空干燥机中至少 16 h，以获得完全干燥。

⑥ 熔封安瓿。干燥后，在 2.67～4.00 pa 的真空度下，将安瓿管颈部用强火焰拉细熔封。

⑦ 测真空度。熔封后的安瓿管采用高频电火花真空测定仪测定真空度，如管内出现蓝色光则符合要求，若是红色光说明尚未真空。

⑧ 保存。安瓿管应低温避光保存，在 4～5℃温度下可保存 5～10 年，室温下保存效果不佳，－20～－70℃可长期稳定保存。保存期间应定期检查活力和杂菌情况，一般保存 0.5 年、2 年、5 年、10 年分别检查一次。

⑨ 复苏方法。复苏病原物时，从冰箱中取出安瓿管，用 75%酒精棉球擦拭安瓿管上部，用火焰加热其顶端，滴少量无菌水至加热顶端使之破裂，用无菌锥刀或镊子敲下已经破裂的安瓿管顶

端,加入 0.5～1 mL 无菌水或培养液溶解菌块,用无菌吸管移接到新鲜培养基上培养。

6. 液氮超低温保存法

对于用冷冻干燥保存法或其他干燥法保存有困难的病原物如植原体以及难以形成孢子的真菌、小型藻类或原生动物等都可用这种方法长期保藏。

① 制备安瓿管。用于超低温保藏菌种的安瓿瓶必须用能经受 121℃高温和－196℃冻结处理而不破裂的硬质玻璃制成的,如放在液氮气相中保藏,可使用聚丙烯塑料做成的带螺帽的安瓿管(也要能经受高温灭菌和超低温冻结处理),安瓿管大小以容量 2 mL 为宜,安瓿管用自来水洗净,再用蒸馏水洗两遍烘干,将注有菌名及接种日期的标签放入安瓿管上部,塞上棉花于 121℃灭菌 30 min 备用。

② 制备保护剂。配制 20%甘油或 10%DMSO 水溶液,于 121℃灭菌 30 min。

③ 制备菌悬液。吸适量无菌生理盐水于斜面菌种管内,用接种环将菌苔从斜面上轻轻地刮下,制成均匀的菌悬液。

④ 加保护剂。吸取上述菌液 2 mL 于无菌试管中，再加入 2 mL 20%甘油或 10% DMSO，充分混匀，保护剂的最终浓度分别为 10%或 5%。

⑤ 分装菌液。将加有保护剂的菌液分装到安瓿管中,每管装 0.5 mL。对不产孢子的丝状真菌,在做平板培养后,可用直径 0.5 mm 的无菌打孔器将平板上的菌丝连同培养基打下若干个圆菌块,然后用无菌镊子挑 2～3 块至含有 1 mL 10%甘油或 5% DMSO 的安瓿管中,如放于液氮液相中保藏,安瓿管管口必须用火焰密封,以免液氮进入管内,熔封后将安瓿管浸入次甲蓝溶液中于 4～8℃静置 30 min,观察溶液是否进入管内,只有经密封检验合格者,才可进行冻结。

⑥ 冻结。适于慢速冻结的菌种在控速冻结器的控制下使样品每分钟下降 1～2℃,当冻结到－40℃后,立即将安瓿管放入液氮冰箱中进行超低温冻结,如果没有控速冻结器,可在低温冰箱中进行,将低温调至－45℃(因安瓿管内外温度有差异，故须调低 5℃)后,将安瓿管放入低温冰箱中冻结 1 h,再放入液氮冰箱中保藏,适于快速冻结的菌种，可将安瓿管直接放液氮冰箱进行超低温冻结保藏。

⑦ 保藏。液氮超低温保存菌种，可放在气相或液相中保存,气相保存，即将安瓿管放在液氮冰箱中液氮液面上方的气相（－150℃)中保存;液相保存,即将安瓿管放入提桶内,再放入液氮(－196℃)中保存。

⑧ 解冻恢复培养。将安瓿管从液氮冰箱中取出,立即放入 38℃水浴中解冻,由于安瓿管内样品少,约 3 min 即可融化,如果测定保存后的存活率,可吸 0.1 mL 融化的悬液，做定量稀释后进行平板计数,然后与冻结前计数比较,即可求得存活率。注意放在液氮中保存的安瓿管,管口务必熔封严密,否则当该安瓿管从液氮冰箱中取出时,会因进入其中的液氮受外界较高温度的影响而急剧气化、膨胀导致安瓿管爆炸,从液氮冰箱取出安瓿管时面部必须戴好防护罩,手上戴好皮手套，以防冻伤。

作业及思考题

(1) 列表记录病原物保存结果。内容包括：接种日期、病原物名称、培养条件 、培养基、培养温度、保存方法以及存活率等。

(2) 液氮超低温保存法的原理是什么？如何减少冻结对细胞的损伤？

(3) 干燥法保藏菌种的原理是什么？有哪些优点？

实验 2-8　植物病原物的接种

【实验目的】

掌握植物传染性病害研究中常用的接种方法，了解不同接种方法、不同的外界环境条件对病害发生发展过程的影响。

【实验原理】

在自然情况下，病原物通常是与受病组织或其他基物混杂在一起，通常要将病原物从混杂物中单独分离出来，才能对病原物进行研究。然而，从感病植物上分离到的病原物不一定就是具有致病性的病原物，只有将分离出来的病原物通过人工接种到植物体上，才能确定它的致病性。此外，在植物病害研究中，如研究病害发生发展规律、测定品种抗病性、研究病原物致病性分化、植物病害防效测定都需要采用人工接种技术。植物病原物的接种就是人工将病原物引入植物的合适部位，并置适宜的环境条件下，诱发病害发生的过程。因此，植物病原物的接种原理就是，人工模拟病原物侵染寄主植物，引起发病的过程，即在尽可能接近自然条件，根据病害的传播方式和侵染途径设计接种方法，使接种植物发病率高。植物病害的种类很多其传播方式和侵染途径各异，因此接种方法也很多。

【实验材料及准备】

(1) 材料

烟草青枯病菌、水稻稻瘟病菌、水稻白叶病菌等病原物的接种体。

(2) 仪器与用品

显微镜，体视镜，血球计数板，无菌水，盆钵，菜园土，喷雾器，毛笔，针，剪刀，三角瓶，试管，记号笔，标签，保湿装置等。

【实验方法及步骤】

分别用土壤灌根法接种烟草青枯菌、用喷雾接种法接种水稻稻瘟病菌、用剪叶接种的方法接种水稻白叶枯病菌，注意针对不同病害接种后培养的条件，观察不同病害症状出现的过程。

1. 土壤灌根法接种烟草青枯菌

将无菌水保存的菌种在含 TTC 的牛肉膏蛋白胨琼脂培养基平板上划线，选取典型毒性菌落纯化 3 次，再在 TTC 平板上涂板，28～30℃ 培养 48 h，用无菌水制成菌悬液至浓度为 1.0×10^{8} cfu/mL，浇灌至有 6～7 叶的烟苗（感病品种）的花盆内，每盆 20 mL，每处理 8 株，重复 3 次，然后用解剖刀将烟苗一侧的根切伤，保湿，28～30℃ 置于培养箱中培养至开始发病。

2. 喷雾法接种水稻稻瘟病菌

在 PDA 培养基中接入稻瘟病菌菌种，置于 25～28℃ 光照培养箱中培养 7～8 d，当菌丝生长至布满培养基时，加入定量无菌水冲洗分生孢子，把冲洗下来的分生孢子悬浮液倒入经纱布过滤的烧杯中，在载玻片中央滴一小滴孢子悬浮液，盖上盖玻片，置于显微镜下观察，调节分生孢子悬浮液浓度以保证 6×10^{6} 个孢子/mL 的接菌要求。将盆栽水稻 3 盆（感病品种，5～6 片叶）置于保湿箱内，用微型喷雾器喷施稻瘟病菌孢子悬浮液，使孢子以雾状均匀散落到水稻叶片上，喷至叶片上雾滴滴下为止，然后置于 25～28℃的黑暗处保湿(相对湿度≥95%)24 h，最后将水稻移至 26～28℃光照培养箱中继续培养，用蒸馏水定时喷雾以补充湿度(相对湿度≥85%)至开始发病。

3. 剪叶法接种水稻白叶枯病菌

将水稻白叶枯病病原菌接种牛肉膏蛋白胨琼脂培养基上，在 26～28℃条件下，经 48 h 培养后，取无菌水加入琼脂表面，将菌体浓度调节至 1.0×10^{8} cfu/mL。全部接种操作须在菌体悬浮液制备好后 3 h 内完成。待水稻剑叶完全抽出时，用外科剪刀(刀口长 7～8 cm)蘸菌体悬浮液，握住稻苗将苗叶端部剪掉，并置于 26～28℃培养箱中培养至发病为止，每处理 5 株，共 100 张叶片。

田间接种：握住 5 株有 20～30 叶的稻株，用蘸过悬浮液的剪刀将 7 cm 左右的叶尖全部剪去，每处理 5 株，共 100 张叶片。早抽穗的品种早接，晚抽穗的品种晚接。

作业及思考题

(1) 以小组为单位进行接种，每一组做一套，每人每天自己负责观察记录。记录内容包括：接种体名称、浓度、植物名称、生育期、植株数量、接种部位、接种量、接种时间、控制温度、保湿时间、观察时间、发病状况等。

(2) 如果只有一个喷雾器，应先接病菌还是先接对照(水)？为什么？

(3) 病毒病株汁液摩擦接种中影响因素有哪些？

(4) 影响真菌、细菌接种的因素有哪些？如何克服？

(5) 如何根据病害传播特点选择不同的接种方法？

第三章　植物病害发生与流行规律的研究

植物病害的发生与流行规律是制订病害防治措施和进行病害预测的主要依据。本章主要学习植物病原菌的致病性、植物的抗病性、影响植物病害发生的环境因素和病害流行规律的研究等。

第一节　植物病原菌的致病性研究

致病性是病原物所具有的破坏寄主后引起植物病害的能力。病原物对寄主植物的破坏作用可以分为两种：一是病原物从寄主的细胞和组织中掠夺大量的养分和水分，影响寄主植物正常生长和发育需要；二是病原物产生对寄主的生理活动有害的代谢产物，如酶、毒素、有机酸和生长调节物质等，使寄主植物细胞的正常生理功能遭到破坏，发生一系列的内部组织和外部形态病变，而表现出各式各样的症状。

一、病原物对寄主植物的致病和破坏作用

病原物主要分为活体营养的专性寄生物和死体营养的非专性寄生物。活体营养的专性寄生物一般从寄主的自然孔口或直接穿透寄主的表皮细胞侵入，侵入后形成特殊的吸取营养的机构伸入到寄主细胞内吸取营养物质，如锈菌、霜霉菌和白粉病，甚至病原物生活史的一部分或大部分是在寄主组织细胞内完成的(芸薹根肿菌)。专性寄生物的寄主范围一般较窄，它们的寄生能力很强，但是它们对寄主细胞的直接杀伤作用较小，这对它们在活细胞中的生长繁殖是有利的。死体营养的非专性寄生物从伤口或寄主植物的自然孔口侵入后，往往只在寄主组织的细胞间生长和繁殖，通过它们所产生的酶或毒素等物质的作用，使寄主的细胞和组织很快死亡，然后以死亡的植物组织作为它们生活的基质，再进一步破坏周围的细胞和组织。这类病原物的腐生能力一般都较强，能在死亡的有机质上生长，有的可以长期离体在土壤中或其他场所营腐生生活。它们对寄主植物细胞和组织的直接破坏作用比较大，而且作用很快。在适宜条件下只要几天甚至几小时，就能破坏植物的组织，对幼嫩多汁的植物组织的破坏更大。此外，这类病原物的寄主范围一般较广，如立枯丝核菌(*Rhizoctonia solani*)、齐整小核菌(*Sclerotium rolfsii*)和胡萝卜软腐/欧文氏菌(*Erwinia carotovora*)等，可以寄生为害很多种植物。

二、植物病原菌分泌的各种酶对寄主植物的致病和破坏作用

寄主植物防御病原菌侵入的两道屏障分别为角质层和细胞壁多糖。植物病原菌主要通过产生一系列的降解酶分解寄主植物的组织屏障，完成侵入过程。多数病原菌通过产生角质酶分解寄主植物角质层，产生多种细胞壁降解酶分解寄主植物细胞壁多糖(如果胶、纤维素和半纤维素等)。植物病原菌尤其是植物病原真菌要侵染寄主植物，需要突破的第一道组织屏障是植物的角质层。植物病原菌通常利用角质酶破坏角质层，角质酶在病程中的作用主要有三方面。

① 植物病原菌分泌的角质酶是病菌产生的突破角质层的主要工具酶，能催化角质多聚物

水解。

② 病菌在侵入前可在底物上产生少量的角质酶分解寄主表皮的角质层，释放少量的单体。

③ 这些单体物质可以诱导角质酶编码基因表达，合成更多的角质酶，加速降解寄主的表皮角质层。

植物病原菌在侵染寄主植物的过程中分泌一系列细胞壁降解酶，包括果胶甲基半乳糖醛酸酶、果胶甲基反式消除酶、多聚半乳糖醛酸酶、多聚半乳糖醛酸反式消除酶和纤维素酶等，它们在病原真菌的致病过程中不仅能摄取营养，而且能降解寄主组织。细胞壁降解酶是植物病原真菌成功侵染并定殖寄主植物的重要因子。植物病原真菌能产生一系列降解表皮角质层和细胞壁的细胞壁降解酶，其成为真菌克服细胞壁屏障的重要因素之一。植物病原真菌无论在活体组织内还是在活体组织外产生的细胞壁降解酶对玉米胚根均有明显的浸解作用。植物病原真菌侵染产生的细胞壁降解酶还可能诱发植物的防卫反应。大豆的多聚半乳糖醛酸酶抑制蛋白能抑制串珠镰刀菌(*Fusarium moniliforme*)FC-10 菌株分泌的多聚半乳糖醛酸，但不能抑制串珠镰刀菌 PD 菌株所分泌的多聚半乳糖醛酸。

三、植物病原菌分泌的毒素对寄主植物的致病和破坏作用

植物病原菌分泌的毒素(toxins)是病原物分泌的一种在很低浓度下能对植物造成病害的非蛋白类次生代谢物质。根据毒素的作用范围特点可以分为选择性致病毒素和非选择性致病毒素。选择性毒素主要有维多利亚毒素、HS-毒素、HMT-毒素、HC-毒素、PM 毒素和火疫毒素等。维多利亚毒素可与感病品种细胞膜上的受体分子结合引起致病作用，从而破坏原生质膜的渗透性，使电解质渗漏；HS-毒素有受体，可以破坏渗透性；HMT-毒素可以抑制氧化磷酸化，改变电子传递频率；HC-毒素可以改变渗透性；PM 毒素可以破坏氧化磷酸化的偶联；火疫毒素可以引起质壁分离，导致萎蔫。非选择性毒素主要有烟野火毒素、黑斑毒素、番茄致萎毒素和镰刀菌素等。烟野火毒素是由烟草野火病菌产生，它可以破坏寄主的氨基酸和蛋白质代谢；由链格孢菌产生的黑斑毒素可以抑制 ATP 合成的最后步骤；由镰刀菌产生的番茄致萎毒素和镰刀菌素可以螯合 Fe^{3+} 和 Cu^{2+}，改变离子平衡。

四、植物病原菌分泌的生长调节物质对寄主植物的致病和破坏作用

植物病原菌分泌的生长调节物质主要有生长素、赤霉素、细胞分裂素和乙烯等。由植物病原菌分泌的 IAA(吲哚乙酸)能使寄主细胞非正常的生长，形成癌瘤；很多真菌、细菌、链丝菌均可以产生赤霉素，赤霉素可以诱导 IAA 的产生，且常与 IAA 协同作用；细胞分裂素能抑制蛋白质与核酸的降解及植株与组织的衰老过程；乙烯有抑制体细胞分裂、DNA 合成、细胞生长，抑制生长素向顶端和侧枝运转，诱发离层形成，落叶落果，也可催熟果实。在抗性反应中寄主迅速释放的乙烯能够诱导植物组织中苯丙氨酸解氨酶、多酚氧化酶和过氧化物酶活性的增加，从而刺激植保素和芳香族抗菌物质如绿原酸的形成。

第二节　植物的抗病性研究

植物的抗病性是指植物避免、中止或阻滞病原物侵入与扩展，减轻发病和损失程度的一类特性。寄主植物的抗病性特点主要有三点：一是植物普遍存在的和相对的性状；二是植物的遗传

潜能,受病原物互作性质和环境条件影响;三是病原物寄主专化性越强,寄主植物的抗病性分化越明显。根据寄主与非寄主,植物的抗病性可以分为寄主抗性和非寄主抗性;根据寄主植物对病原物侵染的反应机制和抵抗能力,植物的抗病性可以分为免疫、避病、抗病、耐病和感病;根据抗性基因数、基因表现水平、专化性程度、环境影响和抗性的持久性,植物抗病性可以分为垂直抗病性(vertical resistance)和水平抗病性(horizontal resistance);根据抗性来源和机制,植物的抗病性可以分为固有结构抗性、固有生化抗性、诱发结构抗性和诱发生化抗性。

表 3-0-1　垂直抗性和水平抗性及其性状比较

抗病性的性状	抗病性的两种类型	
	垂直抗性(小种抗性)	水平抗性(非小种抗性)
抗性基因数	单基因或寡基因	多基因
基因表现水平	主效、质量性状、过敏性反应	微效、数量性状、非过敏性反应
专化性程度	专化(特异)	非专化(非特异)
环境影响程度	小	大
抗性的持久性	低	高

表 3-0-2　固有抗性和诱发抗性的区别

抗性来源	抗性机制	抗性基础物质
固有抗性(被动抗性)	结构抗性(机械抗性)	蜡质层、角质层、细胞壁等厚度;气孔、水孔、皮孔等形态分布;植株形态
	生化抗性(化学抗性)	植物分泌的毒物(酚类、有机酸、解毒酶)
诱发抗性(主动抗性、获得抗性)	结构抗性(机械抗性)	木栓化、木质化、鞘、侵填体、胶质物
	生化抗性(化学抗性)	植物保卫素、抗毒素、病程相关蛋白

第三节　病害流行规律的研究

一、病害流行的因素

在植物病理学中,把植物病害在较短时间内突然大面积严重发生从而造成重大损失的过程称为病害的流行。植物病害流行是研究植物群体发病的现象。在群体水平研究植物病害发生规律、病害预测和病害管理的综合性学科叫做植物病害流行学,其重点研究植物病害的时间和空间动态及其影响因素,是病害预测预报的重要依据。植物病害流行的强度一般与寄主植物群体、病原物群体、环境条件和人类活动诸方面多种因素有关,其中最重要的因素是强致病力病原物的大量存在、感病寄主植物大面积集中栽培以及长时间有利的环境条件。

就寄主植物而言,与植物病害流行有关的因素包括作物品种的感病性、栽培面积及其分布，大量的感病寄主植物的存在是流行的一个决定因素。在特定的地区，大面积、单一种植同一品种或同一病原的不同寄主，如果是感病的，有利于病原物的传播和增殖，病害很可能流行。因此，应注意品种搭配和合理布局，尽量避免单一品种大面积种植和同一病原物不同寄主的混合种植。

对病原物而言，与植物病害流行的有关因素包括病原物的致病力、数量和传播等，大量的、致病力强的病原物的存在是病害流行的重要因素之一。尤其病原物致病力的强弱和分化与病害严重程度密切相关。病原物群体数量多少与病害流行程度密切相关，影响植物病原物数量的因素主要有：① 病原物的繁殖力；② 病原物的抗逆性；③ 病原物传播和淀积在寄主上是其侵染的先决条件，淀积效率与病害流行程度密切相关。

具备一定数量的病原物和大量的感病寄主植物的条件下，病害能否流行还取决于环境条件，所以环境条件是决定病害发生和流行的又一决定因素。环境条件通过影响病原物的存活、传播、萌发、侵染繁殖及寄主植物的生长发育和抗病等而决定病害的流行。有利于植物病害流行的环境条件能持续足够长的时间，且出现在病原物繁殖和侵染的关键时期，常常造成病害流行。环境条件包括气象条件、土壤条件、栽培条件及病原物和寄主周围的生物环境等，其中气象条件较为重要。气象条件一方面影响病原物的越冬、繁殖、释放、萌发、扩展等；另一方面也影响寄主的发芽、出苗、展叶、开花、结实及伤口愈合、气孔开闭、组织质地和抗性；同时还影响寄主与病原物之间的相互关系。土壤条件主要影响寄主生长发育及抗病性，也影响在土壤中生活或休眠的病原物，往往只造成病害在局部地区的流行。

栽培条件和耕作制度的改变，改变了农业生态系统中各因素的相互关系。在栽培管理措施中，播种日期的迟早、土壤水肥的管理、种植结构的改变及种植方式的变化等对病害的影响较大。保护地栽培，使得有利于植物病害发生和流行时间大大延长；同种病原的寄主在露地和保护地交混种植，相互提供侵染菌源，使病害流行速度加快；高水肥、高密度种植往往造成病害的流行等。

人类活动通过改变病害流行的诸因素而直接或间接影响病害的发生和流行。连作、高密度单一种植、高水肥管理有利于病原物数量的积累、新小种的产生发展以及病害的流行。

二、植物病害的流行学类型

按照不同病害流行所需要时间的长短，将病害分为单年流行病害、积年流行病害和中间类型病害三种类型。在一个生长季内，只要条件适宜，就可以完成菌量积累过程造成病害的严重流行，因而称为单年流行病害，相当于多循环病害，如白粉病、霜霉病、锈病和晚疫病等。此病害流行程度取决于流行速率的高低，防治策略主要是采取种植抗病品种、药剂防治和农业防治等措施，降低病害的流行速率。病原物数量要经过逐年积累，病害才能达到流行程度，因而称为积年流行病害，相当于单循环病害，如黑穗病、枯萎病、黄萎病等。此病害特点多为系统性病害、根部病害或地下部病害，潜育期长，无再侵染，寄主感病期短，在病原物侵入阶段易受环境条件影响，一旦侵入成功，则当年的病害数量基本已成定局。此病害流行程度主要取决于初始菌量的多少，防治主要策略是消灭初始菌源，除选用抗病品种外，田园卫生、土壤消毒、种子消毒、拔除病株等措施都有良好防效。

表 3-0-3　单年流行病与积年流行病的区别

比较项目	单年流行病	积年流行病
生活史	多循环	单循环
再侵染	多次	无
病原物繁殖率	高	低
发病部位	局部叶斑病	系统根病
传播方式	气传、雨传、远	种传、土传、近
环境敏感性	强	弱
传播体寿命	短	长
病原物越冬率	低	高
典型病害	黄瓜霜霉病	玉米黑穗病
防治对策	降低流行速度(r)	消灭初始菌源(X_0)

实验 3-1 水稻纹枯病菌分泌的细胞壁降解酶的提取及其对植物病害发生的影响

【实验目的】

了解细胞壁降解酶在植物病原菌致病过程中的作用，学习病原物细胞壁降解酶的提取和测定方法。

【实验原理】

植物寄生性或腐生性病原真菌和细菌均可在体内合成并向外分泌多种酶，这些酶是病原物引起植物病害的重要化学因子之一。植物病原物产生的与致病性有关酶的种类很多，主要有角质酶、细胞壁降解酶(果胶酶、纤维素酶、半纤维素酶、木质素酶等)、细胞膜和细胞内含物降解酶(蛋白酶、脂酶、淀粉酶等)。

植物病原物侵染寄主植物，需要突破的第一道组织屏障便是植物的角质层。角质酶是一种诱导酶，在病原菌与寄主表皮细胞互作初期，它可以以低水平产生，降解植物表皮角质成分，释放出少量角质单体，进一步诱导病菌大量产生角质酶，从而促使病菌突破第一道屏障。

细胞壁降解酶又称为胞外酶，能够降解植物细胞壁多聚体或植物组织，不仅使病原菌获得养分，而且借此力量能够侵入植物细胞，在寄主组织内扩展，引起植物病害。

【实验材料及准备】

(1) 材料

水稻纹枯病菌(*Rhizoctonia solani* Kühn)。

(2) 试剂

KNO_3，KCl，$FeSO_4$，K_2HPO_4，$MgSO_4 \cdot 7H_2O$，VB_1，L-天冬酰胺，柑橘果胶，硫酸铵，醋酸-醋酸钠缓冲液(pH 5.0)，3，5-二硝基水杨酸，多聚半乳糖醛酸，果胶溶液，羧甲基纤维素钠盐，甘氨酸-NaOH 缓冲液(pH 9.0)，$CaCl_2$。

(3) 仪器与用品

培养箱，控温摇床，分光光度计，显微镜，细菌过滤器，高压灭菌锅，培养皿，烧杯，吸管，接种针，刀片等。

【实验方法及步骤】

1. 人工培养下病原菌胞外细胞壁降解酶的提取

① 诱导病原菌产生细胞壁降解酶的基础培养基的配制。加入 KNO_3 2.0 g、KCl 0.5 g、$FeSO_4$ 0.01 g、K_2HPO_4 1.0 g、$MgSO_4 \cdot 7H_2O$ 0.5 g、VB_1 0.1 mg、L-天冬酰胺 0.5 g、柑橘果胶 10.0 g(用于 PG、PMG、PGTE 和 PMTE 的产生)或羧甲基纤维素钠(用于 Cx 的产生)、去离子水 1000 mL、调酸度至 pH 5.0，分装每瓶 150 mL，121℃下灭菌 15 min。

② 取出灭菌的培养液，冷却后接入水稻纹枯病菌的孢子或菌丝体，将 5 块直径为 5 mm 的菌丝块移至 50 mL 灭菌的改良 Marcus 培养液中，25～28℃的恒温培养箱中培养 2～3 d。

③ 用灭菌漏斗和滤纸过滤培养液，过滤去菌丝，4℃下 15 000 r/min 离心 20 min，留上清液（粗酶液），－20℃下保存备用。

2. 水稻病组织胞壁降解酶的提取

① 选取人工接种发病植株组织的病健交界处部位的叶鞘组织 1 g，未接种的植物组织做对照。

② 在液态氮中研成粉末，然后加入 0.25 mol/L NaCl 提取液（用 0.1 mol/L Tris-HCl 缓冲液配制，pH 8.0）5 mL 及适量石英砂，在 4℃下研磨。

③ 过滤后 4℃下 15 000 r/min 离心 20 min，取上清液（粗酶液）备用。

3. 细胞壁降解酶的纯化

① 在上述提取的粗酶液中加入硫酸铵至 60%饱和度（25℃），4℃下静置 5 h。

② 4℃下 15 000 r/min 离心 20 min，弃上清液。

③ 用 20 mL 50 mmol/L 醋酸-醋酸钠缓冲液（pH 5.0）溶解沉淀，并在同样缓冲液中于 4℃下透析 48 h，每 12 h 换一次透析液。

④ 将纯化的酶保存在－20℃保存下备用。

4. 病菌胞壁降解酶的活性测定（紫外可见光分光光度法）

利用 DNS（3，5-二硝基水杨酸）法，通过紫外可见光分光光度计 540 nm 处测定反应混合物的消光值，根据酶分解多聚半乳糖醛酸、果胶和羧甲基纤维素钠所释放的还原糖量，分别计算 PG（多聚半乳糖醛酸酶）、PMG（果胶甲基半乳糖醛酸酶）和 Cx（纤维素酶，即 β-1，4-内切葡聚糖酶）的活性。混合液为 1.0 mL 酶液，1.0 mL 1.0%多聚半乳糖醛酸（测定 PG 活性）或果胶溶液（测定 PMG 活性）或 1.0%羧甲基纤维素钠盐（测定 Cx 活性），1.0 mL 50 mmol/L 醋酸-醋酸钠缓冲液（pH 5.0）。酶活单位为 30℃下每分钟每微克蛋白催化底物释放 1 μg 还原糖所需酶量。

利用底物降解产物释放的还原糖在 232 nm 处的吸收峰，测定反应混合液的消光值，根据酶分解多聚半乳糖醛酸和果胶所释放的不饱和醛酸量，分别计算 PGTE（多聚半乳糖醛酸反式消除酶）和 PMTE（果胶甲基反式消除酶）的活性。反应混合液为 1.0 mL 酶液，1.0 mL 1.0%多聚半乳糖醛酸或果胶溶液（pH 9.0），1.0 mL 甘氨酸-NaOH 缓冲液（pH 9.0），1.0 mL 3 mmol/L $CaCl_2$。酶活单位为 30℃下每分钟每毫克催化底物释放 1 μmol 不饱和醛酸所需酶量。

5. 细胞壁降解酶对水稻叶鞘组织的致病性作用

① 用针刺将分蘖初期的水稻叶鞘造成伤口。

② 将浸有病菌胞壁降解酶液的脱脂棉覆盖在伤口上，置于 28～30℃下恒温培养，并以薄水层保湿。

③ 将酶液用高温（121℃，20 min）处理，钝化果胶酶的活性，脱脂棉浸取覆盖在伤口上，以蒸馏水作对照。

④ 12 h 后观察叶鞘的病变情况。

作业及思考题

（1）报告实验结果，细胞壁降解酶（CWDE）主要种类及活性（U/mg）。

(CWDE)种类	PG	Cx	PMG	PGTE	PMTE
酶活性/(U/mg)					

(2) 观察细胞壁降解酶对水稻叶鞘组织的作用。

处　理	褪绿部位/mm	褐色部位/mm	枯白部位/mm
病原菌培养滤液			
钝化处理的培养滤液			
蒸馏水(对照)			

实验 3-2　茄子黄萎病菌分泌的毒素提取与其对植物病害发生的影响

【实验目的】

学习用切根苗浸渍法进行病原物毒素活性的测定、分析方法，掌握茄子黄萎病菌粗毒素提取方法。

【实验原理】

茄子黄萎病菌产生的毒素为蛋白质、脂多糖复合物，其中起致萎病变作用的是蛋白质，脂肪与多糖组分无致萎活性。由于植物病原菌产生的致病毒素是病原菌迫害寄主植物的重要致病因子，因此确定某种毒素是否是病原菌的致病因子，可以通过辨别用毒素处理后在寄主的发病部位是否产生类似于病原菌侵染后产生的典型症状。病原菌毒素分离的具体方法依病原物种类的不同而异，一般可分为活体外培养分离法和活体内直接提取法两种。

【实验材料及准备】

(1) 材料

茄子黄萎病菌(*Verticillium dahliae*)，茄子 4～5 叶期幼苗。

(2) 试剂

$NaNO_3$，KCl，KH_2PO_4，$MgSO_4$，$FeSO_4$，蔗糖，葡萄糖，K_3PO_4 缓冲液(pH 6.7)，牛血清蛋白。

(3) 仪器与用品

恒温摇床，旋转蒸发仪，离心机，恒温箱，紫外分光光度计，天平，移液器，培养皿，烧杯，量筒，试管，三角瓶，解剖刀，纱布，微孔滤膜，透析袋，细菌滤器，育苗钵，无菌基质。

【实验方法及步骤】

1. 茄子黄萎病菌毒素的活体外培养分离

① 用无菌解剖刀沿培养菌落边缘切取菌龄一致且边长为 0.8 cm 的正方形菌丝块。

② 移入经灭菌装有 150 mL Czapek 培养液的锥形瓶中，25℃下 100 r/min 的速度震荡培养 14 d。

查彼克(Czapek)培养基配制方法：将蔗糖 30 g 溶于适量蒸馏水，依次加入下列药品：$NaNO_3$ 2 g，KCl 1 g，KH_2PO_4 1 g，$MgSO_4$ 1 g，$FeSO_4$ 0.02 g，充分混匀，定容至 1000 mL，分装后常规灭菌(121℃，30 min)。

③ 用 8 层无菌纱布过滤，3000 r/min 离心 30 min，取上清液用 0.45 μm 细菌滤器抽真空过滤。

④ 将培养滤液置于旋转蒸发仪中，抽真空浓缩至原体积的 1/40，11 000 r/min 离心10 min，取上清液装入透析袋内。

⑤ 用 5 mmol/L K_3PO_4 缓冲液(pH 6.7)透析 24 h，期间每隔 3 h 更换一次缓冲液，获得茄子黄萎病菌毒素液。

⑥ 以牛血清蛋白为标准曲线，在吸收波长 280 nm 处，用紫外分光光度计测定毒素液的

浓度。

2. 茄子黄萎病菌毒素的致萎活性测定

① 用无菌水将毒素液稀释成3～4个不同梯度的浓度。

② 选取备用的茄子幼苗(4～5叶期),切去根系,然后浸入盛有粗毒液的试管中(25℃恒温),液面高度以浸过幼苗高2/3处为宜,并以接菌的查式培养液为对照,每处理5株。

③ 在温室下分别浸24 h、32 h和40 h。观察粗毒液对幼苗的致萎情况,记录幼苗出现萎蔫的时间和致萎程度。

作业及思考题

(1) 按照下述致萎程度参照标准,报告黄萎病菌粗毒素对茄子幼苗致萎活性实验结果。

处　理	浓度1	浓度2	浓度3	浓度4	对　照
24 h					
32 h					
40 h					

致萎程度参照标准　＋:叶片失水,症状不明显;

＋＋:叶片开始萎蔫,发黄,症状明显;

＋＋＋:叶片出现凋枯,植株开始萎蔫。

(2) 试列举5～10种其他病原真菌或细菌产生的毒素。

实验 3-3　水稻白叶枯病菌分泌的内源激素的提取与其对植物病害发生的影响

【实验目的】

学习植物内源生长素的提取和酶联免疫法检测含量，了解生长素在植物致病过程中的作用。

【实验原理】

植物生长素主要指吲哚乙酸（IAA），在植物体内通过两条途径合成：色氨酸途径和非色氨酸途径。色氨酸途径主要在胚胎发育的早期和种子萌发时期起作用，非色氨酸途径主要出现在胚胎发育晚期和营养生长期。病原菌合成 IAA 的途径与寄主植物类似，不同的病原菌产生的 IAA 的途径是不同的。

病原菌侵染寄主后吲哚乙酸增加，但增加的吲哚乙酸是来自寄主植物还是病原菌一直是探索焦点。20 世纪 50 年代末陆续有研究指出一些植物病原菌也具有生长素合成的能力，这些病原菌包括活体营养型细菌，如番茄疮痂病辣椒斑点病菌（*Xanthomonas campestris* pv. *Vesicatoria*）、半活体营养型细菌，如番茄丁香假单胞菌（*Pseudomonas syringae* pv. *Tomato*）、坏死营养型细菌，如菊欧文氏菌（*Erwinia chrysanthemi*）、活体营养型真菌，如玉米黑粉菌（*Ustilago maydis*）、半活体营养型真菌，如炭疽病菌（*Colletotrichum gloeosporioides* f. sp. *Aeschynomene*）以及坏死营养型真菌，如尖镰孢菌（*Fusarium oxysporum*）。

在被真菌、细菌、病毒、类菌原体和线虫侵染的一些植物中，虽然病原物本身不产生吲哚乙酸，但由于植物体内吲哚乙酸氧化酶受抑制，阻滞了吲哚乙酸的降解，导致吲哚乙酸水平的提高。植物被病原物侵染后，病组织中吲哚乙酸迅速积累，并表现出明显的致病作用。生长素含量的增加对植物的致病作用主要在四个方面。

① 吲哚乙酸大量增加可提高和维持细胞壁伸展性，有利于病原菌产生的细胞壁降解酶对细胞壁的分解。

② 吲哚乙酸抑制了木质化作用。

③ 吲哚乙酸含量增加提高植物细胞渗透性，使蒸腾作用提高。

④ 提高植物体内氨基酸含量，有利于病原菌的繁殖。

【实验材料及准备】

(1) 材料

水稻白叶枯病植株叶片 7～8 个（切取发病部位 3～5 cm）。

(2) 试剂

① 激素抽提液配方。甲醇∶水∶乙酸（体积比 90∶9∶1），每份样品 750 μL 的抽提液，添加测定水稻内源生长素及其衍生物的内标 DZ-IAA-20 ng/份。

② 包被缓冲液。称取 Na_2CO_3 1.5 g，$NaHCO_3$ 2.93 g，NaN_3 0.2 g（可不加），蒸馏水 1000 mL，pH 9.6。

③ 磷酸盐缓冲液（PBS）。称取 NaCl 8.0 g，KH_2PO_4 0.2 g，$Na_2HPO_4 \cdot 12H_2O$ 2.96 g，蒸馏

水 1000 mL，pH 7.5。

④ 样品稀释液。100 mL PBS 中加 0.1 mL Tween-20，0.1 g 明胶（稍加热溶解）。

⑤ 底物缓冲液。称取 $C_6H_8O_7 \cdot H_2O$（柠檬酸）5.10 g，$Na_2HPO_4 \cdot 12H_2O$ 18.43 g，定容至 1000 mL，再加 1 mL Tween-20，pH 为 5.0。

⑥ 洗涤液。1000 mL PBS 加 1 mL Tween-20。

⑦ 终止液。2 mol/L H_2SO_4。

⑧ 提取液。80%甲醇，内含 1 mmol/L BHT 及 2%的 PVP（BHT：2，6-二叔丁基-4-对甲基苯酚，为抗氧化剂；PVP：聚乙烯吡咯烷酮，用于除去样品中酚类物质的干扰。BHT 及 PVP 均先用甲醇溶解，再配成 80%的浓度）。

⑨ 激素包被抗原，各激素抗体，标准物和辣根过氧化物酶（HRP）标记的羊抗兔抗体（酶标二抗，－20℃下保存）。

（3）仪器与用品

研钵，冷冻离心机，台式快速离心浓缩干燥器或氮气吹干装置，酶联免疫分光光度计，吸水纸，恒温箱，冰箱，酶标板（40 孔或 96 孔），移液器（10 μL、40 μL、200 μL、1000 μL），带盖瓷盘（内铺湿纱布）。

【实验方法及步骤】

1. 水稻植株内源激素的提取

① 水稻接种病原菌后按时间点取样后放入液氮中，存放于－70℃。

② 称取经液氮研磨的粉末 0.1 g 于 1.5 mL 的 eppendorf 管中。

③ 加入 750 μL 含有内标的抽提液，在 4℃避光剧烈振摇 24 h。

④ 离心后取上清液于新的 eppendorf 管中，－20℃保存。

⑤ 剩余的沉淀加入未加内标的抽提液 450 μL，继续在 4℃避光剧烈振摇过夜，离心，合并两次的上清。

⑥ 上清经 0.2 μm 孔径的有机相的滤膜过滤后，在常温下用高纯氮气吹干。

⑦ 用 200 μL 甲醇溶解后即可测定水稻内源的生长素及其衍生物。

2. 间接酶联免疫法测定水稻植物内源生长素含量

酶联免疫法可分为两类：一是直接竞争法（固相抗体型），即游离抗原和酶标抗原与吸附抗体的竞争结合；二是间接法（固相抗原型），即游离抗原和吸附抗原与游离抗体的竞争结合。

① 加标样及待测样。取适量所给标样稀释配成 IAA 标准曲线，最大浓度为 100 ng/mL，然后再依次 2 倍稀释 8 个浓度（包括 0 ng/mL）。将系列标准样加入 96 孔酶标板的前两行，每个浓度加 2 孔，每孔 50 μL，其余孔加待测样，每个样品重复两孔，每孔 50 μL。

② 加抗体。在 5 mL 样品稀释液中加入一定量的抗体（最适稀释倍数见试剂盒标签，如稀释倍数是 1∶2000，就要加 2.5 μL 的抗体），混匀后每孔加 50 μL，然后将酶标板加入湿盒内开始竞争。

③ 竞争条件 37℃，10～30 min。

④ 洗板。将反应液甩干并在报纸上拍净。第一次加入洗涤液后要立即甩掉，然后再接着加第二次。共洗涤四次。

⑤ 加二抗。将适当的酶标二抗，加入 10 mL 样品稀释液中（比如稀释倍数 1∶1000 就加

10 μL)，混匀后，在酶标板每孔加 100 μL，然后将其放入湿盒内，置 37℃下，温育 30 min。

⑥ 洗板。方法同竞争之后的洗板。

⑦ 加底物显色。称取 10～20 mg 邻苯二胺(OPD)溶于 10 mL 底物缓冲液中(小心勿用手接触 OPD)，完全溶解后加 4 μL 30% H_2O_2。混匀，在每孔中加 100 μL，然后放入湿盒内，当显色适当后(肉眼能看出标准曲线有颜色梯度，且 100 ng/mL 孔颜色还较浅)。

⑧ 反应终止。每孔加入 50 μL 2 mol/L H_2SO_4 终止反应。

⑨ 比色。在酶联免疫分光光度计上依次测定标准物各浓度和各样品 490 nm 处的 *OD* 值。

⑩ 结果计算。将所测定的激素 *OD* 值经 $\ln[(B/B_0)/(1-B/B_0)]$转换(其中 B_0 是不加激素孔的 *OD* 值，B 是其他样品浓度的 *OD* 值。)。使标样浓度与其 *OD* 值间关系线性化，得出激素浓度的对数值 $\ln[(B/B_0)/(1-B/B_0)]$的回归方程。将样品 *OD* 值代入回归方程，即可算出样品中激素含量[ng/(g・fw)]。

作业及思考题

(1) 报告实验结果，比较各种白叶枯病菌侵染前后水稻生长素含量的变化情况。

(2) 生长素对植物的致病作用有哪些？

实验 3-4　不同接种方法对植株抗病性表现的影响

【实验目的】

通过采用不同接种方式对同一种寄主植物接种相同的病原物，了解接种方式对寄主植物抗病性表现的影响。

【实验原理】

采用病原物人工接种是使病原物与寄主感病部分接触，创造条件使病原物侵入寄主并诱发寄主感病。不同接种方式及接种部位，将会影响寄主抗病性的表现。因此，选择适当的接种方式在植物抗病性鉴定中是非常关键的。

【实验材料及准备】

(1) 材料

白菜，白菜软腐病菌(*Erwinia carotovora* pv. *Carotovora* dye)

(2) 仪器与用品

显微镜，镜检工具，无菌水，50 mL 烧杯，喷雾器，量筒，灭菌针管，接种钩，酒精灯，火柴，记号笔，吸管和塑料袋。

【实验方法及步骤】

1. 接种材料的准备

将白菜洗净，晾干，切去边缘，然后切成 3 cm^2 的小块，放入培养皿中。

2. 菌悬液的配制

将保存的白菜软腐病菌移至试管中活化 3 d 后，配制成菌悬液，浓度为 5×10^7 cfu/mL，备用。

3. 接种

① 注射接种。用无菌注射器在白菜块中央的深 0.2 cm 处注入 0.5 mL 菌悬液，无菌水作对照，深度一致，在培养皿边缘放浸水后的脱脂棉球保湿，注意不要接触到白菜块。

② 喷雾处理。将白菜软腐病菌菌悬液用孢子喷雾器喷雾于白菜表面，无菌水作对照，保湿同上。

③ 切割。将刀片在酒精灯上灭菌后蘸取菌悬液，在白菜上切“十”字花，深度一致，无菌水作对照，保湿同上。

4. 培养

以上装有材料的培养皿放在恒温箱中，26℃培养 72 h，观察并记载发病程度。

作业及思考题

(1) 分组操作，观察结果，计算发病率，并分析实验结果。

(2) 还有哪些接种方式适合于本实验？

(3) 哪些因素影响该实验结果的准确性，如何克服？

(4) 如果要进行烟草花叶病毒接种方式的选择，请你设计实验，并写出实验步骤。

实验 3-5　各种酶活性对植物抗病性的影响

【实验目的】

掌握植物体内苯丙氨酸解氨酶活性测定方法，了解该酶活性变化与病程发展、植物抗病性的关系；掌握植物体内过氧化物酶活性测定方法，了解过氧化物酶活性变化与病程发展、植物抗病性的关系；掌握植物体内多酚氧化酶活性测定的方法，了解该酶含量变化与病程发展、植物抗病性的关系。

【实验原理】

植物受到病原物、机械损伤或其他因子刺激后，体内与抗病性有关的酶会发生相应的变化，使抗性得到表达。其中苯丙氨酸解氨酶是最为主要的一种代谢酶，苯丙氨酸解氨酶是莽草酸-苯丙氨酸代谢途径的限速酶，这一途径的代谢产物香豆素、绿原酸和异黄酮类植保素以及木质素等在植物抗病中起重要作用。过氧化物酶是植物体内广泛存在的一种氧化还原酶，在脱氢酶的参与下，可以催化许多重要酚类物质的氧化反应，参与木质素的聚合过程，过氧化物酶还是细胞内重要的活性氧清除剂，从而与植物抗病性有密切关系。过氧化物酶催化脂肪族、芳香胺和酚类的氧化，是木质素合成的关键酶。多酚氧化酶可催化醌和单宁的合成，醌和单宁对病原菌菌丝的生长有毒性；另外，由于酚类物质参与细胞形成木质素的反应，促进细胞壁木质化以抵抗病原菌的侵害，因此，多酚氧化酶活性的变化与抗病性相关，病原物侵染及其他外界刺激可诱导多酚氧化酶活性的变化，抗病品种的多酚氧化酶活性在接种后变化显著。

【实验材料及准备】

(1) 材料

烟草花叶病样品，烟草幼苗，辣椒疫霉菌(*Phytophthora capsici* Leon.)，辣椒幼苗，黄瓜炭疽病菌[*Colletotrichum lagenarium* (Pass.) Ell. et Halst]，黄瓜幼苗。

(2) 试剂

0.05 mol/L pH 8.8 硼酸盐缓冲液，聚乙烯吡咯烷酮，L-苯丙氨酸，蒸馏水，巯基乙醇，磷酸缓冲溶液(pH 6.0 内含少量聚乙烯吡咯烷酮及 15 mmol/L 巯基乙醇)，Eppendorf tube，愈疮木酚，乙醇，邻苯二酚。

(3) 仪器与用品

接种工具，紫外分光光度计，研钵，高速冷冻离心机，石英砂，恒温水浴锅，加样器，试管，水浴锅。

【实验方法及步骤】

1. 苯丙氨酸解氨酶的测定

(1) 育苗

在接种前 30 d 育烟草种子，待幼苗长至 5～6 叶期备用。

(2) 接种

用汁液摩擦的方法接种烟草花叶病毒，不接种为空白对照，72 h 取样。

(3) 酶的提取

取带有烟草花叶病毒的叶片 0.5 g，加入 5 mL 0.05 mol/L pH 8.8 硼酸缓冲液(内含 5 mmol/L 巯基乙醇和 0.5%聚乙烯吡咯烷酮)，再加少量石英砂在预冷的研钵中研磨，研液在离心机 10000 r/min、4℃离心 30 min，上清液为酶粗提液，取上清液加缓冲液定容至 10 mL，用吸管将定容酶液分装于 Eppendorf 管中，并贴好标签放入－20℃冰柜中备用。

(4) 酶活性测定的准备

0.2 mL 酶粗提液加 2 mL 0.2 mol/L 苯丙氨酸，4 mL 蒸馏水，总体积为 6.2 mL。对照用 0.2 mL 蒸馏水代替酶液，反应液置恒温水浴锅中 30℃保温 30 min。

(5) 酶活性的测定

30 min 后用 UV1601 紫外分光光度计在 λ＝290 nm 外进行吸收测定，在 λ＝290 nm 处吸收值变化 0.01 所需酶量为单位。每个样品及对照均 3 次重复，取平均值。

(6) 计算

酶活性计算公式：

$$\text{PAL 活性}=(\Delta OD_{290}\ \text{nm}\times N)/(W\times T\times V\times d\times 0.01)$$

式中，N：酶粗提液总体积(mL)；W：样品鲜重(g)；T：反应时间(min)；V：反应液所用酶粗提液的体积(mL)；d：比色皿直径(cm)。

$$\text{PAL 活性变化率}=(A_1-A_0)/A_0\times 100\%$$

式中，A_1：接种后供试叶片 PAL 活性[ΔOD_{290} nm/(g · rpm · min · cm)]；A_0：对照未接种植株 PAL 活性[ΔOD_{290} nm/(g · rpm · min · cm)]。

2. 过氧化物酶生物活性的测定

(1) 育苗

在接种前半个月育辣椒，待幼苗长至 6 叶期备用。

(2) 接种

测定前 3 d 接种辣椒疫霉于辣椒幼苗的下胚轴，不接种作为对照，并保湿 48 h，72 h 开始取样。

(3) 取样

取样品 0.5 g，放入预冷的研钵中加入少量石英砂，再加入 0.5 mol/L 磷酸缓冲溶液(pH 6.0 内含少量聚乙烯吡咯烷酮及 15 mmol/L 巯基乙醇)5 mL 在冰浴研钵中迅速研磨至匀浆状。

(4) 离心

用冷冻离心机 4000 r/min，4℃离心 20 min，上清液为酶粗提液，取上清液加缓冲液定容至 10 mL，用吸管将定容酶液分装在 Eppendorf 管中，贴上标签，放在－20℃冰柜中备用。

(5) 测定 POD 的活性

反应组成液为：5.80 mL 10 mmol/L 磷酸缓冲液(0.2 mL 0.25%W/V 愈疮木酚，0.2 mL 100 mmol/L H_2O_2)和 100 μL 酶粗提液，25℃下反应 10 min 后立即利用 UV1601 紫外分光光度计测定 OD_{470} nm。每个样品及对照均 3 次重复，取平均值。

(6) 计算

酶活性计算公式：

$$\text{POD 活性}=(\Delta OD_{470}\ \text{nm}\times N)/(W\times T\times V\times d)$$

式中，N：酶粗提液总体积(mL)；W：样品鲜重(g)；T：反应时间(min)；V：反应液所用酶粗提液的体积(mL)；d：比色皿直径(cm)。

植株中过氧化物酶活性的变化率：

$$POD 变化率=(A_1-A_0)/A_0\times 100\%$$

式中，A_1：接种后供试叶片 POD 活性[ΔOD_{470} nm/(g・rpm・min・cm)]；A_0：对照未接种植株 POD 活性[ΔOD_{470} nm/(g・rpm・min・cm)]。

3. 多酚氧化酶活性测定

(1) 育苗

接种前半个月育黄瓜，待幼苗长至 6 叶期备用。

(2) 接种

选择生长一致的黄瓜幼苗，采用贴接法接种黄瓜炭疽病，保湿 48 h，不接种为对照，72 h 取样。

(3) 取样

称取黄瓜叶片 0.5 g，加入 5 mL 0.2 mmol/L 磷酸缓冲液和少量石英砂，在预冷的研钵中研磨呈匀浆状。

(4) 离心

用冷冻离心机 15 000 r/min、4℃离心 20 min，上清液为酶粗提液，加缓冲液定溶至 10 mL。用加样期将定容酶液分装于 Eppendorf 管中，并贴好标签放入－20℃冰柜中备用。

(5) 活性测定

在试管中加入 6.0 mL 0.2 mol/L 磷酸缓冲液(pH 6.0)和 100 μL PPO 酶粗提液，混匀后于 30℃水浴中保温 10 min，然后加入 2 mL 0.2 mol/L 邻苯二酚溶液，立即记时，混匀后利用 UV 1601 紫外分光光度计在 $\lambda=398$ nm 处测定反应 2 min 的 OD 值。每个样品重复测定三次。

(6) 计算

酶活性计算公式：

$$PPO 活性=(\Delta OD_{398}\ nm\times N)/(W\times T\times V\times d)$$

式中，N：酶粗提液总体积(mL)；W：样品鲜重(g)；T：反应时间(min)；V：反应液所用酶粗提液的体积(mL)；d：比色皿直径(cm)。

$$PPO 变化率=(A_1-A_0)/A_0\times 100\%$$

式中，A_1：接种后供试叶片 PPO 活性[ΔOD_{398} nm/(g・rpm・min・cm)]；A_0：对照未接种植株 PPO 活性[ΔOD_{398} nm/(g・rpm・min・cm)]。

作业及思考题

(1) 按公式计算实验结果，分析接种与未接辣椒疫霉的辣椒中过氧化物酶的变化规律，过氧化物酶变化与抗病性存在的关系。

(2) 分组进行实验，掌握苯丙氨酸解氨酶的提取与测定的全过程，分析苯丙氨酸解氨酶变化与植物抗病性的关系。

(3) 分组实验，计算出接种与未接种黄瓜中的多酚氧化酶的含量变化，分析实验结果。

(4) 思考题。

① 加入邻苯二酚的作用是什么？

② 离心的速率如果不准确会有什么结果？
③ 缓冲液中加入巯基乙醇、聚乙烯吡咯烷酮作用是什么？
④ 为什么要样品要低温研磨，酶液放入冰箱中保存？
⑤ 哪些因素影响分光光度计的测定结果？
⑥ 测定过氧化物酶时，哪些步骤影响其准确性？
⑦ 为什么选择冰浴研磨，还有其他可以替代的方法吗？

实验 3-6　不同温度对植物病害发生的影响

【实验目的】

了解温度对植物病害发生及发展影响的基本原理；了解不同的温度条件下黑根霉生长发育的情况，明确黑根霉发育的初始温度，最适温度和致死温度。

【实验原理】

温度高低能影响孢子的萌发、菌丝生长及孢子形成和休眠等。冬季低温时，真菌会产生子实体和有性孢子，以适应不良环境。春季气温回升，有性孢子又长出菌丝，开始新的侵染循环。真菌一般在气温达到 3～6℃时，如果水分充足便开始萌芽；它的最适温度一般在 16～25℃之间；在夏季高温和雨量少时便停止发展。病原活动也要求有一定的温度范围，超过这个范围，其活动就减少，最后停止活动。

【实验材料及准备】

(1) 材料

葡萄烂果病病原菌黑根霉菌种(*Rhizopus nigricans* Ehrenb)。

(2) 试剂

PDA 培养基(去皮马铃薯 200 g，葡萄糖 10～20 g，琼脂 17～20 g，蒸馏水 1000 mL)。

(3) 仪器与用品

超净工作台，培养箱，无菌培养皿，打孔器，70%酒精，酒精灯，记号笔。

【实验方法及步骤】

① 将黑根霉菌种接种在 PDA 培养基平板上，25℃恒温培养，5 d 后平板长满幼龄菌丝。

② 用打孔器切取直径约 3 mm 的菌丝块移植于经高压灭菌过的三角瓶平板中央。

③ 设 5℃、10℃、15℃、20℃、25℃、30℃、35℃、40℃、45℃ 9 个温度梯度，每个温度重复三次。

④ 采用直线生长法测定黑根霉菌丝生长的情况。

作业及思考题

(1) 完成实验记录表，记录不同温度下菌落生长状况。

时间 \ 温度 / 菌落直径/cm	5℃	10℃	15℃	20℃	25℃	30℃	35℃	40℃	45℃
24 h									
36 h									
48 h									
72 h									
96 h									

(2) 分析实验结果，记录不同温度下黑根霉菌丝开始萌动、孢子囊产生、黑色孢子囊、菌丝萎缩、孢子囊失去活性的时间，明确黑根霉菌的最适生长温度。

实验 3-7　不同湿度对植物病害发生的影响

【实验目的】

以玉米叶斑病为例，采用室内离体叶片接种方法，明确湿度对病害发展作用的基本原理。

【实验原理】

多数真菌都要求相对湿度较大的生存环境，特别在形成分生孢子时更是如此，有的真菌在缺水干燥时，不能产生孢子，只能产生芽管；有的真菌在干燥条件下则会出现原生质浓缩现象。一般来说，湿度大对真菌和细菌的发生、繁殖是有利的，但对于病毒的侵入影响不大，因为病毒侵入时的活动不依靠水分。值得指出的是，温湿度对真菌和细菌的生长、繁殖也是综合起作用的。在高湿条件下，遇到它所要求的最适温度则感病作物就会发病。如在多雨或多露条件下，当气温低于 25℃时，小麦条锈病就容易发生；当气温高于 25℃时，小麦秆锈病容易发生。少数真菌，如白粉病菌的分生孢子，在相对湿度很低的条件下也能萌发。有的真菌孢子在相对湿度低到 0%时还能萌发，在水滴中反而不好。

【实验材料及准备】

(1) 材料

玉米叶斑病弯孢菌(*Curvularia lunata*)。

(2) 试剂

PDA 培养基(去皮马铃薯 200 g，葡萄糖 10～20 g，琼脂 17～20 g，蒸馏水 1000 mL)。

(3) 仪器与用品

超净工作台，培养箱，无菌培养皿，打孔器，70%酒精，酒精灯，记号笔。

【实验方法及步骤】

① 用湿润毛刷将培养基上的孢子刷到烧杯中，用纱布过滤，配制成 1×10^5 个/mL 的孢子悬浮液。

② 玉米播种后第 35 d(5～ 6 叶期)，在田间取生长健壮一致的玉米叶片，剪成长宽约为 34 cm×7 cm 的矩形，置于两端放有脱脂棉条的瓷盘中，每盘放置 3 张叶片作为一个处理然后套塑料袋保湿，每处理重复三次。

③ 用 1×10^5 个/mL 玉米叶斑病弯孢菌的菌孢子悬浮液对瓷盘进行喷雾接种，置于 28℃ 培养箱中培养。

④ 分别于保湿 6、8、10、14、18 和 24 h 后取出 3 片叶为一个处理，将叶面上的水分用电风扇吹干，并转移到另一个温度为 28℃的培养箱中进行培养。

⑤ 叶片发病后记录叶片上的病斑数，直到病斑数不再增加为止。

作业及思考题

(1) 完成实验报告，记录不同保湿时间下病叶的病斑数。

(2) 阐述湿度对植物病害的影响。

实验 3-8　不同光照强度对植物病害发生的影响

【实验目的】

以梨轮纹病为例,明确光照强度对病害发展作用的基本原理。

【实验原理】

真菌孢子的产生对光的需求多种多样。少数真菌,光照抑制真菌孢子的产生;多数真菌在有一定的光照下才能产生孢子。光波长短对孢子的产生有一定的影响。一般以紫外线(200～300 nm)、近紫外线(300～380 nm)和蓝光的作用最明显,红光也可以刺激少数真菌产生孢子。番茄早疫病菌在有紫外线照射的前提下才能产生孢子,红光也可刺激少数真菌产生孢子。孢子的产生及产生孢子的种类与光的照射时间长短有关。对光敏感的真菌,有些始终在黑暗或一直有光照的条件下都不能或很少产生孢子。此时,可采用黑暗与光照交替的办法促进孢子的产生。最好是光照 12 h,在黑暗 12 h。黑暗与光照交替一般在菌体移植后 3～4 d 开始。

实验时要注意培养器具的透光性。一般来讲,低于 300～350 nm 的光波很少能透过4 mm 厚的玻璃,波长低于 260～270 nm 的光不能透过 2 mm 厚的硬质玻璃。300 nm 以下的光波不能透过塑料培养器皿,低于 150 nm 的光波不能透过透明的石英玻璃。

【实验材料及准备】

(1) 材料

梨轮纹病菌(*Botryosphaeria berengeriana* f. sp. *piricola*)

(2) 试剂

PDA 培养基(去皮马铃薯 200 g,葡萄糖 10～20 g,琼脂 17～20 g,蒸馏水 1000 mL)。

(3) 仪器与用品

超净工作台,培养箱,无菌培养皿,打孔器,70%酒精,酒精灯,记号笔。

【实验方法及步骤】

① 将梨轮纹病菌菌株接种到 PDA 平板上复壮培养 3～4 d,用打孔器(d=8 mm)在平板菌落边缘打孔并重新移植到新鲜的 PDA 平板上待用。

② 将梨轮纹病菌移植在平面培养基上,处理 1 在黑暗条件下培养,处理 2 在近紫外光照射下培养,处理 3 在黑暗与近紫外光 12 h 交替条件下培养。两周后观察并记录分生孢子器和分生孢子的多少。

③ 用灭菌水洗刷分生孢子并配制成 1×10^5 个/mL 孢子悬浮液。

④ 在梨树上采摘 100～200 个健康叶片,将配制的孢子悬浮液放到喉头喷雾器中进行喷雾接种。把接种过的叶片放在 25℃的恒温培养箱中用塑料袋保湿 24 h 后;将培养箱的光照分别调制为 12 h 日光灯交替照射、日光灯 24 h 持续照射、连续黑暗、黑光灯 12 h 交替照射、黑光灯 24 h 持续照射 5 个处理,每个处理 20～30 个叶片。处理 15 d 后调查叶片的症状表现。

⑤ 对病原菌菌丝生长、产孢及分生孢子萌发的影响:将菌丝块移植于新鲜的 PDA 平板上,设 12 h 日光灯交替照射、日光灯 24 h 持续照射、连续黑暗、黑光灯 12 h 交替照射、黑光灯 24 h 持

续照射5个处理，每个处理三次重复，于25℃下培养，逐日测量菌落直径；将已刷菌丝的病原菌平板置于上述光照条件下，每个处理三次重复，于25℃条件下20 d后测量产孢量；将孢子悬浮液置于日光灯、黑光灯和黑暗条件下，每个处理重复三次，25℃条件下20 h后调查分生孢子萌发率。

作业及思考题

（1）完成实验报告，比较不同光处理下分生孢子器和分生孢子产生的结果。

光源及光照条件	分生孢子器数目/个	孢子悬浮液浓度/(10^5个/mL)
24 h/d 黑暗条件		
24 h/d 近紫外光照射		
黑暗与近紫外光12 h交替照射		

（2）调查记录实验结果，比较不同光照条件下菌落直径和产孢量及孢子萌发率。

光源及光照条件	菌落直径/(mm/d)	产孢量/(No./μL)	孢子萌发率/(%)
12 h 日光灯交替照射			
24 h/d 日光灯持续照射			
24 h/d 黑暗条件			
12 h 黑光灯交替照射			
24 h/d 黑光灯持续照射			

实验 3-9　不同 pH 对植物病害发生的影响

【实验目的】

以玉米茎腐病和柿树炭疽病为例，明确 pH 对病害发展作用的基本原理。

【实验原理】

环境的酸碱性也影响着病害的发展，尤其是根部病害。一些土传病原物在较宽的 pH 范围内都能侵染植物，而一些病原物（如甘蓝根肿病菌）在较低的 pH 下给寄主造成危害，黑根腐烂病则在较高的 pH 下易发生。pH 对植物病害的作用主要是影响病原菌孢子的萌发。

真菌孢子一般是在酸性条件下萌发较好，孢子萌发最适 pH 往往低于真菌最适宜生长的 pH。在自然条件下，酸度不是影响萌发的决定因素。

【实验材料及准备】

（1）材料

玉米茎腐病禾生腐霉菌（*Pythium graminicola*），肿囊腐霉菌（*Pythium inflatum*），禾谷镰孢菌（*Fusàrium graminearum*），柿树炭疽菌（*Colletotrichum gloeosporioides*）。

（2）试剂

PDA 培养基（去皮马铃薯 200 g，葡萄糖 10～20 g，琼脂 17～20 g，蒸馏水 1000 mL）。

（3）仪器与用品

超净工作台，恒温培养箱，无菌培养皿，打孔器，70％酒精，酒精灯，记号笔。

【实验方法及步骤】

1. 不同 pH 条件下 3 种病原菌的生长试验

① 将禾生腐霉菌（*Pythium graminicola*）、肿囊腐霉菌（*Pythium inflatum*）、禾谷镰刀菌（*Fusarium graminearum*）3 种病原菌分别进行转管培养，长满斜面后转入平板培养基。

② 待其长满平板培养基后，在超净工作台下用经灭菌的打孔器（直径 0.8 cm）打出直径相同的菌片多个备用。

③ 用 KOH 和 98％浓 H_2SO_4 两种化学试剂调节培养基的 pH。将两种试剂用不同配比加入未灭菌的三角瓶培养基中，使其 pH 分别为 4、5、6、7、8、9、10。灭菌后，将不同 pH 的培养基分别倒入灭菌的培养皿中制成平板备用。每个 pH 培养皿重复三次。

④ 在超净工作台下，用灭菌的镊子分别夹取准备好的 3 种病原菌的菌片，分别放在不同 pH 的培养皿中央。置于 25～28℃恒温培养箱中，在 72 h 后进行观察，测量菌落直径。

2. 不同 pH 条件下的致病性试验

① 从保湿枝条病斑上刮取分生孢子，稀释孢子浓度为 1×10^{7}/mL。

② 分别吸取等体积孢子悬浮液于 9 个离心管中离心（5000 r/min，10 min），弃去上清液。

③ 加入与所弃相同体积的不同 pH 溶液，配制成 pH 2.0、3.0、4.0、5.0、6.0、7.0、8.0、9.0 和 10.0 的孢子悬浮液。

④ 取健康柿树新梢，切成 8 cm 长的小段，分别置于垫有滤纸的容器中，每个容器置 5 小段，

分别滴加 pH 2.0～10.0 的溶液冲洗，然后弃去溶液。

⑤ 用滴管吸取不同 pH 的孢子悬浮液，滴加在相应 pH 溶液处理的枝条小段上，每个处理重复三次。

⑥ 置容器于黑暗条件下 23℃的培养箱中培养，不同时间观察病害发生情况。

作业及思考题

（1）完成下表，记录不同 pH 下菌落直径，分析 3 种病菌适宜生长 pH 范围及最适 pH。

表 3-9-1　接种 72 h 后不同 pH 下 3 种病原菌菌落直径测定结果

pH / 菌落直径/cm / 时间	4	5	6	7	8	9	10
72 h							

（2）不同时间观察柿树炭疽病病害发生情况，分析适宜病害发生的 pH 范围。

第四章 植物病害防治研究技术

植物病害是严重危害农业生产的自然灾害之一。根据联合国粮农组织估计，全世界的粮食生产每年因病害损失在10%以上，造成的经济损失平均每年高达2000亿美元。植物病害不仅可引起农作物产量降低，而且还严重威胁到农产品的质量安全及其国际贸易。历史上有很多因植物病害的大面积爆发和流行导致作物绝收，给人类带来重大灾难的事件，著名的有“爱尔兰大饥荒”和“孟加拉饥荒”。前者是在1845—1846年由于马铃薯晚疫病大流行而造成饥荒，使100多万人饿死、200多万人流离失所；后者则在1943年因印度孟加拉邦的水稻胡麻叶斑病的严重危害导致了200多万人饿死的惨剧。最近一百多年来，咖啡锈病、葡萄霜霉病、小麦锈病、玉米小斑病、稻瘟病、棉花枯萎病、棉花黄萎病、柑橘溃疡病、榆树枯萎病、板栗疫病和松材线虫病等均给农林业生产造成了巨大的经济和生态损失。因此，开展植物病害防治技术的研究具有重大的现实意义。

我国历来重视植物病害的防治工作，早在建国初期所制订的农业发展纲要中就提出了“预防为主、防治并举、全面防治，重点肃清”的防治方针；1975年我国农业部根据农业生产发展情况和病害防治中存在的滥用农药所产生的环境污染和抗药性等问题，提出了“预防为主，综合防治”的植保工作方针。与此同时，美国环境质量委员会1972年提出了有害生物综合管理的概念，简称IPM。经过近40多年的实践，综合防治和IPM的含义得到了不断深化和发展。

由于连续大面积种植遗传背景单一的作物，农业生态系统自身的调节功能减弱，为病原生物的大量繁殖提供了有利条件，因而，很多植物病害呈常年流行状态，成为作物稳产和高产的主要限制因素之一。现代植物病害防治是以生态学和经济学为基础，根据病害发生和流行的规律，有计划、协调地运用关键性预防措施，优化农业生态环境，减少病菌种群数量，增强植物群体抗病性，从而达到经济有效地控制植物病害的目的。

植物病害的发生是植物、病原和环境条件三者相互作用的结果，要有效地防治病害，应从下述三个方面入手。① 控制病原物：可以通过检疫、栽培防病措施、物理、化学和生物防治的方法，减少病原物的数量，中断病害的侵染循环；② 增强植物的抗病性：选育抗病作物或品种，以及配套的栽培管理措施，可以抵御病原物的侵害；③ 优化环境条件：通过栽培防病措施，可以创造有利于植物生长而不适合病原物繁殖的环境条件，从而减少病害的发生。

植物病害防治方法常用的有植物检疫、植物抗病育种、栽培防病措施（农业防治）、物理防治、化学防治、生物防治和植物诱导抗病技术等。但任何一种防治方法都存在一定的优缺点，因此需要通过各种防治方法的综合应用，更好地实现病害的防治目标。多种防治方法的应用不是几种防治方法的简单相加，也不是越多越好，而是在制订防治策略时必须依据具体的生态系统，有针对性地选择必要的防治措施。对于不同类型的病害，应采取不同的措施。靠人为传播的危险性病害，应主要实施病害检疫；寄生性强的病原所致的病害，主要采取选育抗病品种的方法；弱寄生病原物引起的病害，通常使用栽培防病技术措施、物理防治和化学防治方法。值得一提的是，近年快速发展起来的植物诱导抗病技术，因其抗菌谱广，被逐渐应用到植物病害的防治领域。

第一节 植物病害检疫

植物检疫是以立法手段防止植物及其产品在流通过程中传播有害生物的措施，也是保护农产品贸易顺利进行的前提，亦是植物保护工作的一个方面，其特点是从宏观整体上预防一切（尤其是本区域范围内没有的）有害生物的传入、定殖与扩展，是预防危险性病、虫、杂草的首道防线。内容一般包括检疫对象的确定、检疫程序、技术操作规程、检疫检验和处理的具体措施等，具有法律约束力。

中国的植物检疫始于20世纪30年代。经1986年1月修订的中国进口植物病害检疫对象名单，包括松材线虫等线虫6种、栎枯萎病等病原真菌15种、梨火疫病等病原细菌3种、可可肿枝病等病毒类病原物6种。2007年国家质量监督检验检疫总局发布了《中华人民共和国进境植物检疫性有害生物名录》，该名录列出了435种有害生物。根据国际和国内植物病害发展的情况和生产上的需要，植物检疫有害生物名录每年都有所改变。

近年来，农业植物检疫在疫情控制、国际合作和法制建设等方面都起到重要作用，进出口或进出行政区域的农林产品把关的途径主要靠植物检疫、检测。检疫鉴定是检验检疫物是否附带、混杂、污染有害生物，并对发现的有害生物进行种类鉴定，为判定检疫物是否合格或为做检疫处理提供科学依据。检疫鉴定力求准确、快速，这一工作的技术性、政策性强，必须认真按照有关检疫规程和鉴定技术的标准、方法进行。鉴定时应结合有害生物的分布、寄主、主要鉴定特征、生活习性、传播途径等进行。检验鉴定的方法和技术，因病、虫、杂草的种类和不同的植物、植物产品而异。常采用多种方法进行检验鉴定，由最初的过筛检验、解剖检验、透视检验、染色检验、比重检验、漏斗分析检验、洗涤检验、直接镜检、分离培养和接种检验到后期同工酶电泳检验、荧光显微检验、血清学检验、免疫电镜检验，以及近年来分子生物学技术在植物病原体检测鉴定中的应用方法，如单克隆抗体技术、聚合酶链式反应技术（polymerase chain reaction，PCR）等。检疫技术得到很大提高，其准确性也有较大改善。

第二节 植物抗病育种

一、抗病育种的进展和问题

人类利用植物抗病性来防治病虫害的历史非常久远，在孟德尔遗传规律被重新发现和抗病性的遗传性质被确认以后，现代抗病育种工作逐渐发展起来。但以往主要农作物病害的抗病育种主要集中在小种专化性抗病性，由于病原菌生理小种变异，抗病品种的抗性“丧失”的现象日益突出，大大缩短了抗病品种的使用年限。另外，随着耕作制度和栽培模式的改变，新病害不断出现，许多次要病害也渐趋严重，甚至演变成主要的病害问题。因此，需要尽快改变抗源单一化和品种单一化的局面，培育多抗品种。

二、植物抗病性种质资源

抗病种质资源是植物抗病育种的原始材料，系统地搜集、保存、评价和研究抗源是抗病育种工作最重要的基础建设。抗病种质资源类型包括以下几种。

① 地方品种。在长期自然选择和人工选择过程中,原始地方品种积累了丰富的抗病性。

② 改良品种。国内育成的改良品种和由国外引进的改良品种综合性状好,多具有抗病效能高的主效抗病基因,又易于通过常规杂交育种方法转移抗病基因,因而是当前利用最多的抗源。

③ 近缘植物。栽培植物的近缘属、种具有高度的抗病性和抗逆性,有极大的潜在应用价值。

④ 抗病中间材料。已有的种质资源经加工和创新后所得到了可直接用于育种的抗病新物种、新类型。抗病中间材料的来源主要有以下三个途径:种内杂交、远缘杂交和诱发变异。

三、植物抗病性鉴定

抗病性鉴定是植物抗病育种工作的重要环节,其主要任务是鉴别植物材料在自然或人工接种条件下的抗病性类型和抗性程度。抗病性鉴定主要用抗原筛选、杂交后代选择和高代品系、品种的比较来进行评定。

植物抗病性鉴定的方法很多,按鉴定场所分为田间鉴定和室内鉴定;按植物材料的生育阶段或状态区可分为成株鉴定、苗期鉴定和离体鉴定;按评价抗病性的指标可分为直接鉴定法和间接鉴定法。

(1) 田间鉴定

田间鉴定是最基本的鉴定方法,是评价其他方法鉴定结果的主要依据。通过对田间自然条件下病害发生的系统调查,可以揭示植株各发育阶段的抗病性变化。与其他鉴定方法比较,田间鉴定能较全面地反映出抗病性类型和水平,鉴定结果能较好地代表品种在生产中的实际表现。

田间鉴定需要在病圃(disease nursery)中进行。根据初侵染菌源不同,病圃分为天然病圃与人工病圃。天然病圃依靠自然菌源造成病害流行,设在病害常发区和老病区的重病田块,并通过调节播期、灌水、施肥等措施促进发病。人工病圃用病原物进行接种,造成人为的病害流行。

(2) 室内鉴定

在温室、人工气候室、植物生长箱或其他人工设施内鉴定植物抗病性,不受生长季节和自然条件的限制,且主要在苗期鉴定,周期短,可以在较短期间内进行大量育种材料的初步筛选和比较。苗期鉴定省工省时,适于大量材料的初筛和比较。但难以完全模拟田间生态条件,鉴定针对单株,难以反映群体抗病性、耐病性和避病性。

(3) 离体鉴定

离体鉴定作为一种抗病性的实验室辅助鉴定方法,具有快速易行、可在短时间内筛选大量材料的优点。离体材料需用培养液或水培养并补充细胞激动素、苯并咪唑等植物激素,以保持其正常的生理状态和抗病能力。

(4) 间接鉴定

以一些生理的、生物化学的、形态的或者血清学的性状为指标,间接判定抗病性的水平。这些性状可能与病原物的侵染过程或抗病性的表达有一定的关系,也可能没有病理学意义,仅仅与抗病性水平之间有显著的相关性。

四、植物抗病育种的途径

(1) 引种

由国外或国内其他地区引入抗病品种直接用于生产,是一项高效而又简便易行的防病措施。但原产地和引进地区的病害种类和小种区系可能存在差异,原产地的抗病品种引入后可能表现感病，而在原产地感病的品种引入后也可能抗病。引种时必须按照检疫要求严格检疫，以防引入危险性病虫害。

(2) 系统选种

系统选种法又称单株选择法，是一种改进品种抗病性的简便方法。作物品种群体不会是绝对纯的，常有遗传异质性存在。异交作物群体中选出的抗病单株，经过几代自交和病圃鉴定，形成抗病性稳定的自交系。

(3) 常规杂交育种

有性杂交是基因重组，扩大遗传变异，创造新类型、新品种的有效途径。作物种内品种间的有性杂交是最基本、最重要的育种途径，因而称为常规杂交育种。

① 品种间杂交。种内品种间杂交育种，亲本容易选配，也容易杂交，子代群体不需过大，个体间性状差异较小，性状较早稳定，育成良种的机会较多。

② 回交抗病育种。回交法(backcross method)是品种间杂交的一种特殊类型，适于将主效抗病基因快速转入农艺性状优异的品种，选育出抗病丰产的优良品种。回交抗病育种时通常选用具有优良适应性、丰产性和综合性状的品种作为轮回亲本，选用具有优良抗病性的抗病品种作供体亲本。用一优良共同轮回亲本分别与具有不同抗病基因的多个供体亲本连续回交，可选育出一套具有共同遗传背景但分别具有不同抗病基因的单基因系(single-gene lines，SGL)，或者选育出分别具有等位抗病基因与感病基因的近等位基因系(near-isogenic lines，NIL)。抗病单基因系用于组成抗多个小种的多系品种。

(4) 远缘杂交育种

通过远缘杂交，可以将异源抗病基因转移到农作物中，选育出高抗和多抗品种，同时还极大丰富了农作物的遗传基础。引入异源抗病性的方式主要有以下两种：合成异源整倍体和转导外源基因。

(5) 杂种优势利用

有效地利用作物的杂种优势，是提高作物产量的重要途径。杂交一代的抗病性与亲本抗病性有密切关系，配制抗病杂交种的基础是选育抗病自交系。

(6) 诱变育种

人工诱变与自然突变相比，突变率高，突变谱广，人工诱变适于打破植物性状间的不利连锁，能促进基因重组，所诱致的突变性状遗传稳定，育种年限较短。诱变育种具有其他育种途径所没有的特点。

(7) 其他育种途径

应用细胞工程与基因工程技术培育抗病虫作物新品种是当代生物学和农业方面一个重点研究的领域。对于缺乏抗源或抗病性与恶劣农艺性状连锁的病害，利用生物技术创造新抗源是抗病育种的唯一希望。

第三节 农业防治措施

农业防治(agricultural control)是指通过调整和改善作物的生长环境，以增强作物对有害生物的抵抗力，创造不利于有害生物生长发育或传播的条件，以控制、避免或减轻有害生物危害的农业技术综合措施。

农业防治法伴随种植业的兴起而产生。中国先秦时代的古籍中已有除草、防虫的记载。《齐民要术》等古农书中对耕翻、轮作、适时播种、施肥、灌溉等农事操作和选用适当品种可以减轻病、虫、杂草的为害，都有较详细的论述。20 世纪 70 年代关于有害生物综合治理的理论提出以后，农业防治成为综合防治的一个重要组成部分，并作为一项具有预防作用的措施而日益受到重视。

作物是农业生态系统的核心，有害生物是生态系统的重要组成成分，并以作物为其生存发展的基本条件。一切耕作栽培措施都会对作物和有害生物产生影响。农业防治措施的重要内容之一就是根据农业生态系统各环境因素相互作用的规律，选用适当的耕作栽培措施使其既有利于作物的生长发育，又能抑制有害生物的发生和为害。主要措施包括选用抗病虫品种、调整品种布局、选留健康种苗、轮作、深耕灭茬、调节播种期、合理施肥、及时灌溉排水、适度整枝打杈、搞好田园卫生和安全运输储藏等。

农业防治的效果往往是由于多种措施的综合作用。可归纳为以下几个方面：① 压低有害生物的发生基数，如越冬防治措施可消灭越冬病原菌、虫等有害生物，从而减轻翌年病原菌、虫等繁殖的数量；② 压低有害生物的繁殖率，从而减少种群或群体数量，如在飞蝗发生基地种植飞蝗不喜取食的豆类作物，可压低飞蝗的繁殖率和种群发生的数量；③ 影响有利于利用自然天敌，降低有害生物的存活率，如在蔗田间种绿肥，或行间套种甘薯，可减少田间小气候的变动幅度，有利于赤眼蜂的生活，提高其对蔗螟的寄生率，轮作、换茬可以改变作物根际和根围微生物的区系，促进有颉颃作用的微生物活动，或抑制病原物的生长、繁殖；④ 影响作物的生长势，从而增强其抗病、抗虫或耐害能力，如在作物栽培管理条件良好、生长势强的情况下，病原菌、虫等有害生物的发生、发展常受到抑制。

由于农业防治措施的效果是逐年积累和相对稳定的，因而符合预防为主、综合防治的策略原则，而且经济、安全、有效。但其作用的综合性要求有些措施必须大面积推行才能收效。当前国际上综合防治的重要发展方向是抗性品种，特别是多抗性品种的选育与利用。为此，从有害生物综合治理的要求出发，揭示作物抗性的遗传规律和生理生化机制，争取抗性的稳定和持久，是这一领域的重要课题。

第四节　植物病害的物理防治

物理防治(physical prevention and cure)是利用简单工具和各种物理因素，如光、热、电、温度、湿度和放射能、声波等防治病虫害的措施，包括最原始、最简单的徒手捕杀或清除，以及近代物理最新成就的运用，是古老而又年轻的一类防治手段。

一、汰除

汰除主要用于清除混杂在种子中的病种子、菌核、菌瘿、虫瘿和其他种子。

二、热力处理

① 晒种、温汤浸种。播种或浸种催芽前，将种子晒 2～3 d，可利用阳光杀灭附在种子上的病菌；茄、瓜、果类的种子用 55℃温水浸种 10～15 min，均能起到消毒杀菌的作用；用 10%的盐水浸种 10 min，可将混入芸豆、豆角种子里的菌核病残体及病菌漂出和杀灭，然后用清水冲洗种子，播种，可防菌核病，用此法也可防治线虫病。

② 干热处理。主要对种子处理，用于种传病毒、细菌和菌物病害的防治。

③ 日光杀菌。翻耕土壤，日光中的紫外线可杀死土壤中的一些病原物，减轻发病；利用太阳能高温消毒、灭病灭虫，菜农常用方法是高温闷棚或烤棚，夏季休闲期间，将大棚覆盖后密闭选晴天闷晒增温，可达 60～70℃，高温闷棚 5～7 d 杀灭土壤中的多种病虫害。

三、嫌气处理

根据大多数病原物好气性的特点，通过一定的方法形成一个嫌气环境，使病原物得不到生长发育所需要的氧气而死亡。

四、物理隔离

物理隔离是根据病原物侵染和扩散行为，阻止病原物的危害或扩展。土壤覆盖地膜后可以提高土温和湿度，加速残留在土壤中的病残体的腐烂，同时也阻隔了病菌对地上部植株的侵染源，减少地上部位病害的发生。

五、驱避防病

主要用于防治传毒介体昆虫，通过防虫减少传病，从而控制病害。如用银灰反光膜或白色尼龙纱覆盖苗床，可减少传毒介体蚜虫数量，减轻病毒病害。

六、辐射处理

射线处理对病原物有抑制和杀灭作用，多用于水果和蔬菜储藏期间的处理。

第五节 植物病害化学防治

植物病害化学防治是指使用化学药剂处理植物及其生长环境，以减少或消灭病原生物或改变植物代谢过程，提高植物抗病能力，从而达到预防或阻止病害的发生和发展的措施。植物病害的化学防治原理是化学保护、化学治疗和化学免疫三个方面。

20 世纪 60 年代，人们意识到环境污染日趋严重，开始提倡植物病害综合治理：即规范田间卫生管理，如铲除越冬（越夏）的病菌，以减少初次侵染源；采取合理的栽培措施，如轮栽、调节播种和收获期，减少寄主感病期与病原物活动期之间的吻合时间；选用生物防治、化学防治和抗病品种的应用等各个方面相结合的一整套植物保护策略和方法，把病害压低到经济、生态和社会上“可忍受”的程度。

然而随着社会和经济的发展，食品安全和生态环境等问题受到广泛关注，人们对化学药剂的要求也愈来愈高，并期待研究开发出防病效果优异、低毒安全、与环境相容、作用机制新颖的药剂，以最少的施药次数、准确的施药时期、恰当的施药剂量获得最佳的防治效果，并且最大限度地降低风险。

第六节 植物病害生物防治

植物病害一直严重地威胁着农业生产，人类防治植物病害可以追溯到几千年前，过去使用的多为植物性或无机化学农药。20 世纪 40 年代初期，有机合成农药大量产生，有效地控制了病害。但大量使用化学农药，导致抗药性、环境污染和人类健康受到威胁，即三害（3R，resistance，residue，resurgence）。3R 问题的出现引起人们的广泛关注，于是生物防治的研究开发应用被提到了议事日程上来，并得到各国政府的重视。

从植物病害防治的角度来讲，生物防治就是利用生物及其代谢产物防治植物病害。其实质就是利用生物种间关系、种内关系，调节有害生物种群密度，即生物群防治生物群。我国植物病理学家陈延熙根据多年的实践和国际上生物防治的方向，提出了较符合自然情况的生防概念，他指出：植物病害的生物防治是在农业生态系统中调节寄主植物的微生物环境，使其利于寄主而不利于病原物，从而达到防治病害的目的。

用于植物病害防治的微生物种类主要有细菌、真菌和放线菌。这些生防微生物控制植物病害的机制主要有：① 通过占领病原菌在植物上的侵染位点，与病原物竞争水分、营养而达到防治病害的目的；② 通过产生代谢产物抑制病原物的生长和代谢；③ 通过寄生在病原菌上获得营养，从而抑制病原菌的生长；④ 诱导植物对病原菌产生系统获得性抗性，增强植物的抗病性；⑤ 对植物的生长环境进行微生态调控，促进植物生长，增强其对病害的抵御能力；⑥ 通过多种生防机制对病原菌起协同拮抗作用。

第七节　植物诱导抗病性

植物病害一直是制约农作物高产、稳产、优质及安全生产的主要瓶颈。植物抗病性的利用以及抗病品种的选育推广是作物病害防治中最有效、最经济的措施。除了由抗病基因控制的品种专化抗病性外，植物还形成了一套病菌侵染后产生可诱导的抗病防卫反应机制。虽然这种诱导抗病性不能稳定遗传，但具有广谱性和系统性，已成为国际上重要的研究领域，利用植物诱导抗病性被认为是植物保护的新途径和新技术。

早在 1901 年 Ray 就报道了可以用锈菌的弱毒小种接种小麦来抵抗锈菌的进一步侵染。1909 年 Bernard 发现在兰科植物鳞茎组织上接种根腐病菌的弱毒株，可使鳞茎免受强毒株的侵染。1982 年 Kuc 指出植物诱导抗病性是指经外界因子诱导后，植物体内产生的对有害病原菌的抗性现象，Kloepper 将诱导抗病性定义为“由生物或非生物因子激活的、依赖于寄主植物的物理或化学屏障的活化抗性过程”。

现在，通常将植物诱导抗病性定义为：利用生物或非生物（如物理或化学的）因子预先处理植株后再接种病原菌，使植物获得局部或系统增强的抗病性。生物诱导剂包括真菌、细菌和病毒，以及这些生物的代谢产物。真菌诱导剂主要有病原菌的弱致病力菌株和腐生真菌；细菌诱导剂包括病原细菌和非病原细菌及细菌的不同成分，常用的有植物促生根际细菌（plant growth-promoting rhizobacteria，PGPR），可以诱导植物对病害的抗性。病毒本身或病毒辅助因子都可诱导植物抗病性，研究最多的是烟草花叶病毒。非生物诱导剂包括物理诱导剂和化学诱导剂。作为化学诱导剂，必须具备三个条件：① 化学物质本身及其代谢产物在离体或活体条件下对挑战接种的病原菌无直接的杀菌活性；② 化学诱导剂诱导获得的抗菌谱与病原物诱导的抗菌谱基本一致；③ 该化学物质诱导植物产生至少对一种病原菌的抗性，且与病原菌激发的植物系统获得抗性具有相同标志基因的表达，如控制病程相关蛋白的基因。化学诱导剂主要包括水杨酸（SA）及其衍生物、二氯异烟酸（INA）、苯并噻二唑类（BTH）、DL-3-氨基丁酸（DL-3-aminobutyric acid），或 β-氨基丁酸（β-aminobutyric acid，BABA）以及寡糖类等化合物，它们可诱导许多植物对不同病原真菌、细菌及病毒产生抗性。

实验 4-1　植物病原真菌及卵菌的检验

【实验目的】

通过本实验掌握植物病原真菌及卵菌检验的主要方法，如直接检验、洗涤检验、荧光检验、琼脂培养基培养检验、种子内部透明检验等。

【实验原理】

植物病原真菌及卵菌在其生长和繁殖过程中会产生复杂多样的形态特征，是真菌及卵菌鉴定的重要依据。真菌及卵菌在选择性培养基上的培养形状和对染色剂的着色差异等理化性质和致病性也是鉴定的重要特征。利用血清学特性筛选对真菌及卵菌毒素具有特异性的单克隆抗体，可对植物组织中的毒素进行检测和定位。近年来分子生物学技术被引入到真菌及卵菌的分类研究中，真菌及卵菌的 rDNA 基因簇序列已广泛地应用于真菌及卵菌分类鉴定系统中，采用 18～28S 间的内转录间隔区（internal transcribed spacer，ITS）通用引物 ITS1 和 ITS 4 是当前应用较广的分子鉴定方法。

【实验材料及准备】

（1）材料

任何怀疑带有危险性病原菌的植物种子、苗木和果实。可选用带有小麦矮腥病菌（*Tilletia contraversa*）的小麦种子、小麦散黑穗菌（*Ustilago nuda*）危害的小麦种子、大豆霜霉菌（*Peronospora manschurica*）为害的大豆。

（2）试剂

锥虫蓝的 5% NaOH 溶液，乳酸酚溶液，10% KOH 溶液，无荧光浸渍油灭菌水，70%酒精（内放脱脂棉球），95%酒精，PDA 培养基。

（3）仪器与用品（每小组为单位）

离心机，显微镜，放大镜，落射荧光显微镜，超净工作台，微波炉，培养箱，吸管，吸水纸，酒精灯，解剖刀，医用剪刀，医用镊子，漏斗，胶管，铁架台，培养皿（Φ 9 cm），火柴，记号笔，载玻片，盖玻片，孔径分别为 3.5 mm、2.0 mm 和 1.0 mm 三层套筛。

【实验方法及步骤】

1. 直接检验

直接检验是以肉眼或借助放大镜、显微镜仔细观察种子、苗木、果实等被检物的症状。

种子类先过筛，检出变色、皱缩粒、霉烂、畸形等病变的种子和菌核、菌瘿以及其他夹杂物。发现明显症状后，挑取病菌制片镜检鉴定。有些带菌种子需用无菌水浸渍软化，释放出病菌孢子后才得以镜检识别。例如，大豆紫斑病（*Cercospora kikuchii*），病种子生紫色斑纹，种皮微裂纹；灰斑病（*C. sojina*），病籽生圆形至不规则形病斑，边缘暗褐色，中部灰色；霜霉菌（*P. manschurica*），病粒生溃疡斑，内含大量卵孢子。

种子过筛后可检出夹杂的菌瘿、菌核、病株残屑和土壤，都需仔细鉴别。小麦被印度腥黑穗菌侵染后，籽粒局部受害，生黑色冬孢子堆，而普通腥黑穗病菌和矮腥黑穗病菌为害则使整个麦粒变成菌瘿。形成菌核的真菌很多，常见的有麦角属（*Claviceps* spp.）、核盘菌属（*Sclerotinia* spp.）、小菌核属（*Sclerotium* spp.）、葡萄孢属（*Botrytis* spp.）、丝核菌属（*Rhizoctonia* spp.）、轮枝孢属（*Verticillium* spp.）、核瑚菌属（*Typhula* spp.）以及其他属真菌。菌核可据形状、大小、色泽、内部结构等特征鉴别。

2. 洗涤检验

用于检测种子表面附着的真菌孢子，包括黑粉菌的厚垣孢子、霜霉菌的卵孢子、锈菌的夏孢子以及多种半知菌的分生孢子等。洗涤检验的操作程序如下。

① 洗脱孢子。将大豆霜霉菌（*P. manschurica*）为害的大豆种子样品放入容器内并加入没过种子的无菌水，振荡 5～10 min，使孢子脱离种子，转移到水中。

② 离心富集。将孢子洗涤液移入离心管，1000～1500 r/min 离心 3～5 min，使孢子沉积在离心管底部。

③ 镜检计数。弃去离心管内的上清液，加入一定量无菌水或其他浮载液，重新悬浮沉积在离心管底部的孢子，取悬浮液，镜检。滴加在血球计数板上，用高倍显微镜检查孢子种类并计数，据此可计算出种子的带菌量。

3. 荧光显微检验

主要适用于检测腥黑粉菌病瘿中冬孢子自发荧光反应等。如用荧光显微观测法判别小麦矮腥（*T. contraversa*）和小麦网腥（*T. caries*）的冬孢子。程序如下。

① 从菌瘿上刮取少许冬孢子粉至洁净的载玻片上，加适量蒸馏水制成孢子悬浮液，每视野（400～600 倍）不超过 40 个孢子为宜，然后任其自然干燥。

② 在干燥并附着于载玻片的孢子上加 1 滴无荧光浸渍油（Nd＝1.516），加覆盖片。

③ 置于激发滤光片 485 nm、屏障滤光片 520 nm 的落射荧光显微镜下，检测孢子的自发荧光。

④ 每视野照射 2～5 min，以激发孢子产生荧光，并在此时开始计数，全过程不得超过3 min。一般小麦矮腥黑粉病菌的冬孢子的网纹立即发出橙黄色至黄绿色的荧光，自发荧光率在 80%以上，而网腥黑粉病菌的冬孢子的网纹无荧光或荧光率很低，在 30%以下。自发荧光率小于 80%、大于 30%时，用萌发结果作最终判别。

4. 萌发检验

主要适用于鉴别进口小麦中小麦矮腥和小麦网腥等。鉴于小麦矮腥病瘿和小麦网腥病瘿萌发特点的区别，可根据小麦矮腥病菌在 15～17℃时不萌发，在 5℃光照下需 3～5 周萌发的特点，而小麦网腥在以上两种温度下经 1～2 周后均可萌发的情况，来鉴定病原。

5. 吸水纸培养检验

主要用于检测在培养中能产生繁殖结构的多种种传半知菌，包括交链孢属（*Alternaria* spp.）、离蠕孢属（*Bipolaris* spp.）、葡萄孢属（*Botrytis* spp.）、尾孢属（*Cercospora* spp.）、芽枝孢属（*Cladosporium* spp.）、弯孢霉属（*Cruvularia* spp.）、炭疽菌属（*Colletotrichum* spp.）、德氏霉属（*Drechslera* spp.）、镰刀菌属（*Fusarium* spp.）、捷氏霉属（*Gerlachia* spp.）、茎点霉属（*Phoma* spp.）、喙孢霉属（*Rhynohosporium* spp.）、壳针孢属（*Septoria* spp.）、匍柄霉属（*Stemphylium* spp.）和轮枝孢属（*Verticillium* spp.）等种传真菌。

通常用底部铺有三层吸水纸的塑料培养皿或其他适用容器做培养床。先用蒸馏水湿润吸水纸，将种子按适当距离排列在吸水纸上，再在一定条件下培养。对多数病原真菌，适宜的培养温度为20～30℃，每天用近紫外光灯(320～400 nm)或日光灯照明12 h，培养7～10 d后检查和记载种子带菌情况。检查时，用两侧照明的体视显微镜逐粒检查种子。检查时应特别注意观察种子上菌丝体的颜色、疏密程度、生长特点和真菌繁殖结构的类型与特征。例如，分生孢子梗的形态、长度、颜色和着生状态，分生孢子的形状、颜色、大小、分隔数，在梗上的着生特点等。在疑难情况下，需挑取孢子制片，用高倍镜作精细的显微检查和计测。

6. 琼脂培养基培养检验

常用的琼脂培养基有马铃薯葡萄糖琼脂培养基、普通营养培养基、麦芽浸汁琼脂培养基、燕麦粉琼脂培养基和选择性培养基等。

用琼脂培养基法检验种子带菌时，种子先用1%～2%次氯酸钠溶液或抗菌素表面消毒3～5 min，无菌水冲洗3次，然后置于PDA培养基平板上，在适宜温度和光照下培养7～10 d后检查。为便于检测大量种子，多用手持放大镜从培养皿两面观察，依据菌落形态、色泽来鉴别真菌种类，必要时挑取培养物制片，用高倍显微镜检查。有些种传真菌在培养中生成特定的营养体和繁殖体结构，可用于快速鉴定。例如，将带有蛇眼病菌(*Phoma betae*)的甜菜种子置于含50 mg/kg 2,4-D的1.6%水琼脂培养基平板上，在20℃，不加光照的条件下培养7 d后移去种子，用体视显微镜由培养皿背面观察菌落，可见由菌丝分化的膨大细胞团。带有颖枯病菌(*Septoria nodorum*)的小麦种子用马铃薯葡萄糖琼脂培养基在15℃和连续光照的条件下培养7 d后，种子周围形成大量分生孢子器。

7. 种子内部透明检验

主要用于检测大、小麦散黑穗病菌，谷类与豆类霜霉病菌等潜藏在种子内部的真菌。

该法先用化学方法或机械剥离方法分解种子，分别收集需要检查的胚或种皮等部位，经脱水和组织透明处理后，镜检菌丝体和卵孢子。以检测大麦种子传带的散黑穗病菌为例，其操作过程如下。

① 先将种子在加有锥虫蓝的5% NaOH溶液中浸泡22 h。

② 再将浸泡过的种子用60～65℃的热水冲击或小心搅动，使种胚分离，并用孔径分别为3.5 mm、2.0 mm和1.0 mm三层套筛收集种胚。

③ 种胚用95%乙醇脱水2 min。

④ 再转移到装有乳酸酚和水(3∶1)混合的漏斗中，胚漂浮在上部，夹杂的种子残屑沉在底部并通过连在漏斗下端的胶管排出。

纯净的种胚用乳酸酚煮沸透明2 min，冷却后用体视显微镜检查并计数含有散黑穗菌菌丝体的种胚，计算带菌率。

大豆疫霉菌以卵孢子和菌丝体存在于种皮内部，种子检验时应检查种皮里是否带有疫霉菌的卵孢子，其检验方法是将大豆种子在10% KOH或自来水中浸泡一夜，取出，剩下种皮在解剖镜下制片，然后在显微镜下检查是否有大豆疫霉菌卵孢子。

8. 分子生物学检验

由于分子生物学技术具有快速简便、灵敏度高、特异性强的优点，该技术被越来越多地应用于植物病原的检验检疫。随机扩增多态DNA(RAPD)即是以PCR为基础发展起来的一项DNA水平上的大分子多态检测技术，由于无需专门设计RAPD扩增反应引物，所以其应用范围较广。

Blackmore 等人曾利用 RAPD 制作 DNA 探针，成功地完成了对玉米枯萎菌的检测和鉴定工作。聚合酶链式反应技术(PCR)在病原真菌鉴定方面也有应用，如采用 PCR 技术来鉴别小麦样品中是否带有小麦印度腥黑穗病菌等。

作业及思考题

(1) 植物病原真菌及卵菌的检验方法有哪些？

(2) 植物病原真菌及卵菌检验的分子生物学方法有哪些？

实验 4-2　植物病原细菌的检验

【实验目的】

通过本实验掌握植物病原细菌检验的主要方法，如直接检验、酶联免疫吸附法、噬菌体检验和分子生物学检验。

【实验原理】

植物病原细菌的检验主要根据病原细菌的形态和生理生化特性进行。细菌由于个体小，其形态观察受到局限，因此其生理生化测定成为其主要的鉴定手段，如 Biolog 细菌自动化鉴定系统把细菌生理、生化过程的检测与先进的计算机管理手段有机地结合起来，能快速准确的鉴定细菌。另外，血清学反应、酶学、分子生物学以及计算机技术等新的分类技术已不断地被引入到细菌分类中，已成为植物病原细菌检验的重要技术加以应用。常采用下列一种或几种方法进行检验鉴定：直接检验、培养检验、生长检验、生理生化检验、琼脂培养基培养检验、免疫技术检验和分子生物学检验等。

【实验材料及准备】

(1) 材料

任何怀疑带有危险性病原菌的植物种子、苗木和果实。可选用携带黑腐病菌(*Xanthomonas campestris* pv. *campestris*)的甘蓝种子，携带有稻白叶枯病菌(*Xanthomonas oryzae* pv. *oryzae*)的水稻种子和菌种。

(2) 试剂

PDA 培养基，灭菌水，70%酒精，锥虫蓝的 5% NaOH 溶液，乳酸酚溶液，10% KOH 溶液，玉米枯萎菌(*Erwinia stewartii*)抗血清，羊抗兔荧光抗体(异硫氰酸荧光黄标记的羊抗兔-球蛋白、用葡聚糖凝胶 G-25 过滤层析法除去游离荧光素制成)200 mg/kg 的金霉素，1.5%水琼脂培养基，牛肉胨培养基，Taq DNA 聚合酶，尿嘧啶 DNA-糖苷酶，dNTP，PCR 缓冲液和 2.5 mol/L $MgCl_2$，pMD18-T 载体，引物 PSRGF(5′-GAATATCAGCATCGGCAACAG-3′)和 PSRGR(5′-TACCGGAGCTGCGCGTT-3′)，探针 Baiprobe(5′-CATCGCCTGCTCGGCTACCAGC-3′)。

(3) 仪器与用品(每小组为单位)

显微镜，放大镜，落射荧光显微镜，超净工作台，微波炉，培养箱，吸管，吸水纸，酒精灯，解剖刀，医用剪刀，医用镊子，培养皿(Φ 9 cm)，火柴，记号笔，孔径分别为 3.5 mm、2.0 mm 和 1.0 mm 三层套筛，1000 μL、100 μL、10 μL 取液器及吸头，PCR 扩增仪，凝胶扫描仪，紫外分光光度计，台式冷冻离心机。

【实验方法及步骤】

1. 直接检验

直接检验是以肉眼或借助手持放大镜、体视显微镜仔细观察种子、苗木、果实等被检物的症状。直接检验在室内检验中常用做培养检验之前的预备检查。检出的病瘿，需进一步做植物、植物产品的形态观察检测，同时做病部切片，镜检可见细菌溢。检验甘薯瘟(*Pseudomonas solanacearum*），可选取可疑薯块未腐烂部位，取一小块变色维管束组织，制片镜检，若有细菌溢出现，结合症状特点，可诊断为甘薯瘟；检验马铃薯环腐病菌（*Corynebacterium michiganense* pv. *sepedonicum*），尚需挑取病薯维管束的乳黄色菌脓涂片，革兰氏染色测定呈现阳性反应；菜豆普通疫病（*Xanthomonas campestris* pv. *phaseoli*）病种子种脐部变黄褐色；感染溃疡病菌（*Corynebacterium michiganense* pv. *michiganense*）的辣椒种子瘦小变褐色；白色种皮的菜豆种子在紫外光照射下发出浅蓝色的荧光，表明可能受到晕蔫病菌（*Pseudomonas syringae* pv. *phaselocola*）侵染。某些病原菌侵染的种子可能表现症状，但是，并非所有带菌种子都表现症状，直接检验有很大的局限。即使表现症状的种子，仍需用较精密的方法进一步鉴定。

2. 琼脂培养基培养检验

用琼脂培养基法检验种子带菌时，种子先用1%～2% NaClO溶液或抗菌素表面消毒3～5 min，然后置于培养基平板上，在适宜温度和光照下培养7～10 d后检查。为便于检测大量种子，多用手持放大镜从培养皿两面观察，依据菌落形态、色泽来初步鉴别细菌种类，同时挑取培养物制片，用高倍显微镜检查。

在鉴别性培养基上，目标细菌菌落有明确的鉴别特征，选择性培养基则促进目标菌生长，而抑制其他微生物生长。如检测菜豆种子传带晕蔫病菌（*P. syringae* pv. *phaselocola*），可将提取液系列稀释后分别在金氏B培养基平板上涂布分离，在25℃和无光条件下培养3 d后，在紫外光或近紫外光照射下有蓝色荧光的菌落，为假单胞杆菌，可能是晕蔫病菌，需选择典型菌落做进一步的鉴定。检测甘蓝黑腐病病原细菌时，提取液在蛋白胨肉汁淀粉琼脂培养基中长出黄色菌落，其上滴加鲁戈尔试液，若菌落周边培养基不被染色，则表示淀粉已被水解，该菌落可能为目标菌。

3. 生长检验

供试材料种植在经过高压蒸气灭菌处理或干热灭菌的土壤、沙砾、石英砂或各种人工基质中，在隔离场所和适宜条件下栽培，根据幼苗和成株的症状鉴定。检测种子传带的细菌还可用试管幼苗症状检验法，即在试管中水琼脂培养基斜面上播种种子，在适宜条件下培养，根据幼苗症状，结合病原菌检查，确定种传细菌种类。生长检验花费时间长，因而其应用受到限制。

检验甘蓝种子传带黑腐病菌（*X. campestris* pv. *campestris*）的方法是用200 mg/kg的金霉素浸种3～4 h后，播种于培养皿内的1.5%水琼脂平板上，在20℃和黑暗条件下培养8 d，用体视显微镜观察幼芽和幼苗的症状。带菌种子萌发后芽苗变褐色，畸形矮化，迅速腐烂，表面有细菌溢脓，由子叶边缘开始形成"V"型褐色水渍状病斑。幼苗症状检验需占用较大空间，花费较长时间，难以检测大量种子。有时发生真菌污染，症状混淆，难以鉴定。带有细菌的种子还可能丧失萌发能力，从而逃避了检验。在检疫中生长检验多作为初步检验或预备检验。

4. 血清学检验

病原细菌检验最常用的血清学检验方法是玻片沉淀法和琼脂双扩散法，近年趋向于利用荧光抗体法和酶联免疫吸附法。

荧光抗体法(fluorescent antibody techniques)

先将荧光染料与抗体以化学方法结合起来形成标记抗体，抗体与荧光染料结合不影响抗体的免疫特性，当与相应的抗原反应后，产生了有荧光标记的抗体抗原复合物，受荧光显微镜高压汞灯光源的紫外光照射，便激发出荧光。荧光的存在就表示抗原的存在。荧光抗体法有直接法和间接法两种。

① 直接法。直接法是将标记的特异抗体直接与待查抗原产生结合反应，从而测定抗原的存在。

② 间接法。间接法是标记的抗体与抗原之间结合有未标记的抗体。国内用间接法检测玉米种子传带的玉米枯萎菌(*Erwinia stewartii*)，该法先将种子提取液在载玻片上涂片，火焰固定后滴加目标菌抗血清，在 38℃下培养 30 min 后，用磷酸缓冲液冲洗玻片，晾干后再滴加羊抗兔 IgG 荧光抗体，孵育、冲洗、晾干后用荧光显微镜检查。

5. 生理生化测定

用细菌培养物接种于特定的培养基或检测管，通过产酸、产气、颜色变化等反应，检测细菌的耐盐性、好氧或厌氧性、对碳素化合物的利用和分解能力、对氮素化合物的利用和分解能力、对大分子化合物的分解能力等，达到鉴别目的。如梨火疫病菌(*Erwinia amylovora*)属兼性厌氧，在葡萄糖、半乳糖、果糖、蔗糖和甲基葡萄糖苷、海藻糖中产酸不产气，不能利用木糖和鼠李糖水解明胶，不水解酪蛋白，不还原硝酸盐，不产生吲哚和二氧化硫。

Biolog 细菌自动化鉴定系统是美国研制的一种专门用于细菌鉴定的专家系统，该系统将细菌生理、生化过程的检测与先进的计算机技术有机地结合起来，应用时只需将经过纯化后的病原细菌制成菌悬液，再接种到反应板上，经 4～24 h 便可得到准确的鉴定结果。该系统的使用在很大程度上简化了传统的细菌鉴定程序。目前应用 3.70 版数据库软件可鉴定 567 种 G^- 菌和 256 种 G^+ 菌。

6. 致病性测定

用植物病部的细菌溢或分离纯化的细菌培养物接种寄主植物，检查典型的症状。例如，鉴定甘蓝黑腐黄单胞杆菌时，用针刺接种甘蓝叶片主脉的切片，切片置于 1.5% 水琼脂平板上，在 28℃和黑暗无光条件下培养 3 d。如确系该菌，则接种部位软腐、维管束褐变。致病性测定是一种辅助鉴定方法，多用于验证分离菌的致病性以排除培养性状与病原菌相近的腐生菌。

7. 过敏性反应测定

用接种寄主植物的方法测定细菌培养物的致病性花费时间较长，用过敏反应鉴定，只需24～48 h，便能区分病原菌和腐生菌。烟草是最常用的测定植物。取待测细菌的新鲜培养物，制成细菌悬浮液，用注射器接种。注射针头由烟草叶片背面主脉附近插入表皮下，注入菌悬液。若为致病细菌，1～2 d 后，注射部位变为褐色过敏性坏死斑块，叶组织变薄变褐，具黑褐色边缘。

8. 噬菌体检验

噬菌体是感染细菌的病毒，能在活细菌细胞中寄生繁殖，破坏和裂解寄主细胞。在液体培养时，使混浊的细菌悬浮液变得澄清，在固体平板上培养时，则出现许多边缘整齐、透明光亮的圆形无菌空斑，称为“噬菌斑”，肉眼即可分辨。

检验水稻种子是否携带有稻白叶枯病菌，操作步骤如下。

① 样品液的制备。从供检水稻种子中多点取样，随机称取种子 10 g，脱壳。将稻壳在无菌研钵中研碎或剪碎，放入无菌烧杯中，加入 20 mL 无菌水，搅拌、浸泡，静止 30 min 后，用无菌湿纱布过滤，其滤液供测试用。

② 指示菌液的制备。检验当地的稻种，可用当地病株上分离山来的病原细菌作指示菌。若检验外地引进的稻种，采用 OS-3(江苏)和 OS-14(山东)两个菌株混合作指示菌。纯指示菌用培养 3～5 d 的斜面，加 5 mL 无菌水制成悬液，以含菌量 9×10^8/mL 菌体为好。

③ 用无菌移液器吸取样品制备液 1 mL、0.5 mL、0.1 mL 分别放入 3 个无菌培养皿内，在每个皿中再加入 1 mL 指示菌液，轻微震动，使其充分混合均匀。静止 30 min 后，每皿倒入冷却至 45℃的普通牛肉胨培养基 10～15 mL，轻轻摇匀(以同种方法用健康稻种作对照)，置 25～28℃温箱中，12 h 后观察各皿中噬菌斑出现的情况。若有噬菌斑出现，说明供检稻种携带有水稻白叶枯病菌，记录各皿的噬菌斑数，并换算成每克水稻种子所含噬菌斑数目。

噬菌体法的主要优点是简便、快速，能直接用种子提取液测定。缺点是非目标菌大量存在时敏感性较差，噬菌体的寄生专化性和细菌对噬菌体的抵抗性都可能影响检验的准确性。

9. 分子检测

应用聚合酶链式反应(PCR)可以非常简便快速地从微量生物材料中以体外扩增的方式获取大量的遗传物质，并有极高的灵敏度和显著的专一性，从而大大地提高了对 DNA 分子的检测能力。以水稻白叶枯病为例，检测步骤如下。

① 将水稻白叶枯病的种子 30 g 在 0.01% Tween-20 溶液中 4℃过夜，浸泡液直接作模板或 1 6000 r/min 4℃离心 20 min，沉淀用灭菌双蒸水 10 μL 溶解，取 1 μL 悬浮液作模板进行实时荧光 PCR。

② 反应体系。10×PCR 缓冲液 2.5 μL，25 mmol/L $MgCl_2$ 5 μL，10 mmol/L dATP、dTTP、dGTP、dCTP 各 0.5 μL，20 μmol/L 引物各 0.5 μL，20 μmol/L 探针 1 μL，1 U/μL UNG 酶 0.15 μL，5 U/μL TaqDNA 聚合酶 0.5 μL，模板 DNA 1 μL，加灭菌双蒸水使总体积为 25 μL。

③ 将样品放入后，设置 PCR 反应条件，第一个循环为 50℃ 2 min，95℃ 10 min；后 40 个循环为 94℃ 15 s，68℃ 1 min。点击运行，进行 PCR 反应，1 h 56 min 反应结束，保存文件，打开分析软件，仪器自动分析试验结果。给出 ΔR_n(第 n 个循环时的荧光信号增加值)与循环数图像。如果探针不能与模板特异性结合，在实时荧光 PCR 仪上就不能观察到荧光增长信号。

④ PCR 扩增产物的克隆和序列测定。提取白叶枯菌病菌 DNA，以白叶枯菌基因组 DNA 为模板，用引物对 PSRGF/PSRGR 进行普通 PCR，得到 152 bp 的 PCR 产物。纯化后连接到 pMD18-T 载体上，转化至大肠杆菌 DH5α 中，获得阳性菌落，提纯含目的 DNA 片段的质粒，送生物公司进行测序。

⑤ 结果在 Genbank 中比对。

作业及思考题

(1) 植物病原细菌的检验方法有哪些？

(2) 利用噬菌体检测植物病原细菌的原理是什么？

实验 4-3　植物病原病毒的检验

【实验目的】

通过本实验了解植物病毒病害的检验方法，掌握常用的酶联免疫吸附法和特异片段扩增法等分子生物学技术鉴定植物病毒。

【实验原理】

植物病原病毒的检验主要根据其危害症状和病毒粒体的衣壳蛋白的性质和序列进行，常采用的检验方法有：直接检验、生长检验、指示植物检验、血清学检验和分子生物学检验。其中，血清学检验和分子生物学检验比较准确，应用较广。

【实验材料及准备】

(1) 实验材料

带有烟草环斑病毒(TRSV)叶片和烟草环斑病毒(TRSV)粗提物。

(2) 试剂

琼脂糖，引物 TRSV-f(5′-GAGTTTATTGTACATATAGATACCTGGCG-3′)TRSV-r (5′-CGAAGTCATGAATGTATCCAGG-3′)，DEPC-H_2O、10 mmol/L dNTP，随机六聚体引物，10×RT-PCR 缓冲液，25 mmol/L $MgCl_2$，RNA 酶抑制剂，AMV 反转录酶，10× buffer，Tap 酶，大肠杆菌感受态，重蒸水，氨卞青霉素(Amp，100 μg/mL)的 LB 平板，pMDTM18-T Simple 载体，LB 液体培养基，X-gal 和 IPTG，凝胶回收试剂盒，冻干辣根过氧化物酶标记羊抗兔 IgG(IgG-HRP)，包被液为 0.01 mol/L pH 9.6 碳酸盐缓冲溶液，洗涤液(PBST)为 0.02 mol/L 含0.05% Tween-20 的 pH 7.2 的磷酸盐缓冲溶液(PBS)，封板液及抗血清，酶标记物稀释液为含 0.1%脱脂奶粉的0.02 mol/L pH 7.2 的 PBS。

(3) 仪器与用品(每小组为单位)

1000 μL、100 μL、10 μL 取液器及吸头，PCR 仪，酶标仪，烟草环斑病毒(TRSV)检测试纸条，植物病毒核酸纳米磁珠快速提取试剂盒，定量分析仪，pHS-25 型酸度计。

【实验方法及步骤】

1. 血清学检验

血清学检验依据抗原与抗体反应的高度特异性，在具备高效价抗血清情况下，血清学方法不需要复杂的设备，便于推广使用。常用的血清检验方法有以下几种。

(1) 沉淀反应测定

含有抗原的植物汁液与稀释的抗血清在试管中等量混合，孵育后即可产生沉淀反应，在黑暗的背景下可见絮状或致密颗粒状沉淀。为节省抗血清，可用改进的微滴测定法，玻璃毛细管法等，但这些方法灵敏度较低。

(2) 琼脂扩散法

将加热融化的琼脂或琼脂糖注入培养皿中，冷却后形成凝胶平板，在板上打孔，孔的直径为 0.3～0.4 cm，两孔间距 0.5 cm，然后将待测植株种子提取液和抗血清加到不同的孔中。测定液中若有抗原存在，则抗原、抗体同时扩散，相遇处形成沉淀带。经典的琼脂扩散法只适于鉴定能在凝胶中自由扩散的球形病毒。杆形和线形病毒粒子大于琼脂网径时，就不能在琼脂中自由扩散。但加入 SDS 后，使病毒蛋白质外壳破碎，即可克服这一缺陷而适用于多种形状的病毒。在检验大麦种子传带大麦条纹花叶病毒时，有人用剥离的种胚压碎后直接测定；在检测大豆花叶病毒和豌豆黑眼花叶病毒时，用幼苗胚轴切片供测，均取得较好的结果。在检疫中，琼脂双扩散法可用作常规病毒检索方法，该法灵敏度较高。用豆科植物种子提取液测定时，常出现非特异性沉淀，这可能是因为豆科种子富含凝集素(lectin)的缘故。

(3) 乳胶凝集法

用致敏乳胶吸附抗体制成特异性抗体致敏乳胶悬液，它与抗原反应后，乳胶分子吸附的抗体与抗原结合，凝集成复杂的交联体，凝集反应清晰可辨。检查大麦种子传带大麦条纹花叶病毒时，可取 1 周龄大麦幼苗嫩尖的榨取汁测定。

(4) 酶联免疫吸附法

该法是用酶作为标记或指示剂进行抗原的定性、定量测定。直接酶联法用特异性酶标抗体球蛋白检出样品中的抗原。操作时，先将待测抗原置入微量反应板凹孔中培育，在吸附抗原后洗涤，保留吸附孔壁的抗原，随后加入特异性酶标记抗体，经洗涤后保留与抗原相结合的酶标抗体，形成抗原抗体复合物，再加酶的底物形成有色产物，用肉眼定性判断或用酶标仪定量测定。间接酶联法利用抗家兔或鸡球蛋白的山羊抗体与酶结合制备的酶标记抗体，只要制备出抗原的家兔特异抗血清，不需要再制备酶标记抗体就可用以检出抗原。酶联免疫吸附法已成功地用于检测包括种传病毒在内的多种病毒，其灵敏度高，有些病毒的浓度低至 0.1 μg/mL 也能被检测出来。用种子提取液供测，效率高，可快速检测大量种子。该法有高度的株系专化性。以烟草环斑病毒检测为例，具体步骤如下。

① TRSV 抗血清的制备。按常规方法，取提纯的 TRSV 病毒分别注射雄性家兔，2 周后，采集耳血，制备特异兔血清，置于 4℃冰箱保存。

② 抗原直接包被间接法。用包被缓冲液稀释病毒提纯液或粗提液包被聚苯乙烯酶联板，4℃过夜；洗板后每孔加入 200 μL 封板液，37℃温育 2 h，洗板。

③ 样品萃取稀释。取带有烟草环斑病毒叶片和健康烟叶样品，称量并记录样品的重量，将样品充分粉碎。粉碎不同样品时，请仔细清洗粉碎装置，粉碎以 1∶10 的比例(样品重量：提取液体积)加入样品提取液(PBST)，混匀后静置 10 min，吸取上清液待用。

④ 检测。分别加入样品萃取液，以 1∶10 稀释比的病毒抗血清 200 μL 做阳性对照，以健康叶片萃取液做阴性对照，37℃温育 2 h，洗板后各孔加入 IgG-HRP(1∶80)200 μL，37℃温育 2 h，洗板后加入底物溶液 37℃避光温育 0.5 h，用 2.0 mol/L NaOH 终止反应，然后在酶标仪 492 nm 光片中读数。

样品 *OD* 值大于 2 倍阴性对照时，即可判定该样品为阳性，否则为阴性。

(5) 免疫电镜法

该法将病毒粒体的直接观察与血清反应的特异性结合起来检测病毒，现已用于检测多种作物种子传带的各类病毒。该法对抗血清质量的要求不甚严格，能使用效价较低或混杂有非特异性(寄主)抗体的抗血清。另外，该法灵敏度高，特异性范围较宽，无严格的病毒株系专化性，尤其适于种传病毒检验。从干种子磨粉用缓冲液悬浮起到透射电镜观察的整个操作过程最快只需 1.5 h。

2. 分子生物学检验

用于病毒检测的技术主要有核酸分子杂交技术和聚合酶链式反应(PCR)。分子杂交技术是基于病毒 RNA 或 DNA 链之间碱基互相配对的基本原理，是对病毒基因组的分析和鉴定。因此，具有灵敏度高，特异性强的特点。在病毒及类病毒的鉴定工作中愈来愈被广泛应用。通过一定的技术，制备带有标记物的目标病毒检测探针和待检 RNA 或 DNA 进行核酸链之间碱基的特异配对，形成稳定的双链分子，然后通过放射性自显影或液闪计数来检测标样的核苷酸片段，达到检测目的。

PCR 是一种体外快速扩增特定的 DNA 片段的技术。根据目标病毒的核酸序列合成特异性的两个 3'端互补寡核苷酸引物(其他生物同理)，在 Taq 聚合酶的作用下，以假定目标检测物的核酸为模板，从 5'→3'进行一系列 DNA 合成，由高温变性、低温退火和适温延伸三个反应组成一个周期，循环进行扩增 DNA。PCR 的检测灵敏度可达到 fg(f, 10^{-15})水平。

如 TRSV 分子检测，一般分为四步。

① RNA 提取及 RT-PCR。称取 0.1 g 发病生烟叶片，用植物病毒核酸纳米磁珠快速提取试剂盒提取病毒 RNA，用 Nano-Drop ND-1000 Spectrophotometer 定量分析仪测定其浓度。

a) 反转录体系。病毒 RNA 模板 1 μL(约 0.5 μg)、DEPC-H_2O 8.82 μL、10 mmol/ L dNTPs 1 μL、0.5 μg/μL 随机六聚体引物 2 μL，70℃变性 5 min，迅速置冰上 2 min，再加入 10×RT-PCR 缓冲液 2 L、25 mmol/L $MgCl_2$ 4 μL、RNA 酶抑制剂 0.5 μL(22 U)、AMV 反转录酶 0.68 μL (15 U)，总反应体积 20 μL。混匀后 42℃水浴 40 min，95℃灭活 5 min，冰上放置待用。

b) PCR 反应体系。10×PCR 缓冲液 2.5 μL，10 mmol /L dNTPs 1 μL，10 mmol/L 上、下游引物各 1 μL，Taq 酶 2.5 U，cDNA 2 μL，加 ddH_2O 至总体积为 25 μL。PCR 程序：94℃ 5 min；然后以 94℃ 30 s，56℃ 40 s，72℃ 1 min，循环 30 次；72℃延伸 10 min。扩增产物经 1.5%的琼脂糖凝胶电泳，凝胶成像仪观察结果。

② 以第一链 cDNA 为模版，正反向引物进行扩增，反应体系为：以反转录产物 5 μL 为模板，加入 20 mmol/L 的上下游引物各 1 μL，25 mmol/L dNTPs 4 μL，10×RCR 缓冲液 5 μL，Tap 酶 0.3 μL 条件为 94℃ 3 min，94℃ 30 s，55℃ 30 s，72℃ 1 min，30 个循环，72℃ 10 min，4℃保存。扩增产物经过 1%的琼脂糖胶电泳，切取目的条带，按照 TaKaRa 凝胶回收试剂盒说明回收目的片段，最后溶于 30 μL 的溶解液中。

③ 载体构建及阳性克隆鉴定。回收目的片段连接 pMDTM18-T Simple 载体，热激法转化感受态大肠杆菌，涂布含有氨卞青霉素(Amp，100 μg/mL)的 LB 平板(预先涂布 X-gal 和 IPTG)，37℃过夜培养 10～14 h。挑取白色菌斑，液体 LB 培养基培养 8 h 后，进行菌液 PCR 鉴定。

④ 序列测定与比对分析。挑取白色菌斑，培养于试管斜面中，测序，结果在 Genbank 数据库中比对。

作业及思考题

(1) 利用酶联免疫吸附法测定植物病原病毒的基本原理是什么？其操作需要注意哪些事项？

(2) 分子生物学技术检验植物病毒有哪些主要步骤？

实验 4-4　植物寄生线虫的检验

【实验目的】

通过本实验了解从土壤和植物组织中分离线虫的基本原理，掌握从土壤和植物组织中分离线虫的常用方法。学习在解剖镜或扩大镜下用镊子、竹针、毛针、毛笔等工具从水中和滤纸上挑取线虫的方法。

【实验原理】

植物寄生线虫的检疫主要是利用它的趋水性、大小、比重以及与其他杂质的差异，采用过筛、离心、漂浮等措施，将线虫从植物组织、土壤中分离出来，经检验确定是否为检疫线虫。植物寄生线虫主要存在于土壤和植物组织中，分离线虫的方法有多种，要根据线虫的种类、研究目的等来选择适宜的方法。植物寄生线虫的个体很小，除极少数可从植物组织中直接挑出以外，绝大多数需借助特定的工具和方法才能完成。

【实验材料及准备】

(1) 材料

感染松材线虫(*Bursaphelenchus xylophilus*)的松木、感染甘薯茎线虫(*Ditylenchus destructor*)的病薯块等。

(2) 试剂

① 线虫固定液(FAA)。福尔马林 10 mL，冰醋酸 1 mL，蒸馏水 89 mL。

② 乳酸酚溶液。苯酚 10 g，在少量热水中溶解，然后加入乳酸 10 g、甘油 20 g，加水定容到 10 mL。

③ 酸性品红乳酸酚。在乳酸酚溶液中加入 0.01%酸性品红。

④ TE 缓冲液，松材线虫特异引物 Primer 1、Primer 2，dNTP，10×PCR 缓冲液，Taq 酶，限制性内切酶 HphI。

(3) 仪器与用品

解剖镜，漏斗分离装置，漂浮分离装置，浅盘分离装置，离心机，纱布或铜纱，记数皿或培养皿，小烧杯，小玻管，旋盖玻璃瓶，40 目和 325 目网筛，75%酒精，线虫滤纸，餐巾纸，挑针，竹针，毛针，毛笔，移液枪，冰箱，电泳仪，SX-300 凝胶成像仪，PCR 仪等。

【实验方法及步骤】

1. 直接观察检验

首先以肉眼和手持放大镜仔细检查种子，检出畸形、变色、干秕种子以及夹杂的土粒杂质等，作进一步检查。小麦粒瘿线虫(*Anguina tritici*)和剪股颖粒线虫(*A. agrostis*)都使寄主籽实形成虫瘿。水稻茎线虫(*Ditylenchus angustus*)侵染的病粒变褐色，颖部不闭合，谷形瘠细或成为空谷。无性繁殖材料，从根系到茎、叶、芽、花等部位均应仔细检查，要特别注意根、块茎等部位有无根结、瘿瘤；根部有无黄色、褐色或白色针头大小的颗粒状物；须根有否增生；根部有否产生斑点、斑痕等症状；块根、块茎是否干缩龟裂和腐烂；叶、茎或其他组织是否肿大、畸形等症状。

病材料可用浸泡、解剖和染色等方法检出线虫。可疑种子放入培养皿内，加入少量无菌水浸泡后，在解剖镜下剥离颖壳，挑破种子检查有无线虫。根、茎、叶、芽或其他植物材料洗净后切成小段置于培养皿内加水浸泡一定时间后，在解剖镜下解剖检查植物组织中有无线虫。检查水稻茎线虫可将病粒连颖及米粒在20～30℃室温下加灭菌水浸泡4～12 h，振荡10 min，1500 r/min离心3 min，弃去离心管内的上清液，吸取沉淀物制片镜检。

2. 染色检验法

适于检验植物组织中的内寄生线虫。烧杯中加入酸性品红乳酸酚溶液，加热至沸腾，再加入洗净的植物材料，透明染色1～3 min后取出用冷水冲洗，然后转移到培养皿中，加入乳酸酚溶液褪色，用解剖镜检查植物组织中有无染成红色的线虫。

3. 分离检验法

将病原线虫由寄主体内、土壤或其他载体中分离出来，再鉴定种类。

(1) 改良贝尔曼漏斗法

此法适于分离少量植物材料中有活动能力的线虫。其装置是将直径10～15 cm的玻璃漏斗架在铁架上，下面接一段约10 cm的橡皮管，橡皮管上装一个弹簧夹。

① 将植物材料切碎用双层纱布包好，浸在盛满清水的漏斗中，或在漏斗内衬放一个用细铜纱制成的漏斗状网筛，将植物材料直接放在网筛中，分离土壤线虫时需在网筛上放一层纱布或多孔疏松的纸，上面加一层土样。

② 加水，静止24 h。

提示：由于趋水性和自身的重量，线虫会离开植物组织或土壤，沉降到漏斗底部的橡皮管中。

③ 打开弹簧夹，慢慢放出底部约5 mL水样于平皿内。

④ 在解剖镜下观察分离到的线虫。若线虫数量太少，可将水样倒入离心管中，1500 r/min离心3 min，倒掉上层清水，将下层沉淀物悬浮后倒入平皿或记数皿中，在解剖镜下观察记数，然后将线虫用毛针或毛笔挑入盛有固定液的小玻璃管中备用。

(2) 浅盘分离法

该方法原理与漏斗分离法一样，但分离效果更好，而且泥沙等杂物较少。用两个不锈钢浅盘套放在一起，上面一个是筛盘，它的底部是筛网，网目大小为10目，下面一个是稍大的盛水盘。也可在培养皿上放置一个稍小的浅盘状的金属网，网与培养皿底部保持一定距离。

分离时将线虫滤纸放在网上用水淋湿，上面再放一层餐巾纸，将要分离的土样或植物材料放在餐巾纸上，在两盘之间缝隙中加水，淹没土样或植物材料，在20～25℃室温下保持3 d，去掉筛网后，将下面浅盘中的水样过筛(上层为25目，下层为400目)，将下层筛上的线虫用小水流冲洗到记数皿中，观察鉴定。

各种分离方法所得线虫，用线虫固定液固定，镜检观察线虫形态，鉴定线虫种类，确定是否为检疫线虫。

4. 分子生物学检验

实验以松材线虫为例，具体步骤如下。

① 基因组DNA的制备。线虫的分离采用漏斗法。在解剖镜下，用移液枪吸取单条线虫至PCR反应管中，然后加入TE(10 mmol Tris-HCl，1 mmol EDTA，pH 8.0)缓冲液至总体积为

20.8 μL。把 PCR 反应管放置于－20℃冰箱中，反复冻融 2～3 次，此时即可作为 PCR 反应的模板。

② PCR 扩增。用于检测松材线虫的特异性引物序列为：5’-TGCTCGTCACGATGAT-ACGAT-3’(Primer 1)和 5’-TCCACCGGAGTAACTTAAAGC-3’(Primer 2)，其预期的扩增产物大小为 301 bp。

PCR 反应体系包括：在 20.8 μL 的线虫基因组 DNA 中加入 Primer 1(20 mmol/L)与 Primer 2(20 mmol/L)各 0.5 μL，dNTP(10 mmol/L)0.5 μL，10×PCR 缓冲液(Mg^{2+})2.5 μL，Taq 酶(5 U/μL)0.2 μL，总体积为 25 μL。

PCR 反应条件如下：95℃预变性 5 min；95℃变性 30 s，60℃复性 30 s，72℃延伸 1 min，40 个循环；最后 72℃延伸 5 min。

③ PCR 产物电泳检测。PCR 反应结束后，12 000 r/min 离心 1 min，然后取 20 μL 扩增产物进行 1.5%琼脂糖凝胶电泳。在 SX-300 凝胶成像系统上观察并记录结果，能扩增得到分子量为 301 bp 的特异性条带，则可初步判定为松材线虫。

④ PCR 产物的酶切验证。选用限制性内切酶 HphI 进行酶切分析，该酶可将 PCR 扩增片段酶切为 176 bp、90 bp、35 bp 3 个片段。酶切反应体系包括。10 μL PCR 产物，1 μL 内切酶(5U/μL)，3 μL 酶切缓冲液，16 μL 重蒸馏水，总反应体积为 30 μL。37℃温育 12 h，1.5%琼脂糖凝胶电泳检测酶切结果。

⑤ PCR 产物的测序及比对。对 PCR 酶切片段进行测序，结果于 Genbank 比对，以证实为松材线虫。

作业及思考题

(1) 比较各种线虫分离方法的优缺点。

(2) 植物病原线虫的分子生物学检测有哪些主要步骤？

实验 4-5　田间调查不同品种对水稻纹枯病的抗性测定

【实验目的】

通过本次实验，掌握主要病害的田间调查方法。

【实验原理】

利用和培育抗病品种，是防治病害的最经济、有效的措施。要搞好抗病育种工作，必须熟练掌握不同品种的抗病性差异。通过调查田间不同品种病害的发生情况，了解田间不同品种的抗病性差异，为筛选抗病品种和抗病育种工作打下坚实的基础。

【实验材料及准备】

水稻纹枯病或其他病害的病田，笔记本，铅笔，米尺。

【实验方法及步骤】

1. 确定取样方法

应根据病害的种类和环境条件选择合适的取样方法。常用的取样方法有五点取样、对角线取样、棋盘取样、平行线取样、"Z"字形取样等。

① 五点取样法。从田块四角的两条对角线的交叉点，即田块正中央，以及交叉点到四个角的中间点等 5 点取样。

② 对角线取样法。调查取样点全部落在田块的对角线上，可分为单对角线取样法和双对角线取样法两种。单对角线取样方法是在田块的某条对角线上，按一定的距离选定所需的全部样点。双对角线取样法是在田块四角的两条对角线上均匀分配调查样点取样。两种方法可在一定程度上代替棋盘式取样法，但误差较大些。

③ 棋盘式取样法。将所调查的田块均匀地划成许多小区，形如棋盘方格，然后将调查取样点均匀分配在田块的一定区块上。这种取样方法，多用于分布均匀的病虫害调查，能获得较为可靠的调查。

④ 平行线取样法。在桑园中每隔数行取一行进行调查。本法适用于分布不均匀的病虫害调查，调查结果的准确性较高。

⑤"Z"字形取样法。取样的样点分布于田边多，中间少，对于田边发生多、迁移性害虫，在田边呈点片不均匀分布时用此法为宜，如螨等害虫的调查。

取样单位应随着作物种类和病害特点而相应变化。通常在每一调查点上取 100～200 株或 20～30 张叶片或个果实。

按照"中华人民共和国国家标准田间药效试验准则(一) GB/T 17980.20-2000 杀菌剂防治水稻纹枯病"的规定，根据水稻叶鞘和叶片为害症状程度分级，以株为单位，每小区对角线 5 点取样法，每点调查相连 5 丛，共 25 丛，记录总株数、病株数和病级数。

2. 分级标准

表 4-5-1　水稻纹枯病的分级标准(以株为单位)

病　级	分　级　标　准
0	全株无病
1	第四叶片及其以下各叶鞘、叶片发病(以剑叶为第一片叶)
3	第三叶片及其以下各叶鞘、叶片发病
5	第二叶片及其以下各叶鞘、叶片发病
7	剑叶叶片及其以下各叶鞘、叶片发病
9	全株发病,提早枯死

按下列公式计划病情指数。

$$\text{病情指数} = \frac{\sum[\text{各级病叶(穗)数} \times \text{各级代表值}]}{\text{调查总数} \times \text{最高级代表值}} \times 100$$

作业及思考题

(1) 写出调查不同水稻品种,田间纹枯病的发生情况的结果。

(2) 根据调查的发病程度,你可以得出什么结论?

实验 4-6　病原物致死温度的测定

【实验目的】

通过该实验,掌握病原物致死温度的测定方法。

【实验原理】

病原物的致死温度是指处理 10 min 后,病原物丧失致病性的最低温度。将病原物放置在一定的温度下处理 10 min 后,再接种到感病寄主,如果不能发病,则表明病原物失去了致病性。致死温度的测定,对防治病害具有重要意义。

【实验材料及准备】

水稻白叶枯病菌或者烟草花叶病毒提取液,水浴锅,温度计,剪刀,石英砂。

【实验方法及步骤】

1. 病原物的准备

① 水稻白叶枯病菌。通过牛肉膏蛋白胨培养液培养水稻白叶枯病菌,并用浊度计将水稻白叶枯病菌悬液的浓度调整到 10^8 cfu/mL。

② 烟草花叶病毒提取液。采集烟草花叶病叶片,称取 5 g 加入到研钵中,加入适量的磷酸缓冲液进行研磨,制成病毒提取液。

将上述病原物装入不同的试管中,然后放到不同温度的水浴锅中处理 10 min,迅速将试管转入常温(28℃)环境,备用。

2. 接种材料的准备

① 水稻秧苗:培育水稻秧苗至四叶期。

② 烟草植株:培育烟草植株到四叶期一心。

3. 接种

病原物的接种方法主要有:喷雾接种法(孢子＋水＋Tween-20)、喷粉接种法(干孢子粉＋滑石粉)、病植物接种法(利用得病植物)、直接接种法(病原菌培养物)、致伤接种法(利用针刺等制造创伤)、介体接种法(利用一些传毒介体)、土壤接种法(麦粒或玉米粉等混入土壤)等。

① 水稻白叶枯病。采用致伤接种法,常用剪叶接种和针刺接种法。先通过火焰或用 75%酒精消毒解剖剪,将剪刀在处理后的水稻白叶枯病菌悬浮液中浸一下,使剪刀的刃口蘸满菌液,再将要接种的稻叶叶尖剪去。

② 烟草花叶病。采用致伤接种法中的汁液摩擦法。将手用肥皂或 75%酒精清洗干净,再在接种的烟草叶片上洒少许石英砂,用食指蘸取少量处理后的烟草花叶病毒提取液,轻轻摩擦烟草叶片。

所有的接种实验都应用清水代替病原物作为对照,用同样的方法接种。为保证接种成功,应该将接种后的植株放置合适的环境,观察发病与否。

作业及思考题

(1) 以小组为单位进行实验,每组作不同的温度处理,每天观察记载。

(2) 对病原物在不同温度下进行处理 10 min 的目的是什么?

(3) 接种后的植株应该如何培养?

实验 4-7　杀菌剂对植物病原菌的室内生物活性测定

【实验目的】

通过本实验基本掌握杀真菌剂室内(离体)活性的生物测定操作技术,掌握杀真菌剂毒力回归曲线的制作及 EC_{50} 的计算方法。

【实验原理】

将病原菌孢子培育在含有一定药剂的介质中,在保温保湿的条件下培养一定时间后镜检,根据杀菌剂对病原真菌孢子萌发抑制作用来测定药剂的生物活性。

将不同浓度的药液与融化的培养基混合,制成带毒培养基平面,在平面上接种病原菌,以病菌生长速度的快慢来判定药剂毒力的大小。病菌生长速率可用两种方法表示: ① 一定时间内菌落直径的大小;② 菌落达到一定直径所需的时间。

【实验材料及准备】

(1) 材料

番茄灰霉病菌(*Botrytis cinerea*),菜豆炭疽病菌(*Colletotrichum lindemuthianum*),玉米大斑病菌(*Exserohilum turcicum*),水稻纹枯病菌(*Rhizoctonia solani*),番茄叶霉病菌(*Fulria fulva*)和辣椒根腐病菌(*Fusarium solani*)。

(2) 试剂

药剂: 25%嘧菌酯,用无菌水配制成 1000 mg/L 母液备用。

培养基: 2% WA 培养基(水琼脂培养基)。

(3) 仪器与用品(每小组为单位)

萌发载玻片(凹玻片),镊子,标签,记号笔,灭菌水,孢子计数器,废液缸,"U"型玻棒,1 mL 移液器,吸头,灭菌小烧杯,显微镜,超净工作台。

【实验方法及步骤】

1. 孢子萌发法

(1) 孢子萌发的准备

实验室中常用的孢子萌发用具是普通的载玻片或凹玻片,玻片必须清洁。

将玻片用洗涤剂浸泡 10 min,然后用自来水冲洗,由于洗涤剂中的重铬酸钾有极强的杀菌能力,所以要充分冲洗干净,然后再用蒸馏水冲洗,并于防尘条件下干燥,或用滤纸吸干备用。

(2) 孢子悬浮液的制备

每组选取 2 种病原真菌,在选取的纯培养的病原菌的培养皿中加入灭菌水 10 mL,用接种环轻轻刮下培养基上生长的孢子,搅动并使其充分分散,制成孢子悬浮液。调节孢子悬浮液的浓度,在 10×10 倍的低倍镜下观察,每视野中有 50～60 个左右的孢子为宜。

(3) 供试药剂的配制

将供试药剂嘧菌酯配制成 0、0.5、4、40、100 ppm 五种浓度,分别编号为 Y1、Y2、Y3、Y4、Y5 待用。当与等量的病原菌孢子悬浮液混合后,浓度均为混合前的 1/2,即药液浓度变为 0、0.25、

2、20、50 ppm[①]。

(4) 药剂对孢子萌发抑制作用的测定

取灭菌的培养皿，在培养皿盖上平铺 0.5 cm 厚的脱脂棉，以无菌水浸透，脱脂棉上面再铺一层滤纸，将灭菌的“U”型玻棒置于滤纸之上，备用。用 1 mL 的移液器分两次吸取药剂放于灭菌的 10 个小烧杯中，编号记录。吸取配制好的病原菌孢子悬浮液，注入到盛有不同浓度药液的小烧杯中，摇匀，用 1 mL 移液器吸取药物和孢子悬浮液的混合液置于萌发玻片的凹槽处，迅速翻转制成悬滴，每个浓度的处理重复 3 次，编号记录，如浓度为 0.5 ppm 的药剂对小麦赤霉病菌的生物活性测定的 3 个重复记录为“小麦赤霉病菌-Y1-1”、“小麦赤霉病菌-Y1-2”、“小麦赤霉病菌-Y1-3”。25℃条件下恒温培养 24 h。

(5) 萌发率统计

24 h 后在显微镜下观察，统计萌发率，并计算出各处理的孢子萌发抑制率。

$$孢子萌发率=\frac{萌发孢子数}{检查孢子总数}\times 100\%$$

$$孢子萌发抑制率=\frac{对照孢子萌发率-处理萌发率}{对照萌发率}\times 100\%$$

2. 生长速率法

用不同浓度药液与热培养基混合后制作成含毒培养基培养病菌，药剂毒力的大小以病菌生长进度的快慢来判断。

① 含毒培养基的制备。将供试药剂嘧菌酯配制成 0、2.5、20、200、500 ppm 五种浓度备用。取 1 mL 不同浓度的药液加入到 9 mL 2% WA 热培养基中，则含毒培养基的药剂浓度分别为 0、0.25、2、20、50 ppm。

② 各小组在选取的纯培养菌落上用直径 0.4 cm 的打孔器在外缘切取带培养基的菌饼。

③ 用接种针或镊子将菌饼正面向下与含毒培养基贴合，用封口膜封口，培养皿倒置于 25℃条件下恒温培养 24 h。

④ 检查记录每个菌饼的生长量，按十字交叉两个方向用卡尺测量并记录每个菌落的直径。

$$抑制生长率=\frac{对照菌落的直径-处理菌落的直径}{对照菌落的直径}\times 100\%$$

作业及思考题

(1) 每组提交一份嘧菌酯对不同病原真菌的孢子萌发抑制率报告。

(2) 结合本班各组实验结果，指出哪种病原真菌对嘧菌酯最为敏感。

(3) 选用生长速率法测定杀菌剂生物活性的实验中，接种菌饼时应注意的事项。

(4) 将按照生长速率法测定的杀菌剂的生物活性结果记录到表中，选用浓度的对数值作为横坐标，抑制生长率作为纵坐标，求出供试药液对病原菌的毒力回归方程、抑菌中浓度 EC_{50}。

---

① 1 ppm 相当于 1 mg/L。

实验 4-8　杀细菌剂的室内生物活性测定

【实验目的】

通过本实验了解杀菌剂的抑菌效果，掌握牛津杯法离体测定杀菌剂生物活性的方法。

【实验原理】

将混合有病原菌的培养基平板置于培养箱中培养，一方面实验菌开始生长繁殖；另一方面杀菌剂从牛津杯中向培养基扩散渗透，通过对植物病原菌的抑杀作用而影响细菌生长繁殖，使菌落形成抑菌圈，按照抑菌圈的大小确定杀细菌剂的抑菌能力。

【实验材料及准备】

(1) 材料

柑橘溃疡病病菌(*Xanthomonas axonopodis* pv. *citri*)。

(2) 试剂

药剂：1.5％噻霉酮水乳剂，50％敌磺钠可湿性粉剂，25％溴菌腈可湿性粉剂。

培养基：NA 培养基。

(3) 仪器与用品

培养皿，灭菌牛津杯，移液器，灭菌吸头，喉头喷雾器。

【实验方法及步骤】

① 配制供试药剂。1.5％噻霉酮水乳剂 900 倍液、50％敌磺钠可湿性粉剂 2000 倍液、25％溴菌腈可湿性粉剂 1500 倍液。

② 将已灭菌的 NA 培养基加热到完全融化，倒在培养皿内，每皿 15 mL(下层)，待其凝固。

③ 采用分光光度计法配置浓度为 1.0×10^{8} cfu/mL 的菌悬液，将 1 mL 菌悬液与 4 mL 热培养基混合。

④ 将混有植物病原菌的培养基 5 mL 加到已凝固的培养基上待凝固(上层)，或采用喉头喷雾器将试验菌均匀喷洒在 NA 培养基平板上。

⑤ 在培养基表面垂直放上牛津杯，在杯中加入待检样品，编号记录，每处理重复 3 次，以无菌水作对照。置于 28℃恒温箱中培养 48 h。

⑥ 取出观察并记录病菌生长情况及抑菌效果，按十字交叉两个方向用卡尺测量并记录每个抑菌圈的直径。

⑦ 记录方式。“－－”：对病原菌无抑制作用；“＋”：对病原菌有微弱抑制作用；“＋＋”：对病原菌有明显抑制作用；“＋＋＋”：对病原菌有较强抑制作用。

作业及思考题

(1) 每组提交一份不同杀菌剂对柑橘溃疡病抑制效果的分析报告。

(2) 制订一套测定不同浓度药液抑菌效果的实验方案。

实验 4-9　抗病毒物质生物学筛选法

【实验目的】

通过本实验了解防治植物病毒病害药剂的药效室内定性测定方法。

【实验原理】

抗病毒药剂的抗病毒活性可能是多种因子综合作用的结果。抗植物病毒物质的作用机理主要表现在抑制病毒侵染、复制和增殖及症状表达，诱导寄主产生抗病性。实验室常采用接种后的发病抑制率来定性评价抗病毒物质的活性。

【实验材料及准备】

(1) 材料

枯斑寄主心叶烟（*Nicotiana glutinosa*），系统寄主普通烟（*Nicotiana tabacum*）；烟草花叶病毒（TMV），保存于普通烟上。

(2) 试剂

10%病毒王可湿性粉剂 600 倍液，0.01 mol/L 的磷酸缓冲液。

(3) 仪器与用品

研钵，量杯，量筒，移液器，吸头，纱布，玻璃板，金刚砂。

【实验方法及步骤】

① 实验用苗的培育。育苗时将心叶烟和普通烟的种子先用温水浸种 30 min，然后将种子直接播种于育苗盆内，将其放入光照培养箱（22℃，16 h/d，湿度 60%）培养，当烟草长到 5～6 片真叶时供试。

② 病毒接种液的配制。剪取 0.2 g 发病严重的普通烟叶叶片放入研钵，加入少量金刚砂，按照 1∶50（W/V）的比例加入 pH 7.2 浓度为 0.01 mol/L 磷酸缓冲液，充分研磨后，用 4 层纱布过滤。将制得的病毒接种液与等体积供试药剂混合，1 h 后用于接种。

③ 将病毒接种到 5～6 叶期的心叶烟上，右半叶接种含有供试药剂的病毒接种液，左半叶为对照。接种时用棉球在病组织制备的组织液中浸蘸一下，用镊子夹住棉球在接种植物叶面沿叶脉支脉方向轻轻擦 1～2 次。接种时在叶片下方用玻璃板支撑，小心不要损伤叶片。静置 2 min，待叶片表面未干之前用蒸馏水冲洗叶片。

④ 结果检查。接种培养 3 d 后记录枯斑数，计算枯斑抑制率。

$$\text{枯斑抑制率}=\frac{\text{对照枯斑数-处理枯斑数}}{\text{对照枯斑数}}\times 100\%$$

作业及思考题

(1) 每组提交一份抗病毒药剂的药效室内测定实验报告。

(2) 试验中加入金刚砂的作用是什么？

实验 4-10　杀线虫剂的室内生物测定

【实验目的】

通过实验了解杀线虫剂的筛选过程，掌握两种杀线虫剂的常规生物活性测定方法。

【实验原理】

许多杀线虫剂的作用机理与杀虫剂相同，如有机磷类和氨基甲酸酯类杀线虫剂的作用机理是抑制线虫体内的乙酰胆碱酯酶(AchE)，因而对新化合物的杀线虫活性进行测定可防止可能的杀线虫剂的漏筛，为新化合物成为农药增加了一种可能性。测定新化合物活体杀线虫活性能更准确地反映化合物用于田间后的实际效果，采用盆栽模拟自然环境进行测定，其结果反映了寄主、病原线虫和环境之间互作的综合结果。

【实验材料及准备】

(1) 材料

黄瓜根结线虫二龄幼虫，黄瓜幼苗。

(2) 试剂

5%线净颗粒剂，1.8%阿维菌素乳油，15%卫根微乳剂，10%福气多颗粒剂配制成 500、1000、1500、2000 倍液备用。0.5%曙红染色液(Ringers 液配制)，无菌水。

(3) 仪器与用品

直径 60 mm 的培养皿，直径 150 mm 的培养皿，移液器，吸头，解剖针，滤纸，恒温培养箱，计数器，显微镜，解剖镜。

【实验方法及步骤】

(1) 离体杀线虫活性的测定(采用触杀法)

① 用消毒水将收集到的根结线虫的二龄幼虫调节至合适浓度(20 倍体式显微镜下每视野 20 条线虫为宜)。

② 每组选取一种药剂，取 1 mL 药剂溶液与 1 mL 线虫悬浮液于 60 mm 的小培养皿中混合，编号记录，将盛有药液和线虫的小培养皿置于衬有湿滤纸保湿的大培养皿中，置于 24～25℃恒温箱培养 24 h 或 48 h。

③ 向培养后的小培养皿中加入 1 mL 0.5%曙红染色液，染色 5～10 min，温度应控制在 10℃以上。

④ 于解剖镜下检查线虫的死活，统计致死率，深红色的为死虫。

$$致死率=\frac{死亡个体数}{检查个体数}\times 100\%$$

⑤ 根据致死率判断化合物的离体杀线虫活性级别，分级标准如下：

A 级，致死率≥50%；

B 级，30%≤致死率<50%；

C 级，致死率<30%。

(2) 活体杀线虫活性的测定

① 在塑料盆钵中装土，培养寄主植物的土壤要求不含靶标线虫。移栽未感染根结线虫的黄瓜幼苗于塑料盆中培养 20 d 左右。

② 收集 24 h 内孵化的线虫，调节线虫悬浮液的浓度至约 1000 条/mL，每盆接种 5 mL。

③ 接种后于 25～27℃培养 7 d。

④ 分别取不同浓度的药剂溶液 50 mL 施入到上述接种过线虫的盆钵中，覆土 1～2 cm，于 25～27℃培养 3 周。同时做清水对照处理。

⑤ 根据黄瓜幼苗根系上的根结的发生量检查结果。化合物活体杀线虫活性的分级标准列于下表。

1 级	1%～20%根系上有根结，但根结相互不连接
2 级	21%～40%的根系上有根结，仅少量根结相互连接
3 级	41%～60%的根系上有根结，半数以下根结相互连接
4 级	61%～80%的根系上有根结，半数以上根结相互连接，部分主、侧根变粗呈畸形
5 级	80%以上的根系上有根结，且相互连接，多数主、侧根呈畸形

$$病情指数 = \frac{\sum(各级发病数 \times 相应级数)}{调查株数 \times 5} \times 100$$

$$防治效果 = \frac{对照病情指数 - 处理病情指数}{对照病情指数} \times 100\%$$

作业及思考题

(1) 每组提交一份不同杀线虫剂不同浓度对根结线虫的毒力分析报告。

(2) 根据本班实验结果，选出可用于黄瓜根结线虫病防治的高效药剂及浓度。

(3) 计算出各处理的致死几率，求出 LC_{50}，并以此比较不同药剂不同浓度毒力的大小。

实验 4-11 植物病原菌对化学杀菌剂的抗药性测定

【实验目的】

通过本实验掌握植物病原菌对化学药剂抗性检测的基本方法。

【实验原理】

植物病原菌抗药性是指病原菌长期在单一药剂选择作用下，通过遗传、变异等对某一种药剂获得的适应性。随着高效、内吸、选择性强的杀菌剂被开发和广泛应用，植物病原菌对杀菌剂的抗性越来越严重和普遍，成为制约化学防治措施发展的关键因素之一。

【实验材料及准备】

(1) 材料

不同地区辣椒疫霉菌 5 个菌株，辣椒幼苗，胡萝卜培养基(CA)，含甲霜灵的胡萝卜培养基。

(2) 药剂

91.2%甲霜灵(metalaxyl)原药，灭菌去离子水。

(3) 仪器与用品

培养皿，打孔器，量杯，天平，镊子，移液器，吸头。

【实验方法及步骤】

(1) 生长速率法

① 91.2%甲霜灵(metalaxyl)原药，用少量丙酮溶解后加入灭菌蒸馏水配成 5 mg/mL 母液备用。

② 培养基制备。含甲霜灵的胡萝卜培养基：取 5 mg/mL 甲霜灵母液 1 mL，用灭菌去离子水配成 0、10、50、200、1000 μg/mL 的系列稀释液。取融化的 CA 培养基 9 mL 加入到培养皿中，用移液器取 1 mL 上述甲霜灵稀释液加入到培养皿中，配制成终浓度分别为 0、1、5、20、100 μg/mL 的含药培养基平板。

③ 将在 CA 平板上培养 7 d 后的供试菌株，从菌落边缘取直径 0.4 cm 的菌丝块，分别移到含甲霜灵 0、1、5、20、100 μg/mL 的 CA 平板中央，25℃培养，5 d 后测定菌落生长量。

④ 供试菌株对甲霜灵的敏感性划分参考 Parra 等和 Fraser 等的标准确定，即在含 5 μg/mL 甲霜灵的 CA 上生长量小于空白生长量的 40%为敏感菌株(metalaxyl-sensitive isolate，简称 MS)；在含 5 μg/mL 甲霜灵的 CA 上生长量大于空白生长量的 40%，但在含 100 μg/mL 甲霜灵的 CA 上生长量小于空白生长量的 40%为敏感性处于中间状态的菌株(metalaxyl- intermediate isolate，简称中间菌株 MI)；在含 100 μg/mL 甲霜灵的 CA 上生长量超过空白生长量 40%的菌株为抗性菌株(metalaxyl-resistant isolate，简称 MR)。

(2) 叶盘漂浮法

① 选取不同抗性的辣椒疫霉菌孢子悬浮液，将浓度分别调节至 4×10^4 个/mL 后放入 5～8℃的冰箱中 15 min，再于 25℃室温放置 30 min 刺激游动孢子释放。

② 在直径 9 cm 的培养皿内加入 20 mL 浓度分别为 0、1、5、20、100 μg/mL 的甲霜灵药液，以

加入灭菌去离子水为对照，将直径为 14 mm 的辣椒叶片背面朝上置于悬浮液中，每皿 10 片，浸泡 2 h 后，将叶片取出稍晾干，每叶盘中心滴 15 μL 游动孢子悬浮液，16 h 光照，8 h 黑暗，20℃下培养 8 d，设空白对照。

③ 根据病斑面积占叶盘面积百分率来分病级：0 级无病；1 级＜5％；2 级 5％～20％；3 级 20％～50％；4 级＞50％。

作业及思考题

（1）每组提交一份不同地区辣椒疫霉菌株的抗性报告。

（2）在实验室离体抗性测定时应注意哪些操作规程。

实验 4-12　植物病害生防菌的分离与培养

【实验目的】

通过本实验学习生防菌的常规分离、培养和纯化技术，学习从菌落及培养特征等方面区分细菌、放线菌和真菌的类别。

【实验原理】

植物病害生防菌的分离培养是利用生防菌进行植物病害生物防治研究和应用的前提。为了获得生防菌的纯培养，首先必须把目的生防菌分离出来，再根据不同生防微生物生长所需营养和环境条件，使其在平板培养基上形成菌落，从而获得纯培养物。

【实验材料及准备】

(1) 材料

土壤，植物材料。

(2) 试剂

① 细菌分离培养基。牛肉膏蛋白胨琼脂 NA 培养基(牛肉浸膏 3 g，蛋白胨 5 g，葡萄糖 2.5 g，琼脂 15～18 g，蒸馏水 1000 mL)。

② 放线菌分离培养基。高氏 1 号培养基(可溶性淀粉 20 g，K_2HPO_4 0.5 g，KNO_3 1 g，$MgSO_4 \cdot 7H_2O$ 0.5 g，NaCl 0.5 g，$FeSO_4$ 0.01 g，琼脂 17～20 g，pH 7.2～7.4)。

③ 真菌分离培养基，PDA 培养基(去皮马铃薯 200 g，葡萄糖 10～20 g，琼脂 17～20 g，蒸馏水 1000 mL)。

(3) 仪器与用品

超净工作台，无菌培养皿，无菌吸管，三角瓶，试管，无菌水，酒精灯，接种环，玻璃刮环，接种针和记号笔，恒温培养箱等。

【实验方法及步骤】

(一) 土壤生防菌的分离和培养

1. 土壤生防菌的分离

土壤稀释平板法是应用最广泛的一种分离和计数土壤中放线菌、细菌和大量产孢真菌的方法。

① 取经过风干过筛后的土样 10 g，放入盛有 90 mL 无菌水的三角瓶中，振荡约 20 min，使土与水充分混合，将菌分散，制成 10^{-1}浓度土壤悬浮液。

② 在悬浮液沉降前吸 1 mL 加入另一盛有 9 mL 无菌水的三角瓶中振荡摇匀，即为 10^{-2}浓度悬浮液。同样方法，逐级稀释成不同的系列悬浮液。

③ 根据土样或所需分离的微生物，取一定稀释度的悬浮液 0.1 mL 加在已制好的平板培养基上，用玻璃刮铲将稀释液在培养基上充分混匀铺平，倒置于 25～30℃恒温箱培养。

④ 根据不同微生物生长速度不同，分别于 2 d、3 d、5 d 观察记载分离结果。

一般认为，为使每个平板上达到 50～150 个左右的菌落，放线菌的适当稀释度为 10^{-3}～

10^{-4}，细菌的为 10^{-5}～10^{-6}，真菌的为 10^{-4}～10^{-5}。

分离真菌和细菌常用PDA培养基和牛肉膏蛋白胨琼脂NA培养基。有时为提高分离效果，可在PDA中加入1000 mg/kg链霉素等以抑制细菌生长，或在牛肉膏蛋白胨琼脂NA培养基中加入五氯硝基苯等以抑制真菌生长。放线菌分离一般采用高氏1号培养基。

2. 土壤中生防菌的培养

分离于平板的生防细菌和放线菌，一般可置于28℃（真菌25℃左右）下培养，待长出菌落后，用接种环挑取菌落于平板划线培养，再次形成菌落后，于斜面划线培养，置于4℃冰箱保存。真菌用接种铲取菌落边缘，连同培养基转入斜面培养，产孢后置于4℃冰箱保存。

（二）植物体表生防菌的分离和培养

1. 生防菌的分离

（1）水洗法

① 取叶片5～10张，在自来水下冲去浮土，晾干，用打孔器打取直径为1 cm的圆片。

② 取0.5 g样品置于盛有100 mL无菌水的三角瓶内，振荡20～30 min，即得植物样品的水洗液。

③ 在培养基平板表面加入0.1 mL水洗液涂匀，置于25～30℃恒温箱培养，2～5 d后取出检查菌落并计数。

（2）悬浮液稀释平板法

① 取叶片5～10张，在自来水下冲去浮土，晾干。

② 将1 g样品在无菌研钵中研碎，放入盛有100 mL灭菌水的三角瓶中，用磁力搅拌器振荡约20 min，即成 10^{-2} 浓度植物体悬浮液。

③ 在悬浮液沉降前吸1 mL加入另一盛有9 mL无菌水的三角瓶中振荡摇匀，并以此逐级稀释成不同的系列悬浮液。

④ 根据土样或所需分离的微生物，取一定稀释度的悬浮液0.1 mL加在已制好的平板培养基上，用玻璃刮铲将稀释液在培养基上充分混匀铺平，倒置于25～30℃恒温箱培养。

⑤ 根据不同微生物生长速度不同，分别于2 d、3 d、5 d检查菌落并计数。

2. 生防菌的培养

生防菌的培养基、培养、纯化和菌种保存可参照前述土壤生防菌方法。

（三）植物体内生防菌的分离和培养

1. 生防菌的分离

（1）植物内生真菌的分离

① 取叶片5～10张，冲洗净表面的浮土及附生物。

② 剪取0.5 cm×0.5 cm的组织小块，在75%的乙醇中浸30～60 s，立即转入3%的次氯酸钠消毒液中浸5 min，再用无菌水洗3次，置无菌滤纸上吸干表面水分，然后转入PDA培养基平板上，置于25℃恒温箱培养。

（2）植物内生细菌的分离

① 取健康无病植株的根、茎、叶等组织，分别用自来水冲洗干净。随机称取0.5 g，75%酒精中振荡浸泡30～60 s，再用2%的次氯酸钠溶液振荡浸泡1～5 min（叶片1 min，茎3 min，根

5 min)，无菌水冲洗 4 次。以最后一次清洗的无菌水涂板为对照，据此检验此消毒方法是否能全部杀死供试材料表面微生物。

② 在无菌条件下，将消毒后的组织研磨成匀浆，并梯度稀释涂平板，置于 28℃ 黑暗培养 48 h。

2. 生防菌的培养

生防菌的培养基、培养、纯化和菌种保存可参照前述土壤生防菌方法。

作业及思考题

(1) 提交 1～2 份生防菌的分离物，并描述其培养性状和形态特征。

(2) 分离生防微生物的目的是什么？采用稀释法分离生防菌，如何保证准确并防止污染？

(3) 选择分离生防菌的材料有什么要求？

实验 4-13　植物病害生防菌的室内拮抗作用测定

【实验目的】

通过本实验掌握植物病害生物防治的基本原理及操作方法，明确生防菌拮抗、竞争、重寄生等作用机制，学会生防菌室内检测的常规技术。

【实验原理】

筛选有效的生防菌是植物病害生物防治成功与否的关键。植物病害生防菌的防治机制主要有拮抗作用、竞争作用、重寄生作用、溶菌作用、捕食作用等。生防菌的室内拮抗作用测定是利用生防菌进行植物病害防治的基础。

【实验材料及准备】

(1) 材料

①供试生防菌。荧光假单胞杆菌(*Pseudomonas fluorescens*)，枯草芽孢杆菌(*Bacillus subtilis*)，木霉菌(*Trichoderma viride*)等。

② 供试靶标致病菌。棉花枯萎病菌(*Fusarium oxysporum* f. sp. *vasinfectum*)，番茄灰霉病菌(*Botrytis cinerea*)，水稻纹枯病菌(*Rhizoctonia solani*)等致病菌。

(2) 试剂

PDA 培养基，水琼脂培养基。

(3) 仪器与用品

无菌水，无菌玻环，医用玻璃喷雾瓶，培养皿，接种针，比色盘，培养箱，显微镜，玻璃刮环，载玻片，盖玻片，滤纸，打孔器或无菌塑料吸管等。

【实验方法及步骤】

1. 活体微生物抑菌效果的室内测定

(1) 琼胶平板竞争作用的测定

生防菌和供试病原菌分别接种在同一琼胶平板表面，根据两者向前扩展的菌落之间出现的抑制现象，确定所测菌株的拮抗性。可以按以下方法之一进行接种。

① 靠近琼胶平板的边缘，在一边划线接种拮抗菌，另一边平行划线接种病原菌。

② 靠近琼胶平板边缘划线接种拮抗菌，与拮抗菌垂直的方向划线接种供试病原菌(T 字形接种)。

③ 在琼胶平板上距离 2～4 cm，一点接种拮抗菌，另一点接种病原菌。

④ 在琼胶平板中央接种供试病原菌，四周靠近边缘等距离接种多种拮抗菌。

(2) 病原真菌重寄生现象观察

① 取一灭菌载玻片置于 PDA 平板表面。

② 用灭菌接种针于水稻纹枯病菌边缘取约 10 mm^2 大小菌落块置于载玻片边缘 20 mm 处。

③ 自木霉菌落边缘切取约 10 mm^2 大小菌落块，置于载玻片另一端距水稻纹枯病菌 20 mm 处，盖上灭菌的盖玻片。

④ 盖上 PDA 平板，封口膜封口后，置于 25～28℃培养箱培养 3～5 d，并逐日观察，至木霉菌(*Tv*)和水稻纹枯病菌(*Rs*)相接后 48 h，取下盖玻片，将其置于另一滴有蒸馏水的干净载玻片上，置于 100 和 400 倍显微镜下观察真菌菌丝的形态、直径以及致病菌菌丝被木霉菌寄生的现象。

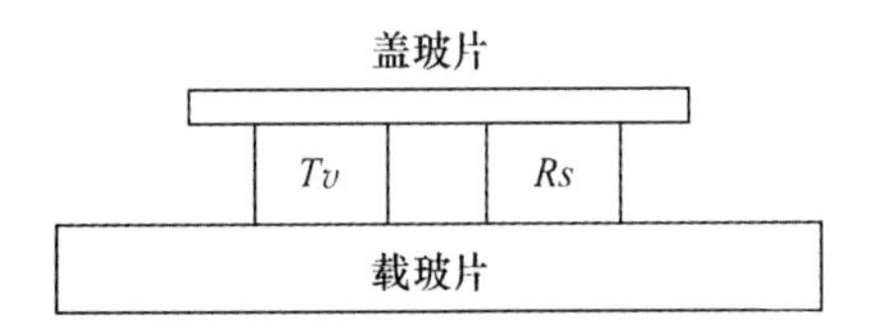

(3) 抑制靶标致病菌孢子萌发的测定

① 用吸管吸取对等靶标菌及生防菌的孢子悬浮液于比色盘中，混合均匀。

② 取经 70%酒精消毒的玻璃环，在其上下两端涂凡士林，粘在玻片上，并在环内加入几滴无菌水。

③ 取一洁净的盖玻片，在其上滴一滴混匀后的上述菌液，迅速翻转，放于玻片上，使其形成悬滴置于盖玻片上。

④ 取一大培养皿，皿内铺等大的无菌滤纸，加入无菌水，放 U 型玻棒，再将做好的玻片置于其上，于 25℃培养箱中培养。设不加生防菌的处理为对照。

⑤ 24 h 后，在显微镜下观察，统计萌发率。

2. 微生物代谢物的拮抗检测

(1) 滤纸片法

即先在培养皿内倒入水琼脂制成平板，再倒入一层带有病原菌孢子的培养基，将浸有不同浓度培养滤液的灭菌滤纸片移放到平板的四周，25～28℃培养箱培养 1 周后检测滤纸片周围抑制圈的有无和大小。

(2) 管碟法

与上述方法相同，制备病原菌平板，平板四周等距离放置小不锈钢管，在每个小钢管内加入不同浓度的生防菌培养滤液，经培养后测量钢管周围的抑菌圈直径。

(3) 孢子萌发法

于无菌凹玻片上滴入混有测试病原物孢子液的生防菌培养滤液 0.1～0.2 mL，在 25～28℃下培养 24 h，检查孢子萌发及芽管情况。

(4) 离体叶片测定法

① 将体外活性测定有效的菌株经摇瓶发酵后过滤，滤液加适量乳化剂。

② 取生长较一致而无病斑待测植物叶片，浸没滤液至全部湿润，取出后在阴凉处待药液干燥。

③ 用无菌打孔器打取试验菌菌饼，反贴于浸有发酵滤液的叶片上，以喷清水和化学农药的叶片作为对照。

④ 在保湿条件下培养，待空白对照叶片严重发病，调查处理叶片的发病情况，计算药效。

作业及思考题

(1) 拍照记录具有拮抗作用、重寄生作用和竞争作用的生防菌照片。

(2) 为什么琼脂培养基中测定的拮抗作用结果与土壤中的表现会有不同?

实验 4-14　植物病害生防菌的温室生防效果测定

【实验目的】

通过本实验学习温室内测定生防菌生防效果的常用方法，并通过种子发芽或温室盆栽实验等方法，测定初筛有效生防菌株对植物和病原物的反应。

【实验原理】

田间应用是植物病害生物防治工作的最终目的，由于田间的各种环境条件影响，室内抑菌试验结果有时与盆栽试验和大田应用试验的结果不一致，因此必须将初筛入选的有效菌株经过多次盆栽试验进一步验证，将具有明显防病效果的菌株进行田间小区试验，检验其防病效果与稳定性，同时结合观察供试作物对这些生防菌的反应并探索其应用技术，才能对筛选生防菌的应用效果作出准确评价。

【实验材料及准备】

(1) 材料

① 供试病原菌。丝核菌(*Rhizoctonia solani*)，镰刀菌(*Fusarium oxysporum*)和灰霉菌(*Botrytis cinerea*)等。

② 供试生防菌。绿色木霉(*Trichoderma viride*)，芽孢杆菌(*Bacillus subtilis*)和放线菌及其抗生素等。

③ 供试作物。黄瓜，番茄，大豆种子和幼苗等。

(2) 试剂

PDA 培养基，1.5%水琼脂培养基，无菌蒸馏水。

(3) 仪器与用品

灭菌培养皿，花盆，三角瓶，烧杯，培养箱等。

【实验方法及步骤】

1. 土壤基质中生防菌防效的测定

(1) 土壤试管法

土壤经灭菌处理后，加入一定量的供试拮抗菌如细菌或放线菌悬浮液，保持 7～14 d，使生防菌定殖，再接种一定量的病原微生物。通过观察病原菌在该土壤中的生长能力，测定生防菌的效力。

(2) 盆栽实验法

将病原菌与含有生防菌的土壤充分混合，然后播种寄主种子或移栽幼苗。通过受感染的幼苗生长及感病情况、病原菌的传播距离和速度测定生防菌的效力。

(3) 育苗测定法

寄主植物种子接种生防菌后播于天然感病土壤中，以种子的存活、植株的活力来测定生防菌的效力。插穗或移栽苗在种植于感病土壤前，也可用生防菌先接种，然后再定植，以植株的感病情况及生长情况测定生防菌的效力。

2. 盆栽实验测定法

(1) 幼苗盆栽测定

选取生长一致的幼苗，喷生防菌发酵滤液或粗制品，阴干后，把预先在PDA琼脂平板上培养的病原菌菌饼或菌悬液接种在叶片上，以喷清水作对照。在25～28℃保湿培养，调查发病率。

(2) 种子盆播测定

适用于种传病害及土传病害。将待测种子经表面消毒后接入待测病原菌，在生防菌发酵滤液中浸泡24 h，播种在装有灭菌土的花盆内，以清水处理作对照。于适当温度下培养1～2周后调查出苗率及根系生长情况。

作业及思考题

(1) 观察盆栽试验中生防菌对病原菌的抑制作用，记录叶部病斑率、病苗率和种子萌发率，计算生防菌的防治效果。

(2) 人工接种检验拮抗微生物的防病作用时应注意哪些问题?

实验 4-15　生防菌的发酵与扩繁

【实验目的】

通过本实验学习了解菌种培养基与发酵培养基的区别，了解发酵工业的生产流程。

【实验原理】

将筛选出的生防微生物进行扩大培养甚至工业化生产是实现其生防效果的必要途径。发酵罐的条件控制优于摇瓶是因为其溶氧、pH、温度、泡沫、补料的控制更加精确和到位，从而使产物的产量更高。发酵生产流程一般是：保藏斜面菌种—活化斜面菌种—摇瓶菌种—菌种罐—发酵罐。小型实验可以略去菌种罐一步。

【实验材料及准备】

(1) 材料

① 菌种。金色产色链霉菌(*Streptomyces aureochromogenes*)。

② 检测病菌。烟草赤星病菌(*Alternaria alternata*)。

(2) 试剂

① 斜面菌种培养基。麦芽粉 0.5%、玉米粉 0.5%、酵母膏 0.4%、琼脂粉 1.2%，pH 6.3，121℃灭菌 20 min，之后制成斜面。

② 母瓶种子培养基。黄豆饼粉 5%、豆油 2%、葡萄糖 1%、KH_2PO_4 0.1%、$CaCO_3$ 0.3%，pH 6.5，121℃灭菌 20 min。

③ 种子培养基。黄豆饼粉 2%、玉米粉 1.5%、葡萄糖 1.0%、酵母粉 0.4%、KH_2PO_4 0.1%、NaCl 0.1%、豆油 1%，$CaCO_3$ 0.3%，pH 6.5。蒸气消毒，冷却后按体积的 1%接入母瓶种子。

④ 发酵培养基。黄豆饼粉 3%、玉米粉 2%、麦芽糖液(40%麦芽糖)2%、酵母粉 0.4%、鱼粉 0.5%、NaCl 0.1%、$CaCO_3$ 0.3%、豆油 0.5%、pH 6.8。

(3) 仪器与用品

恒温摇床，培养箱，发酵罐，三角瓶，吸管，洗瓶，吸水纸，接种环，显微镜，载玻片，盖玻片等。

【实验方法及步骤】

(1) 菌种制备

将金色产色链霉菌菌种接种到斜面菌种培养基上，26℃培养 14 d，待斜面表面长成丰满的棕灰色孢子即可使用。斜面保存期不应超过 2 个月。

(2) 母瓶种子的制备

用斜面菌种培养基上产生的孢子接种母瓶种子培养基，摇床上 28℃培养 36～48 h，培养液呈浅棕黄色，pH 5.5～6.4，菌丝粗壮有分枝，染色均匀，即可作种子用。

(3) 种子的制备

种子培养基经高温灭菌、冷却后按体积的 1%接入母瓶种子。培养温度 28℃，罐压 0.5 kg/cm^2，通气量 1∶0.4～1∶1.0，连续搅拌培养 22～26 h，发酵液 pH 6.5 左右，镜检时菌丝粗壮，交织成网，分枝短而分节长，染色均匀，即可移种。

(4) 发酵

发酵培养基消毒冷却后按体积的5%接入种子罐，培养温度28℃，罐压0.5 kg/cm^2，通气量1∶1，连续搅拌培养。最适发酵pH 6.5～6.8。在发酵过程中，pH会不断下降，此时应通NH_3以控制pH。培养至30 h左右，应不断补料(原料为饴糖和硫铵)，并定期检测氨氮、残糖和pH，以便及时调整至最佳状态。

(5) 放罐

发酵至120 h左右，总残糖降至1%以下，pH和氨氮开始回升，镜检时部分菌丝自溶，染色很浅，发酵单位不再上升时，应及时放罐提取。

(6) 多抗霉素的生物测定

检测菌为烟草赤星病菌，培养基为PDA，标准品为Polyoxin A(毫克单位1000 μg/mg)。

标准曲线的制作：将标准品配成12.5 μg/mL、50 μg/mL、75 μg/mL、100 μg/mL、150 μg/mL、200 μg/mL，其中50～150 μg/mL各浓度与抑菌圈直径在半对数表上呈直线关系。用上述标准曲线测得，用于测定标准混合组分样品的含量为840 μg/mg。在日常的生物测定中，使用的标准品为840 μg/mg交链孢的混合组分样品，以计算待测样品中多抗霉素的含量。

作业及思考题

(1) 计算发酵液中所含抗生素的含量或效价。

(2) 如何提高菌种的产毒能力？

附　OBF-SF-100 L发酵罐操作规程

1. 灭菌准备工作

① 打开排水阀、放气阀，放尽夹套、加热器内的存水。

② 取下放料口套，打开放料阀和尾气调节阀，放尽罐内液体。

③ 然后关闭罐体与管路上的所有阀门。

④ 打开蒸汽发生器准备提供蒸汽。

2. 空罐灭菌

① 打开系统控制开关(总电源及搅拌空气开关；加热的空气开关不能打开)，选择灭菌辅助程序设置：灭菌温度一般取值110～130℃之间，灭菌所需时间10～60 min，将搅拌转速设置为0 r/min，中间温度设置为0℃，进入程序运行。空罐灭菌时pH、DO电极不要装，实罐灭菌时再装。

② 提供蒸汽源，打开蒸汽发生器出气阀和进蒸汽阀。

③ 通过调节进蒸汽阀、进气过滤器出气阀、尾气过滤器出气阀，使罐压保持在0.1～0.15 Mpa之间，温度保持在110～130℃之间。

④ 当罐内温度达到设定的灭菌温度时灭菌倒计时开始，当设定的灭菌时间到时，仪器鸣叫(按键消除鸣叫)，停止蒸汽供应，阀门保持微开状态。

⑤ 打开空压机、调节气体流量计调节阀、打开罐体进气隔膜阀，洁净空气进罐体，打开尾气阀排气，使罐体保持正压。

⑥ 当罐体降至60℃以下，打开阀门，放尽罐内冷凝水后，再关闭阀门。罐内保持正压，空罐

灭菌完成。

3. 实罐灭菌

① 装上已经校正好的pH、DO电极，调整好消泡电极、液位电极工艺位置，拧紧其紧固螺帽。

② 按工艺要求罐内放入培养基。

③ 打开系统控制开关(总电源及搅拌空气开关：加热的空气开关不能打开)，选择灭菌辅助程序，设置搅拌转速为100 r/min，中间温度为90℃，灭菌所需温度为110～130℃，灭菌所需时间为10～60 min，进入程序运行。

④ 当罐温达到设置中间温度90℃时，仪器鸣叫(按键消除鸣叫)，此时，搅拌电机停止运行，继续由蒸气对罐体加热灭菌。

⑤ 打开夹套阀门放尽夹套内循环水。

⑥ 调节罐压和罐温，按工艺要求保持在0.1～0.2 Mpa，即110～130℃之间。当罐温到达100℃时，空气过滤器排水排气阀门一定要微开，以保证过滤器的有效灭菌。

⑦ 当罐温达到设定的灭菌温度时，灭菌倒计时开始。当设定的灭菌时间到时，仪器鸣叫(按键消除鸣叫)，停止蒸汽供应，关闭相应阀门，相应阀门保持微开状态。

⑧ 打开空压机、调节气体流量计调节阀、打开罐体进气隔膜阀，洁净空气进罐体，打开尾气阀排气，使罐体保持正压。

⑨ 将转速、温度参数设置成AUTO，其他参数都设置成OFF状态，然后进入RUN运行。

⑩ 当罐体降至设定温度时，实罐灭菌完成。

4. 接种培养

当各测量参数显示正常且稳定，罐温稳定在设定(接种)温度，就可进行接种工作。

① 准备合格的菌种液。

② 灭菌酒精盘内倒入医用无水酒精，点燃后适当关小尾气阀，使罐压增加，慢慢打开接种盖；为了防止罐内气体将火焰吹灭，可将酒精盘适当抬高，然后将接种盖放在盛有酒精的容器中。

③ 将菌种瓶口放在火焰上烧一下，并在火焰下拔下瓶塞，小心而迅速将菌种倒入发酵罐。

④ 盖上接种盖并拧紧，灭火焰，用酒精棉擦洗干净接种口周围。

⑤ 按工艺要求调节通气量、罐压。

5. 培养基与酸、碱、消泡剂添加(补料、换液)

① 将酸、碱、消泡剂、培养基等放入洗净补料瓶拧紧瓶盖。

② 夹紧长端出口软胶管(防止灭菌过程渗液)。

③ 把不锈钢插针放入保护套且与胶管补料瓶一起放入高压灭菌锅灭菌30～45 min后冷却待用。

④ 将补料瓶的连接胶管与相应的蠕动泵连接就位。

⑤ 选择补料输液口，取下补料口Φ19堵头，用酒精棉花沾些无水酒精涂在补料口上点燃，迅速取出用不锈钢插针插入补料口拧紧。

6. 取样

① 打开蒸汽发生器水源开关、电源开关。

② 打开蒸汽发生器出气阀，对取样阀进行灭菌，保持20～30 min。

③ 取下取样口套，打开取样阀放出少量培养液后，关闭取样阀；用火焰封取样口，把预先灭

菌的取样瓶置于火焰上，拔去瓶塞，瓶口对准取料口，打开取样阀，取样后即关闭；盖上瓶盖，放上取样口套。

④ 取样后需再次对取样口进行灭菌以防污染。

⑤ 关闭蒸汽发生器水源开关、电源开关、出气阀。

7. 发酵罐的清洁

清洗前应取出PH、DO电极按其要求保养。

清洗罐内可配合进水进气、电机搅拌、加温一起进行，如多次换水还不能清洗洁净，则要打开顶盖用软毛刷刷洗罐内部件。方法如下。

① 关闭系统控制开关与电源开关，取下顶盖电极、电机及其连线插头。

② 拧下罐盖紧固螺丝，小心垂直向上取出罐盖横置于平整桌面，垫好，不要碰撞轴和叶轮，用中性洗涤剂刷洗罐体各部件。

③ 清洗后安装要注意罐内密封圈、硅胶垫就位情况。

④ 拧紧罐盖6个紧固螺丝，用力要平衡并注意罐与罐座间隙均衡。

实验 4-16 植物源杀菌剂的筛选及生物活性测定

【实验目的】

通过实验了解植物源杀菌剂的常规筛选技术，学习生物活性测定的主要方法。

【实验原理】

开发植物源杀菌剂是当前新农药研究开发的一条重要途径。植物源杀菌剂是发展有机农业、促进农业可持续发展的理想农药。有效植物源杀菌剂的筛选及其生物活性测定是植物源杀菌剂应用于植病生防工作的基础。

【实验材料及准备】

(1) 材料

① 供试病菌。黄瓜灰霉病菌(*Botrytis cinerea*)。

② 供试植物。黄瓜幼苗。

(2) 试剂

① 苦参、五倍子、连翘、黄芩、白头翁、蛇床子、板蓝根等的乙醇提取物。提取制备过程为95%乙醇冷浸提、抽滤，滤液减压浓缩至膏状物，4℃冰箱保存。测定时分别以乙醇溶解至10%、5%、1%的溶液。

② 培养基。PDA 培养基。

(3) 仪器与用品

打孔器，培养皿，培养箱，玻片，显微镜，喷雾器，接种针，塑料薄膜等。

【实验方法及步骤】

1. 抑制菌丝生长效果测定(采用菌丝生长速率法)

① 吸取一定量植物提取物混入 PDA 培养基(培养基温度 50℃左右)，混合均匀后倒入培养皿中制成含药培养基平板。

② 用打孔器从黄瓜灰霉病菌培养平板上截取菌碟，放到不同药液处理后的培养基中，25℃条件下恒温培养，设不加药液的处理为对照。

③ 5 d 后用直尺采用十字交叉法测量供试病原菌在不同含药培养基上的菌落直径，计算各药液处理对菌丝生长的抑制作用。

$$\text{菌丝生长抑制率}=\frac{(\text{对照菌落生长直径}-\text{处理菌落生长直径})}{\text{对照菌落生长直径}}\times 100\%$$

2. 抑制孢子萌发效果测定(采用孢子萌发法)

① 取经 70%酒精消毒过的玻璃环，在其上下两端涂凡士林，粘在玻片上，并在环内加入几滴无菌水。

② 取一洁净的盖玻片，在其上滴加植物提取物和黄瓜灰霉病菌的孢子悬浮液，迅速翻转，放于玻片上，使其形成悬滴置于该玻片上。

③ 将玻片放入培养皿中，25℃恒温培养。

④ 24 h 后在显微镜下观察，统计萌发率，并计算出各处理的孢子萌发抑制率。

$$\text{萌发率}=\frac{\text{萌发孢子数}}{\text{检查孢子总数}}\times 100\%$$

$$\text{孢子萌发抑制率}=\frac{(\text{对照萌发率}-\text{处理萌发率})}{\text{对照萌发率}}\times 100\%$$

3. 抑制发病效果测定(采用子叶法)

将各浓度药液 3 mL 用喷雾器喷至子叶完全展开的幼苗上，待药液晾干后，每片子叶上菌面朝下接种直径 0.5 cm 的黄瓜灰霉病菌菌饼一个，塑料薄膜密封，25℃保湿培养，3 d 后调查发病情况，计算病情指数及相对防效。

$$\text{病情指数}=\frac{\sum(\text{各级病株数}\times\text{该级代表值})}{\text{调查总株数}\times\text{最高级代表值}}\times 100$$

$$\text{相对防效}=\frac{\text{对照平均病情指数}-\text{处理平均病情指数}}{\text{对照平均病情指数}}\times 100\%$$

作业及思考题

(1) 菌丝生长法和孢子萌发抑制法的实验结果是否一致？

(2) 根据实验结果，初步筛选可用于黄瓜灰霉病防治的植物源杀菌剂。

实验 4-17　植物诱导抗病技术

【实验目的】

通过本实验掌握植物诱导抗病性实验的操作技术和植物诱导抗病性的研究方法。

【实验原理】

植物与病原生物在长期互作、协同进化中逐渐形成一系列的防卫机制，但这一过程在正常生长发育中并不总能表现出来，通常需要外界诱导才能快速、充分表达。诱导抗病性是基于对作物多种刺激反应的观察和在植物免疫学的理论基础上发展起来的。近代病理学研究表明：无论植物的抗病或感病品种，都存在着潜在的抗病基因，经适当的诱导，基因的抗性可以通过免疫系统的反应表达出来，从而使植物获得对病原物的抗性。

【实验材料及准备】

(1) 材料

① 寄主植物。番茄苗(高 10～15 cm)或移栽后培养 3～4 周的拟南芥苗。

② 病原菌。丁香假单胞杆菌番茄致病变种(*Pseudomonas syringe* pv. *tomato*，Pst)；PGPR 诱导菌：荧光假单胞杆菌 *Pseudomonas fluorescens* WCS417 和 WCS374 菌株。[在拟南芥和丁香假单胞杆菌番茄致病变种(Pst)互作系统中，WCS417 可以诱导拟南芥对 Pst 的抗性，而 WCS374 菌株则没有诱导抗病作用。]

(2) 试剂

① 水杨酸(salicylic acid，SA)。将 SA 溶解在蒸馏水中，用 1 mol/L 的 NaOH 将溶液的 pH 调节至中性，配制成 50 mmol/L 的母液，使用时用自来水稀释至所需浓度。

② 培养基。金氏 B 培养基(King's Medium B，KB)，配方如下：示蛋白胨(Difco No. 3 或 Oxoid L46)20.0 g、磷酸氢二钾 K_2HPO_4 1.5 g、硫酸镁 $MgSO_4 \cdot 7H_2O$ 1.5 g、丙三醇 10.0 mL、琼脂 5.0 g、蒸馏水 1.0 L。

(3) 仪器与用品

超净工作台，微波炉，培养箱，保湿培养盒，吸管，取液器(5 mL)，喷壶，酒精灯，医用剪刀，医用镊子，培养皿(Φ15 cm)，灭菌水，70%酒精，火柴，记号笔，废液缸。

【实验方法及步骤】

1. 水杨酸诱导植物抗病性的测定

① 寄主植物的培养。将番茄或拟南芥的种子播种到含有 1 kg 河沙的塑料盘中，并浇 100 mL 霍格兰德(Hoagland)营养液，放入培养室培养。2 周后将幼苗移栽到装有沙壤土的小花钵中。继续培养 2～3 周，待番茄苗长到 10～15 cm 或拟南芥苗有 15～20 个叶片时即可用于接种。

② 水杨酸诱导。将 50 mmol/L 的 SA 母液用自来水分别稀释为 0.01、0.1、0.5、1.0 和 2.0 mmol/L 的溶液，同时用自来水作对照。分别用吸管或容量为 5 mL 的取液器取 10 mL 自来水和各浓度的水杨酸溶液到每一钵幼苗的底盘中，每处理各 25～30 株幼苗。5～7 d 后接种病原菌。

③ 病原菌的准备。将 Pst 接种到液体的 KB 培养基中，在温度为 28℃，转速为 240 r/min 的条件下培养 24 h。培养液在 8000 r/min 下离心 5 min，去除上清液后，用灭菌的 10 mmol/L $MgSO_4$溶液悬浮，如此重复清洗两次，以去除代谢产物。再用灭菌的 10 mmol/L $MgSO_4$ 将病菌配成浓度为 2.5×10^7 cfu/mL 的悬浮液。

④ 病原菌接种。将病菌悬浮液通过喷雾的方法接种到番茄或拟南芥苗上，保湿培养 2～3 d 后记录每钵幼苗叶片发病率，或按病情严重程度记录发病情况。

2. PGPR 菌诱导植物抗病性的测定

① 寄主植物的培养。拟南芥种子的播种及培养同上。将番茄或拟南芥的种子播种到含有 1 kg 河沙的塑料盘中，并浇 100 mL 霍格兰德(Hoagland)营养液，放入培养室培养。2 周后将幼苗移栽到装有沙壤土的小花钵中。继续培养 2～3 周，待番茄苗长到 10～15 cm 或拟南芥苗有 15～20 个叶片时即可用于接种。

② PGPR 诱导菌的准备。将 WCS417 和 WCS374 菌株接种到 KB 液体培养基中，在温度为 28℃、转速为 240 r/min 的条件下培养 24 h，在 8000 r/min 下离心 5 min，去除上清液后，用灭菌的 10 mmol/L $MgSO_4$ 溶液悬浮，重复清洗两次。再用灭菌的 10 mmol/L $MgSO_4$ 溶液将诱导菌配成浓度为 10^9 cfu/mL 的悬浮液备用。

将配制好的诱导菌按照每 1 kg 盆栽土壤加 50 mL 浓度为 10^9 cfu/mL 的菌液混合均匀，并分装到盆栽的器具中，移栽拟南芥的幼苗，保湿培养 2～3 d，使幼苗成活。

③ 病原菌的准备。同上。

④ 病原菌接种。同上。

作业及思考题

(1) 按小组分别完成植物诱导抗病性实验，记录每个处理的发病情况，并统计诱导抗病效果。

(2) 植物诱导抗病因子主要有哪些?

(3) 在使用生物诱导剂时，为什么要保证诱导剂与接种的病原菌在空间上是隔离的?

附　常见的诱抗剂

1. 物理诱抗剂

物理诱抗剂包括机械或干冰损伤、电磁处理、紫外线照射、X 射线处理和金属离子、高温、低温、湿度、pH、乙烯、重金属盐和高浓度盐等。

2. 化学诱抗剂

至今已报道 110 多种化学物质被用作诱导因子，这些化合物主要可分为有机类诱导物、无机类诱导物、抗生素类、激素类、维生素类和植物提取物等 6 大类。如乙烯、水杨酸及其衍生物、茉莉酸、NO、噻菌灵、2,6-二氯异烟酸(INA)、DL-3-氨基丁酸(BABA)、2,2-二氯-3,3-二甲基环丙羧酯、苯并噻二唑(BTH)、草酸(盐)、磷酸盐、苯硫脲、乙膦铝、二硝基苯胺类除草剂、脱乙酰几丁质、葡聚六糖、亚硒酸钠、龙胆酸(gentisic acid，GA)、二氯环丙烷、马粪浸液、诱导素(Elicitin)、氯化钡、NaCl、SiO_2、植物生长调节剂 2,4-D、NAA、IAA 和色氨酸等。

3. 生物源诱抗剂

(1) 寡糖类诱抗剂

主要有葡聚糖、几丁寡糖、壳寡糖、N-乙酰壳聚糖和寡聚半乳糖醛酸等。

(2) 蛋白类诱抗剂

从病原生物和其他微生物中已经发现许多蛋白质或糖蛋白具有诱导抗病活性。

(3) 微生物诱抗剂

① 细菌。可作为诱抗剂的细菌包括死体和活体、病原细菌和非病原细菌及细菌的不同成分,如菌体脂多糖(LPS)、胞外多糖(EPS)等。细菌的无毒基因(avr)或过敏基因(hrp)产物也有诱导抗病功能,可诱导非寄主植物产生过敏性,进而获得系统抗病性。

② 真菌。真菌中包括病原菌和非病原菌及菌根菌、菌丝体、细胞壁片段和培养液等。病原菌中主要是弱致病力的菌株。

③ 病毒。病毒本身或病毒辅助因子都可作为诱抗剂诱导植物的抗病性,但在实际应用中偏重于用低毒性和无毒性病毒作诱导因子。

第五章　科技写作

第一节　实验报告

实验报告就是把实验的目的、方法、过程、结果等记录下来，整理成书面汇报，通过对实验的信息进行分析，评价实验结果，判断实验过程中是否发现新问题，是否验证了某些观点和现象，是否可以提出新的实验方案。实验结束后，必须撰写实验报告。实验报告要求文字通顺、字迹工整、图表规范、结果合理、讨论充分。通过撰写实验报告可培养学生分析综合、抽象概括、判断推理等思维能力，也可训练学生对语言、文字、曲线、图表、数理计算等方面的表达能力。因此，实验报告是实验教学必不可少的重要组成部分，应充分重视和认真对待。

一、实验报告的主要内容

完整的实验报告应包括以下几项内容：实验名称、引言、实验过程与方法、实验结果、讨论、结论、参考文献及附录。

（一）实验名称

实验报告的名称，应点明研究课题的性质，必须包含两个明确的信息：研究对象和研究问题。

（二）引言

一般先简明扼要交代研究课题的目的和意义，国内外研究现状和发展趋势，实验研究的内容、范围、方法、成果等。从研究现状来说明是受什么启发、根据什么来提出这一实验课题的研究内容，重点说明实验要解决以及通过何种途径获得解决的主要问题，建立假设的理论依据。对于实验课程实验报告而言，此内容主要为课程实验目的。实验目的应简单描述实验的动机与目标，应尽量用自己的话写出来，不要直接抄袭实验指导书的内容。实验目的的书写应简单、明确，突出重点，可以从理论和实践两个方面考虑。在理论上，验证定理定律，并使实验者获得深刻和系统的理解；在实践上，掌握使用仪器或器材的技能技巧。

（三）实验过程与方法

此部分主要介绍实验过程与采用的方法，是实验报告最重要的内容，包括实验方法、实验器材、实验步骤。对于课程实验报告，要写明依据的原理、定律或操作方法进行实验，要写明经过哪些步骤，记录下所操作的流程与条件，而不一定是完全按实验指导书中所介绍的内容。

（四）实验结果

根据实验过程中所观察到的现象和获得的数据作出结论。数据记录和计算是指从实验中测到的数据以及计算结果。数据结果应经过统计处理，处理过的数据用频数表、均数、标准差、相关系数等表示。展示的各种图表应简明扼要，要有标题并编号后安排在相应的文字叙述处。如有必要，还应对图表的某些内容加以说明或注释。列举的数据，必须是实验中获取的，有据可查，经得起复核，不能凭空编造。此部分主要以事实、数据表达，以图示和列表方法呈现。书写时应条理分明地写出自己的实验结果，实事求是地写出实验观察所得的结果，切勿遗漏重要结果。

（五）讨论和结论

（1）讨论

讨论是指对实验中发生的现象、实验最后获得的结果进行理论的分析和解释，为实验报告的结论提供理论依据，阐述实验的意义、结论的理论价值。写出实验成功或失败的原因，实验的心得体会、建议；实验中存在的缺点或问题，说明有待于进一步深化研究的目标；探讨实验新的领域的拓展，说明未来还可进一步研究的方向等内容。

（2）结论

结论是对课题研究的小结，交代研究的问题和得到的结论。结论不是实验结果的简单重复，而是实验结果和理论讨论的概括。文字应简明扼要，措辞科学准确，肯定什么和否定什么，需明确，不能含糊。“实验结果”“结论”“讨论”三者之间有本质的区别：“实验结果”是客观事实，应该是肯定的，并可在相应实验中重现；“结论”“讨论”则是主观的分析与认识，是对实验结果的理性认识。“结论”“讨论”“实验结果”三者既有区别，也有相互联系。有的实验报告为叙述方便，将它们合在一起写，也有的将它们分为三部分来写。

（六）参考文献资料

列出参考资料有利于提高实验报告的可信度，也有利于读者阅读、研究和拓展视野。实验报告中引用他人结果者，一定要列入参考文献。罗列的参考文献资料必须是确实用过和参考价值较高的，不一定全部罗列。一般写法是在引用处用符号[]标注（[]内填写阿拉伯数码）。然后在实验报告末尾的“参考文献资料”栏，按阿拉伯数码逐条列出参考文献资料条目，格式应符合国家标准《文后参考文献著录规则》(GB/T 7714-2005)的规定。

（七）附录

附录一般包括实验研究过程中收集积累的重要的原始资料等内容。

（八）课程实验报告格式

课程实验报告格式与科学研究实验报告类似，其实验报告内容包括以下内容。

① 实验时间、报告人、同组人等。

② 实验名称、实验目的与要求等。

③ 实验基本原理。

④ 实验装置简介、流程图及主要设备的类型和规格。

⑤ 实验操作步骤。

⑥ 原始数据记录表格。

⑦ 实验数据的整理。实验数据的整理就是把实验数据通过归纳、计算等方法整理出一定的关系（或结论）的过程，应有计算过程举例，即以一组数据为例从头到尾把计算过程一步一步写清楚。

⑧ 将实验结果用图示法、列表法或方程表示法进行归纳，得出结论。

⑨ 对实验结果及问题进行分析讨论。

课程实验报告必须力求简明、书写工整、文字通顺、数据完全、结论明确。图形图表的绘制必须用直尺、曲线板或计算机数据处理。实验报告必须采用学校统一印制的实验报告纸编写。报告应在指定时间交给指导老师批阅。

二、实验报告撰写注意事项

撰写实验报告是一件严肃认真的工作，要讲究科学性、准确性、求实性。在撰写实验报告过程中，学生容易出现以下问题，应引起重视及注意。

① 观察不细致，没有及时、准确、如实记录。在实验时，由于观察不细致，不认真，没有及时记录，结果不能准确地写出所发生的各种现象，不能恰如其分、实事求是地分析各种现象发生的原因。故在记录中，一定要看到什么，就记录什么，不能弄虚作假。为了印证一些实验现象而修改数据，假造实验现象等做法，都是不允许的。

② 说明不准确，或层次不清晰。说明步骤，有的说明没有按照操作顺序分条列出，结果出现层次不清晰、凌乱等问题。

③ 没有尽量采用专用术语来说明事物。

④ 外文、符号、公式不准确，没有使用统一规定的名词和符号。

第二节　科技论文写作

科技论文是在科学研究、科学实验的基础上，对自然科学和专业技术领域里的某些现象或问题进行专题研究，运用概念、判断、推理、证明或反驳等逻辑思维手段，分析和阐述，揭示出这些现象和问题的本质及其规律性而撰写成的论文。科技论文与其他文体的主要区别在于其科学性、首创性、逻辑性和有效性。

根据科技论文的写作方法，可分为论证型、报告型、发现发明型、设计计算型、综述型。

根据科技论文的用途，可分为以下几方面。

① 学术性论文。指研究人员提供给学术性期刊发表或向学术会议提交的论文，它以报道学术研究成果为主要内容。

② 技术性论文。指工程技术人员为报道工程技术研究成果而提交的论文，这种研究成果主要是应用已有的理论来解决设计、技术、工艺、设备、材料等具体技术问题而取得的。

③ 学位论文。指学位申请者提交的论文，分为学士论文、硕士论文、博士论文。

一、科技论文的组成

完整的科技论文应包括标题、摘要、关键词、论文的内容、参考文献。

（一）标题

标题是科技论文的重要组成部分，要用简洁、恰当的词组反映论文的内容，并且具有画龙点睛，激起读者兴趣的功能。标题应简短，一般不宜超过20个汉字。

（二）署名

著者署名是科技论文的必要组成部分。著者是指在论文主题内容的构思、具体研究工作的执行及撰稿执笔等方面作出主要贡献的人员，能够对论文的主要内容负责答辩的人员，是论文的法定权人和责任者。

（三）文摘

文摘是科技论文的重要部分，只有极短的文章才能省略。文摘是以提供文献内容梗概为目的，不加评论和补充解释，简明扼要地记述文献重要内容的短文，应包括目的、方法、结果、结论，要用第三人称的写法，字数在300字左右。

（四）关键词

在文摘后给出3～5个关键词，便于检索。

（五）引言

引言，又称前言、序言、概述等，作为科技论文的开端，主要回答"为什么"（Why）这个问题。简单介绍科技论文的背景、相关领域的前人研究历史与现状，以及著者的意图与分析依据，包括科技论文的追求目标、研究范围和理论、技术方案的选取等。

（六）正文

正文是科技论文的核心组成部分，主要回答"如何研究"（How）这个问题。正文应充分阐明科技论文的观点、原理、方法及具体达到预期目标的整个过程，并且突出一个"新"字，以反映科技论文具有的首创性。物理量和单位应采用法定计量单位。

（七）结论

结论是整篇论文的最后总结，主要是回答"获得了什么"（What）。以正文中的实验或观测到的现象、数据和阐述分析作为依据，完整、准确、简洁地指出研究中的新成果、新经验、新见解、新方法，以及对进一步深入研究本课题的建议。

（八）参考文献

参考文献是反映文稿的科学依据和著者尊重他人研究成果而向读者提供文中引用有关资料的出处，或为了节约篇幅和叙述方便，提供在论文中提及而没有展开的有关内容的详尽文本。被列入的论文参考文献应该只限于那些著者亲自阅读过和论文中引用过，而且正式发表的出版物，或其他有关档案资料，包括专利等文献。

二、如何写科技论文

（一）科技论文的选题

科技论文的选题一方面要选择本学科亟待解决的课题，另一方面要选择本学科处于前沿位置的课题。关键在于如何确定课题的具体角度，能够抓住要害，从各个方面把它说深说透，有独到的新见解，把这个问题的难点和症结找准了，科学地给予解决。因此要从实际出发，量力而行，还要注意已有的基础。

（二）科技论文的准备

确定科技论文的题目和研究角度后，就要搜集资料，尽可能了解前人的研究成果，去解决前人没有解决的新问题。

（三）科技论文的撰写

确定科技论文的提纲后，就着手撰写初稿。初稿完成后，应多次修改，审查是否符合要求。初次撰写科技论文时，选题不宜太大，篇幅不宜太长，涉及问题的面不宜过宽，论述的问题也不求过深。

第三节　数据处理

数据处理(data processing)是指对数据(包括数值的和非数值的)进行分析和加工的技术过程,包括数据的采集、存储、检索、加工、变换、传输等。数据可以是数值、文字、图像或声音等形式,经过解释并赋予一定的意义之后,便成为信息。数据处理的主要目的是从大量的、杂乱无章的、难以理解的数据中获得有价值、有意义的数据。

数据处理方法很多,主要有列表法、作图法、逐差法和最小二乘法。

一、列表法

列表法就是制作一份适当的表格,将原始数据或者运算的中间项对应地排列在表中。列表法的优点:① 能够简单地反映出相关数据间的对应关系,显示出测量数值的变化情况;② 较容易地从排列的数据中发现个别有错误的数据;③ 便于发现和分析问题,有助于从中找出规律性的联系和经验公式,为进一步用其他方法处理数据创造有利条件。

表 5-0-1　丁子香酚对辣椒疫霉菌菌丝生长的抑制作用

药　　剂	有效浓度/(μg/mL)	浓度对数	菌丝生长抑制率/(%)	几　率
3 g/kg 丁子香酚可溶液剂	30	1.4771	94.2	6.57
	6	0.7782	87.95	6.17
	1.2	0.0792	74.54	5.66
	0.24	−0.6198	65.6	5.4
	0.048	−1.3188	47.8	4.94
	0.0096	−2.0177	23.5	4.28

二、作图法

作图法就是把一系列数据之间的关系或变化情况用图线直观表示出来的一种方法,它是研究物理量之间的变化规律,找出对应的函数关系,求出经验公式最常用的方法之一。作图法的优点:① 能够形象、直观、简便地显示出物理量的相互关系以及函数的极值、拐点、突变或周期性等特征;② 具有取平均的效果;③ 有助于发现测量中的个别错误数据;④ 作图法时一种基本的数据处理方法,不仅可以用于分析物理量之间的关系,求经验公式,还可以求物理量的值。

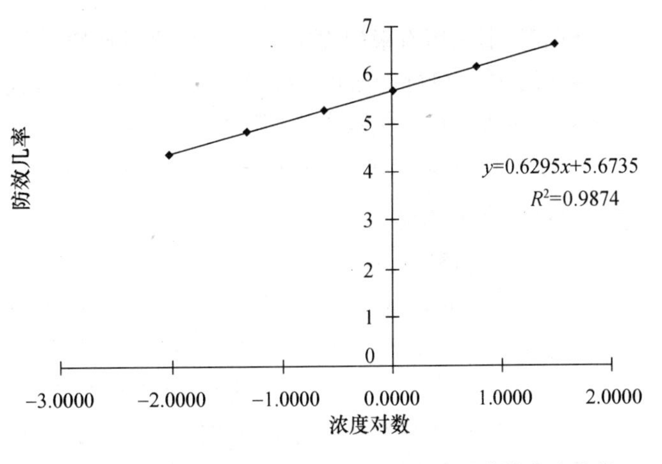

图 5-0-1　3 g/kg 丁子香酚可溶液剂对辣椒疫霉菌的毒力曲线

表 5-0-1 中,将丁子香酚有效浓度的对数值与抑制率的几率值作图,就得到一条直线(图 5-0-1),直线的斜率为 0.6295,截距为 5.6735,二者的相关系

数为 0.9936。毒力回归方程为 $y=0.6295x+5.6735$。

还有其他方法对数据进行处理。现在用 EXCEL、DPS、SPSS 等软件都具有强大的数据处理功能，可以对植物病理学中得到的数据进行处理。

第四节　科研申请书

要获得科研项目的立项，就必须提交科研项目立项申请书，然后通过特定的申报程序和评审，最终由项目管理机构批准。一般地说，在科研项目申报过程中，申请者不能直接向评审专家面对面介绍自己的学术思路和工作水平(某些计划评审设有答辩程序或现场考察除外)，只能以申请书作为标准，所有申报者都处在同一个起点，申请书的好坏是科研项目能否获得资助的决定性因素，申请书写得好，专家容易认可而获批准；而申请书表现含糊或漏洞很多，容易被认为思路不成熟，工作水平较低而难以获得批准。因此，申请者必须清晰地阐明课题的意义、学术思想、研究方案和技术关键，体现出研究工作的科学性与创新性，从而说服评审者，最终立项成功。

在科研项目申请书的写作中需注意以下要点：① 项目符合所申报基金资助的范围和领域的要求；② 广泛阅读文献，选题准确，具有创新性；③ 研究目标明确，研究内容突出特色，扬长避短；④ 文字撰写逻辑性强，条理清晰。申请书的撰写是一个极具创造性的脑力劳动，撰写完后要反复审读仔细推敲。

本节将以申请国家自然科学基金项目为例介绍科研申请书写作的要点。

一、选题

科研基金申报首先是选题，爱因斯坦说过："提出问题比解决问题更重要"。自然科学基金项目的选题应从四个方面考虑：① 应符合基金的资助范围与学科性质；② 有较高的科学意义与学术价值；③ 为当今本学科科研的前沿问题，在学术上应有创新性，从内容到方法、技术路线有新意；④ 有较好的研究基础，包括已有的学术基础、人员、设备、工作条件等。

因此，项目名称是选题后仔细琢磨、反复推敲的结果，应体现上述四个方面的要素，具有明确、新颖和凝练的特点，反映出研究项目的基础性、前沿性、创新性，给人以耳目一新的感觉。

二、摘要

研究摘要是用有限的文字表达一个项目研究计划的精髓，使评审者能通过几百字(通常为 400 字左右)的内容认识到项目所蕴含的价值。写研究摘要一定要简明扼要，惜字如金，不要以凑够 400 字为目标。包括方法、研究内容、预期结果、理论意义或解决什么科学问题和应用前景等。要求条理清晰，句句衔接，直入主题，研究内容的深度与广度融为一体。

三、项目的立项依据

这部分包括科学意义、应用前景、国内外研究概况、水平及发展趋势特色及创新点、主要参考文献等方面，是确立项目的基本依据，是决定申请项目有无研究价值的重要基石。撰写科学依据，是要通过科学理论或符合科学规律、逻辑的推理，来说明确立该项目是科学的，在理论上是站得住脚的。撰写研究意义，是要从理论、实践的角度，阐明该项目在科学上的意义及学术上的价值，以及在经济、社会发展中的价值和作用。应通过该项目研究领域的国内外现状、水平、进展程度、发展趋势、同行研究的新动向等学科前沿的若干问题来说明，切忌论述空洞、简单、跑题。主要参考文献的列举，一般说来应是最新的，而且尽可能是国内外同行及主要权威的。引用参考文献，一般列主要的15～20篇即可，太多会适得其反。

四、研究内容、研究目标及拟解决的关键科学问题

研究内容包括项目的具体内容及拟解决的关键问题，预期成果及形式等，理论性成果应写明解决的理论问题及科学意义，应用性成果应写明应用前景等。研究内容应是研究题目的具体化及拓展，是研究题目的细化与解释。所以，要清楚研究什么，达到什么目的。研究内容的论述应层次清晰、目标明确，达到抓住关键，突破重点，力求创新的效果。

研究目标要明确，是研究最终要达到的目的和重点解决的科学问题，通过努力在项目执行期间可以实现。

关键科学问题是指要完成研究必须解决的技术难点和理论，是研究工作中的硬骨头，只要把这一点或几点关键问题解决了，所涉及的各个问题及整体问题就可迎刃而解了。拟解决的关键问题一般提出1～2个即可，关键问题太多表明没有抓住难点，或项目难度太大。

五、拟采取的研究方案及可行性分析

研究方案是研究工作的总的设计框架，包括理论分析、计算、实验方法、步骤，可能遇到的问题及解决办法等。技术路线是项目研究过程中具体的操作步骤，一定要详细。撰写研究方案和技术路线应具有先进性、合理性和可行性。为了便于说明问题，除了文字部分以外，有的项目还可加结构图、流程图等直观的表示方法，效果更好。忌用空话、套话等空洞抽象的方式来叙述，使人看不出方法、路线及其特点，看不出先进性和可行性，以致怀疑项目的可行性。

可行性分析是对主要从人员和实验条件上对研究项目实施过程进行评价，要从学术角度来分析研究思路、研究方法和技术路线，达到研究目标的可行性。

六、项目特色与创新之处

项目特色是在总结前人研究和设计项目时所表现出来的与他人不同的地方，需要进行归纳和总结；对于创新之处，可以是理论上的、也可是技术上的创新。创新性研究一旦成功，将会产生一个新的研究方向、推动一个研究领域、促进一个学科或交叉学科的发展。

七、年度研究计划及预期研究结果

年度研究计划要根据项目研究的内容合理安排。

预期研究成果一般由成果的内容、形式、数量三部分组成。成果内容是在哪些方面或问题上取得研究进展和结果，撰写时应紧密围绕研究题目、内容及目标来定性地说明和阐述；成果形式有论文、专著、研究报告、参加会议等，或分析测试报告、技术总结、专利等。无论成果内容、形式、数量，都应写得明确、具体。

八、研究基础及工作条件

该部分包括现有的主要仪器设备，研究技术人员及协作条件等。研究基础是指针对该研究项目所做的基础性工作，如收集资料、初步分析实验、初步计算推理等，也包括过去研究取得的成绩，发表的论文、获奖等。研究基础是项目获准的重要因素之一，由于申请的项目很多，国家只可能选择具有较好研究基础，具有较大科学意义与价值，具有创新思想的前沿课题来资助，所以研究基础就显得十分重要，务必花精力撰写好。撰写这部分时，应特别注意过去的工作与申请项目的联系，尤其是与该项目要达到的目标之间的内在联系，阐明过去做了什么工作，做到何种地步，产生什么效果等，叙述时应以数据和指标为据。另外研究队伍的组成结构要合理，应从知识、专长、职称、年龄及工作任务等统筹考虑，组成一个与研究内容、目标相适应、结构合理的队伍。对于已有的仪器设备和条件，应如实写明已有设备、拟购设备、外协设备及解决措施等内容，注意定性定量。

九、经费预算

基金项目不同，其经费预算栏目也有所差异，但无论如何，一般都需包含科研业务费，实验材料费和协调费等，科研业务费与实验材料费间以 3∶2 的比例分配较合理。

实验 5-1　文献资料查询

【实验目的】

掌握国内外重要的文献检索工具和主要的文献数据库，如中国知网、维普数据库、万方数据库，以及 SpringerLink、NCBI、Web of Knowledge 等。

【实验原理】

利用互联网络、文献检索工具和数据库，快速获得所需要的文献资料。

【实验材料及准备】

(1) 期刊论文的获取

① 中国知网(CNKI)http://www.cnki.net/

② 维普中文科技期刊数据库 http://www.cqvip.com/

③ 万方数据知识服务平台 http://www.wanfangdata.com.cn/

④ SpringerLink 全文数据库 http://www.springerlink.com

⑤ 美国国立生物技术信息中心(NCBI)www.ncbi.nlm.nih.gov/

⑥ Elsevier SDOS 全文数据库 http://www.sciencedirect.com/

(2) 学位论文的获取

① 中国优秀博硕士学位论文全文数据库

② 中国学位论文全文数据库

③ PQDD 博硕士论文数据库

④ CALIS 高校学位论文数据库

(3) 专利文献

可通过中国国家知识产权局(http://www.sipo.gov.cn/sipo/zljs/default.htm)和中国专利信息中心(http://www.patent.com.cn/)网站上的"专利检索"，免费检索全部中国专利信息(有文摘)。如需获取专利全文，则要前去中国国家知识产权局查阅，也可通过 CSDL 馆际互借和原文传递系统代为办理。

查询国外专利文献可利用的网上免费数据库：

- 欧洲专利局专利数据库：http://ep.espacenet.com/ (免费文摘)
- 美国专利商标局专利数据库：http://www.uspto.gov/ (免费文摘、全文)
- WTO 知识产权组织：http://www.wipo.gov/ (免费文摘)
- IBM 专利数据库资源：http://www.patents.ibm.com (免费文摘、部分全文)

【实验方法及步骤】

中国知网、维普中文科技期刊数据库、万方数据知识服务平台可进入相应的网站，进行搜索。重点介绍 NCBI 网站的使用方法。

1. 登陆 NCBI 数据库主页网址：www. ncbi. nlm. nih. gov

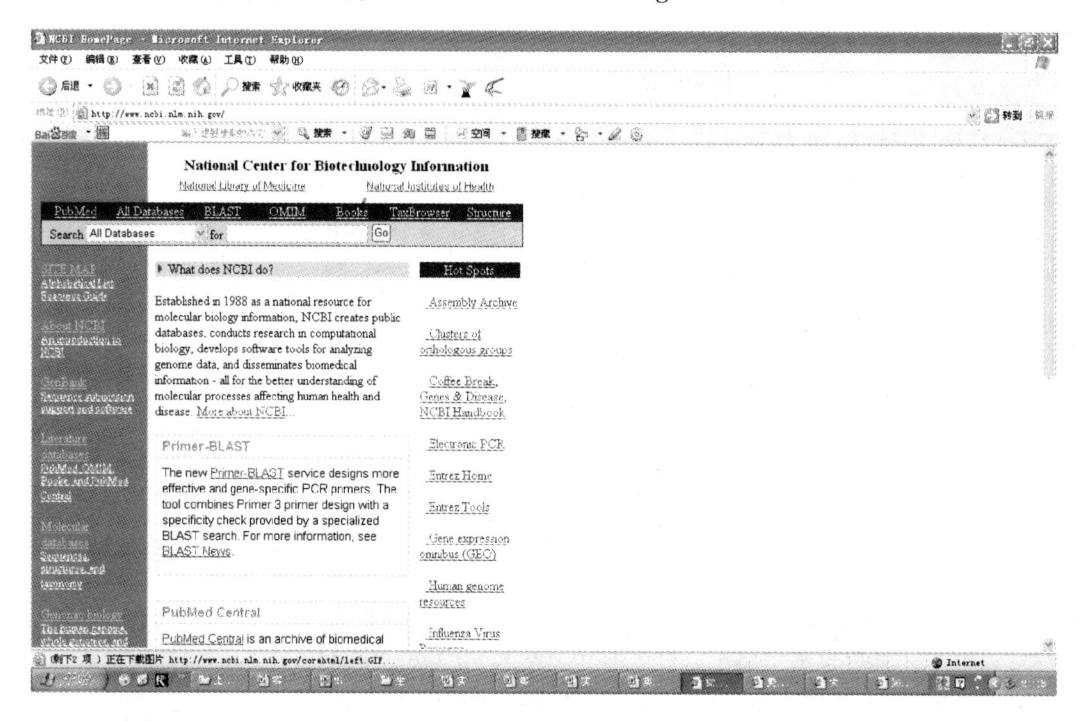

2. 使用 Entrez 信息查询系统检索与柑橘溃疡病菌(*Xanthomonas axonopodis* pv. *citri*)或水稻白叶枯病菌(*Xanthomonas oryzae* pv. *oryzae*)相关的文献,或者自己感兴趣文献。

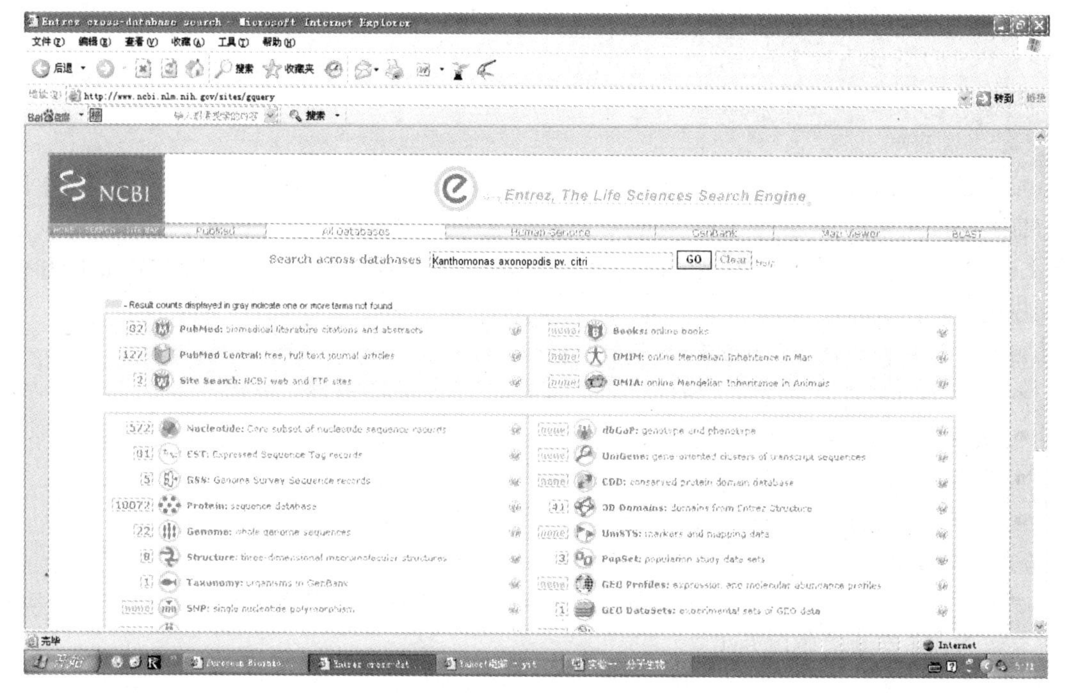

① 调用 Internet 浏览器并在其地址栏输入 Entrez 网址(http：//www. ncbi. nlm. nih. gov /

Entrez)→进入 NCBI 主页→进入 Entrez Home 页面→选择 pubmed 文献数据库→在 Search 后的输入栏中选择 Pubmed→在输入栏内输入关键词 *Xanthomonas axonopodis* pv. *citri*→点击 go 查询。统计查询结果,并阅读感兴趣文献的摘要或全文。

② 练习使用 AND、OR、BUT 逻辑词来限定关键词,如 *Xanthomonas axonopodis* pv. *citri* AND PCR 等查询通过 PCR 方法检测柑橘溃疡病菌的相关记录,比较查询结果。

③ 学习使用 Limits 等限制字段查询方式,检索与 *Xanthomonas axonopodis* pv. *citri* 相关的文献,并统计检索结果。比较不同检索方式的查询效率。

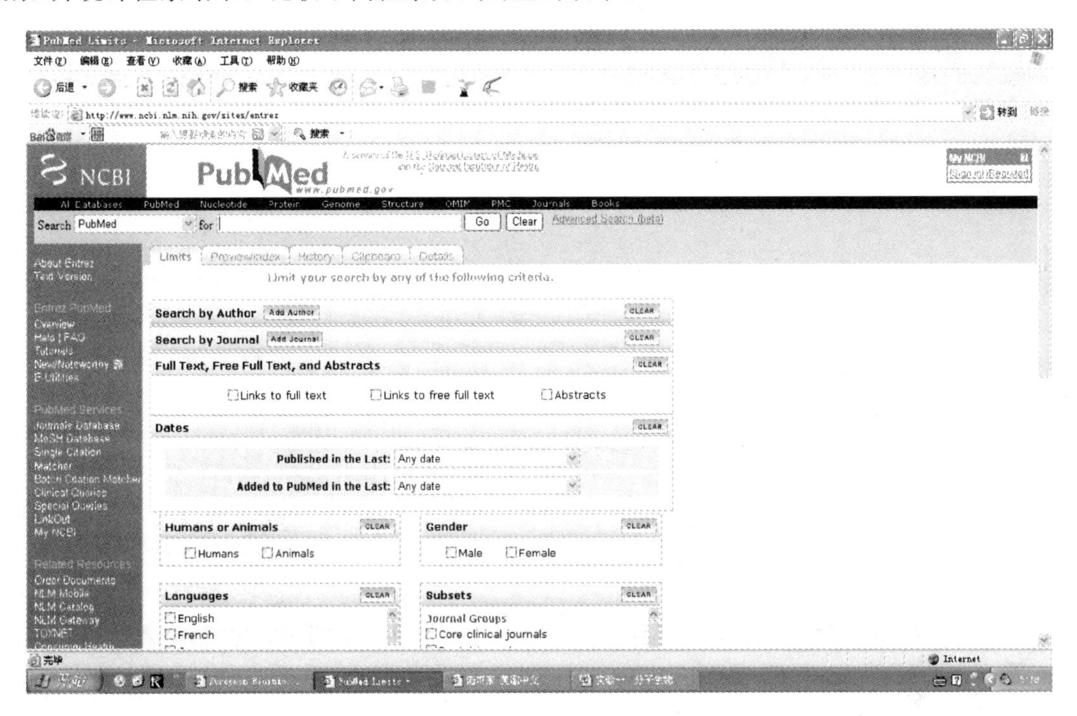

进入 Entrez Home 页面→选择 Pubmed 文献数据库→点击 Limits,进入与 Pubmed 有关的限制字段设置→如选择 Title 等不同字段,及限制期刊类型,作者等进行查询。

Preview(搜索结果预览)/Index(索引词表检索)的应用。所谓的索引词表检索,是当你选定查询字段并键入检索词如 *Xanthomonas axonopodis* pv. *citri* 时→点击 Index→这时返回一个在该字段中的以"*Xanthomonas axonopodis* pv. *citri*"开始的索引词表窗口,后面括弧中的数字代表包含该索引词的记录条数→选择一个或几个关键词,点击 Preview 可进行结果的预览→点击 Go 可获得查询结果;点击 History,可以看到该次练习结果页面的历史记录,包括所采用的主题词、查询字段范围、花费时间、及相应结果等。

④ 使用 Entrez 信息查询系统检索与柑橘溃疡病菌或者水稻白叶枯病菌相关的核酸序列,链接提取其中一条感兴趣的序列内容,阅读序列格式的解释,理解其含义。

进入 NCBI 主页→进入 Entrez Home 页面→选择 Nucleotide 数据库→在 Search 后的输入栏中选择 Nucleotide→在输入栏内输入关键词 uvrA 或 Xa21→点击 Go 查询。

阅读查询结果,选择一条感兴趣的核酸序列,点击该序列与数据库的超链接,阅读序列格式的解释,理解其含义。

⑤ GenBank 数据库序列格式的 FASTA 序列格式显示与保存。

以步骤④所获得的感兴趣核酸序列结果页面为例，在显示模式“Display”的下拉菜单中选择一个需要的序列格式如 FASTA 序列格式，然后点击 Display 按钮，结果就出现该序列的 FASTA 格式。

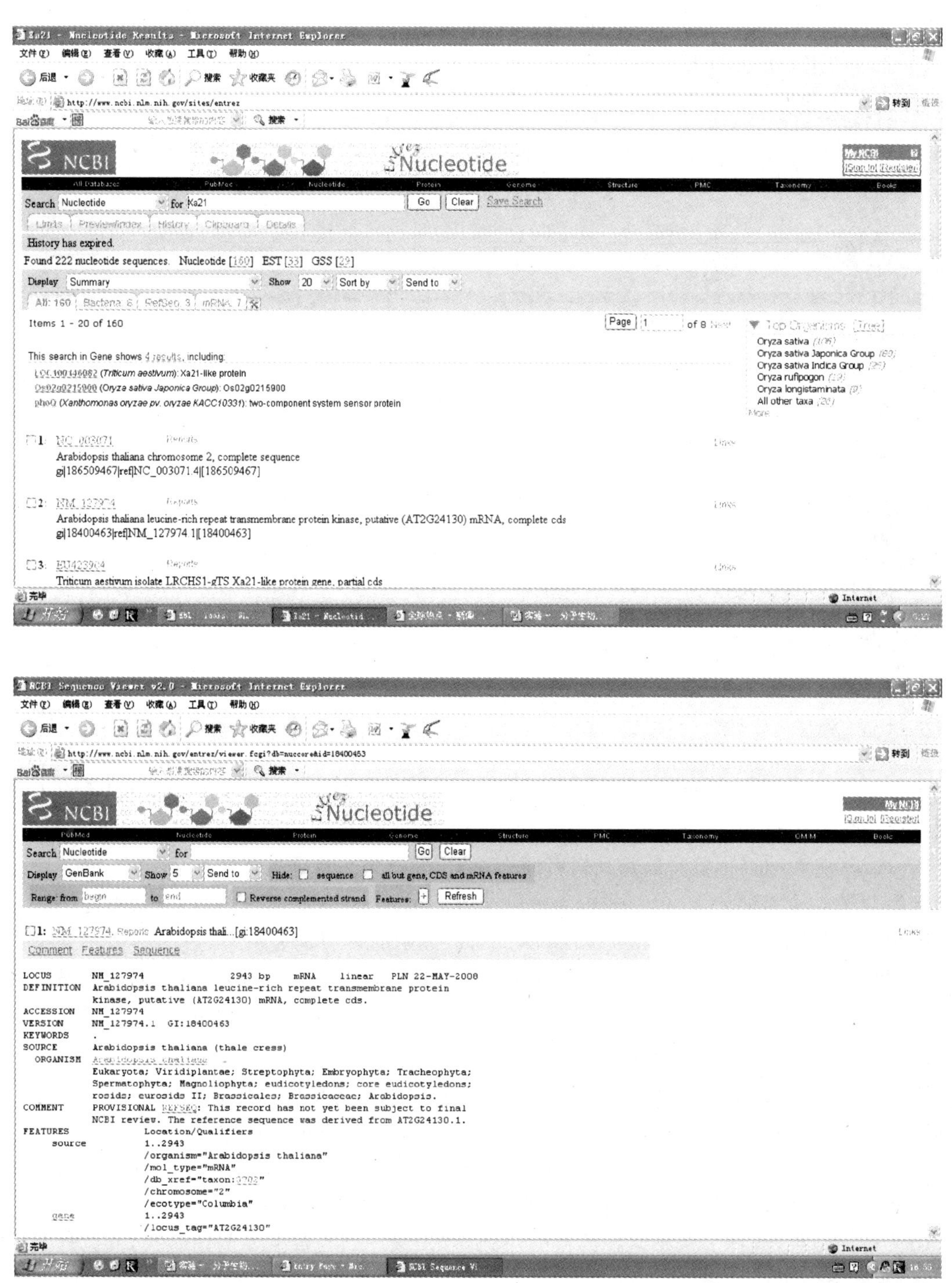

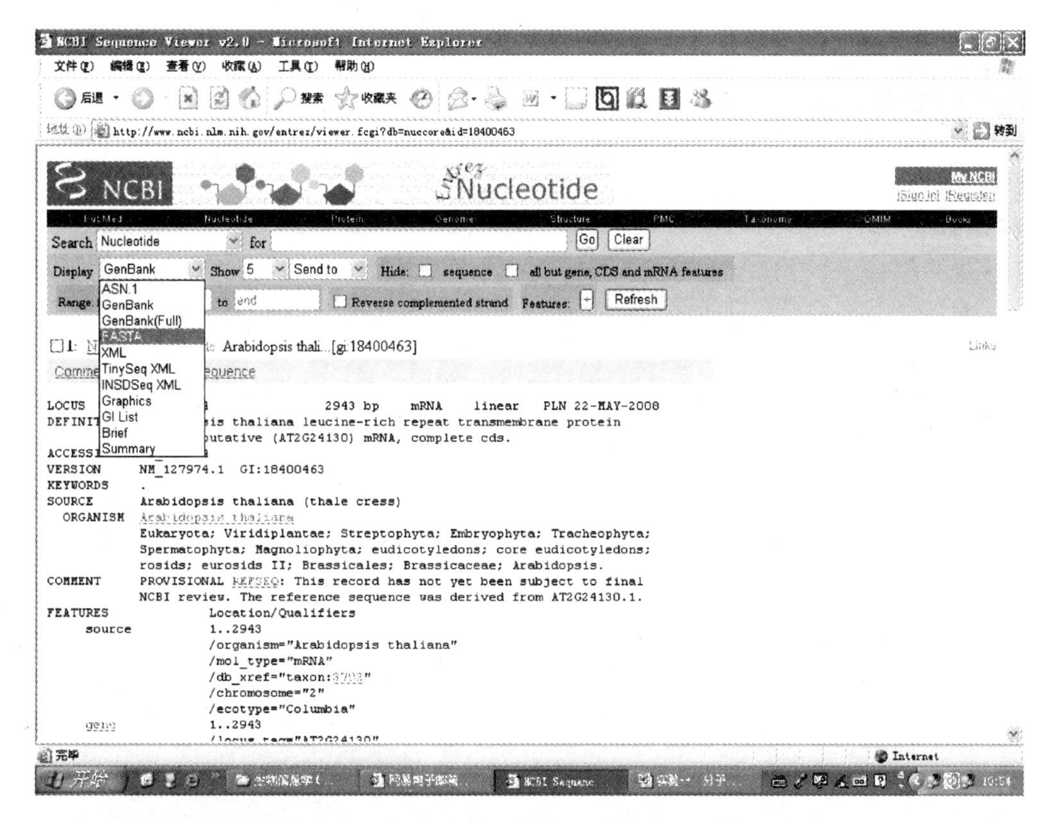

如果需要保存该条序列信息，可以直接通过点击浏览器IE的“文件”菜单中的另存为命令将序列保存到本地计算机；也可以利用Entrez系统自身的保存功能，即点击Send to，选择File，就会出现保存文件相应的窗口，然后按指示操作即可。

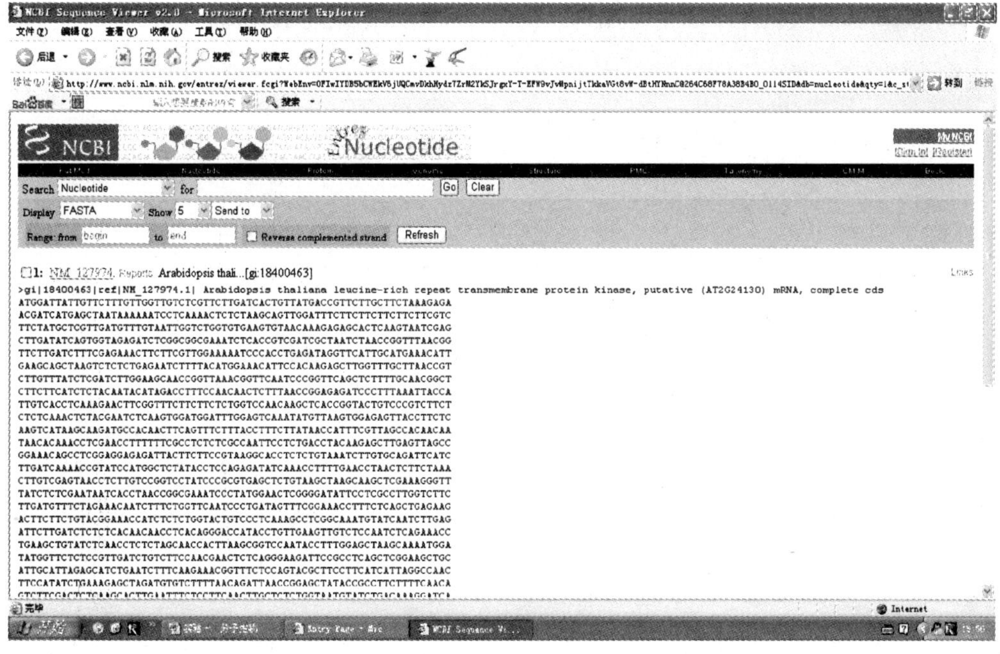

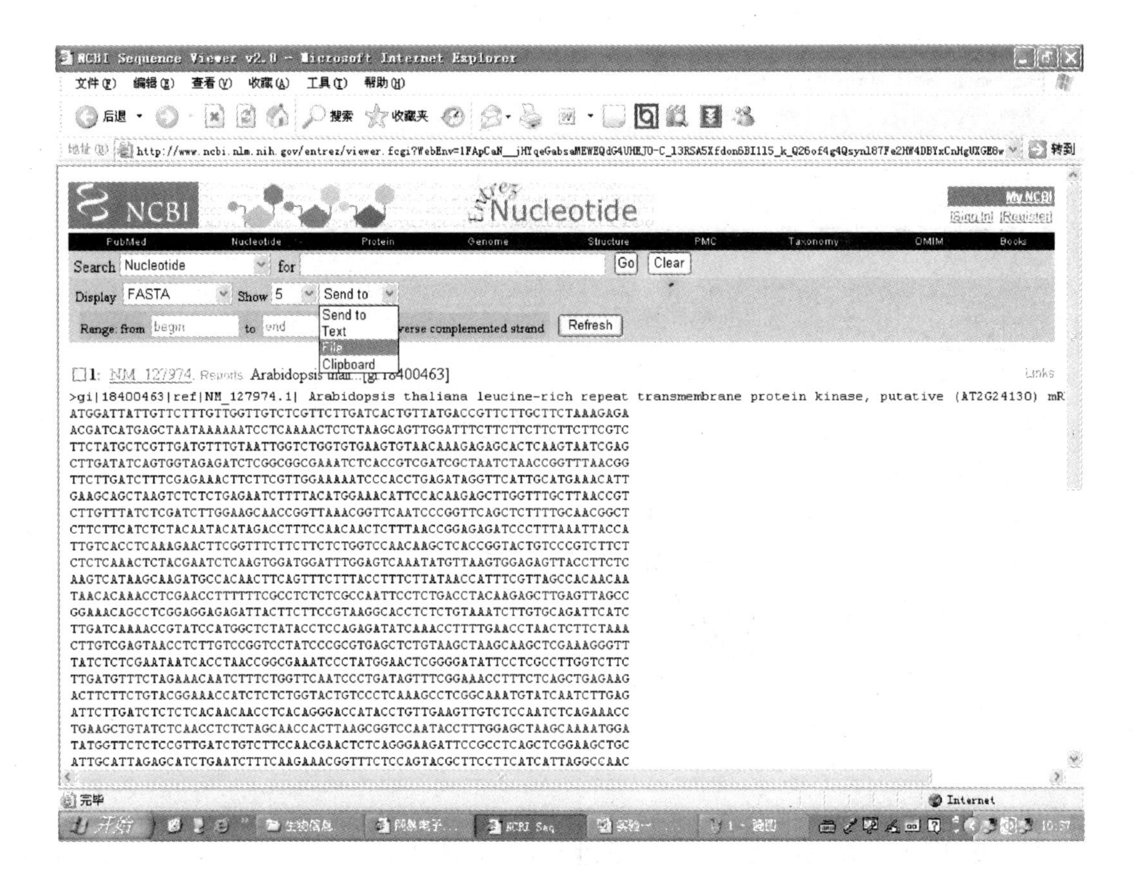

作业及思考题

(1) 仔细阅读所查询核酸序列在 NCBI 数据库中格式的解释，理解并记录其含义。

(2) 将 GenBank 数据库中该查询序列以 FASTA 序列格式显示并保存。

实验 5-2　DPS 分析软件使用

【实验目的】

通过该实验，掌握 DPS 统计软件中方差分析的操作方法。

【实验原理】

DPS(data processing system)，数据处理系统，是设计者研制的通用多功能数理统计和数学模型处理软件系统，将数值计算、统计分析、模型模拟以及画线制表等功能融为一体。因此，DPS 系统主要是作为数据处理和分析工具而面向广大用户。DPS 系统兼有 Excel 等电子表格软件系统和若干专业统计分析软件系统的功能。与电子表格系统比较，DPS 系统具有强大的统计分析和数学模型模拟分析功能。与国外同类专业统计分析软件系统相比，DPS 系统具有操作简便，易于掌握，尤其是对广大中国用户，其工作界面友好，只需熟悉它的一般操作规则就可灵活应用。

【实验材料及准备】

安装和打开 DPS 统计软件。

【实验方法及步骤】

1. 数值的获取(以随机区组为例的实验统计分析)

为了检测供试药剂 A 对水稻纹枯病的防治效果，设有 3 种浓度，即 A1，A2，A3，对照药剂为 B，清水空白对照(CK)。末次药后 14 d 的调查结果见表 5-2-1。

表 5-2-1　末次药后 14 d 各级病株调查结果

处理	重复	末次药后 14 d 各级病株调查结果							防效/(%)
		总株数	1 级	3 级	5 级	7 级	9 级	病指	
A1	1	230	22	28	35	5	3	16.57	66.93
	2	269	29	40	32	9	1	15.74	70.42
	3	256	12	33	39	7	22	24.00	53.68
	4	228	16	28	24	12	2	15.69	70.62
	平均	245.75	19.75	32.25	32.5	8.25	7	18.00	65.41
A2	1	263	44	38	28	2	1	13.56	72.93
	2	256	31	42	25	4	1	13.85	73.98
	3	242	54	24	16	5	2	11.89	77.05
	4	253	68	23	15	5	1	11.24	78.95
	平均	253.5	49.25	31.75	21	4	1.25	12.64	75.73
A3	1	287	68	31	24	2	0	11.42	77.20
	2	276	64	33	14	1	0	9.66	81.84
	3	236	56	24	19	3	0	11.49	77.83
	4	250	61	16	21	1	0	9.82	81.61
	平均	262.25	62.25	26	19.5	1.75	0	10.60	79.62

续表

处理	重复	末次药后 14 d 各级病株调查结果							防效/(%)
		总株数	1 级	3 级	5 级	7 级	9 级	病指	
B	1	300	69	43	24	2	0	12.30	75.46
	2	249	54	36	21	4	0	13.16	75.26
	3	225	36	28	20	8	0	13.63	73.70
	4	260	47	45	27	2	0	14.15	73.51
	平均	258.5	51.5	38	23	4	0	13.31	74.48
CK	1	224	18	56	58	48	22	50.10	
	2	232	19	65	56	56	25	53.21	
	3	238	36	58	43	49	38	51.82	
	4	248	35	61	47	49	44	53.41	
	平均	235.5	27	60	51	50.5	32.25	52.13	

2. 输入数据

将各处理重复的防治效果输入到 DPS 中，如下图。

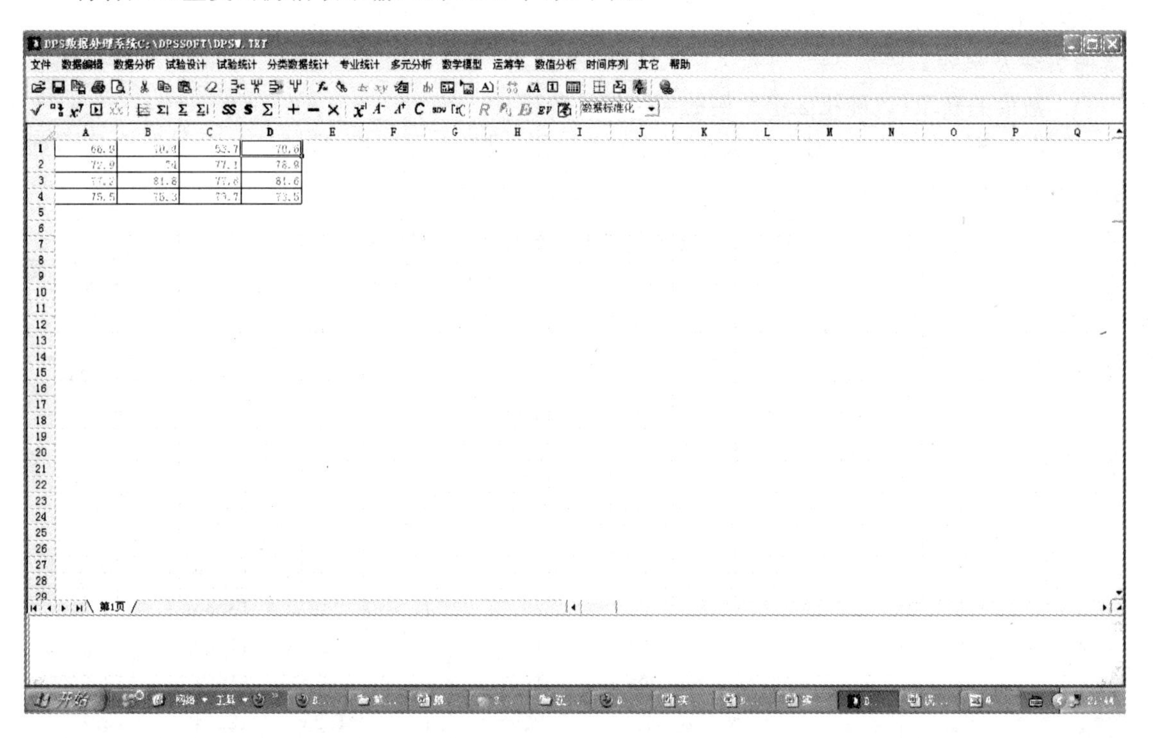

3. 定义数据块

试验设计—随机区组设计—单因素试验统计分析。

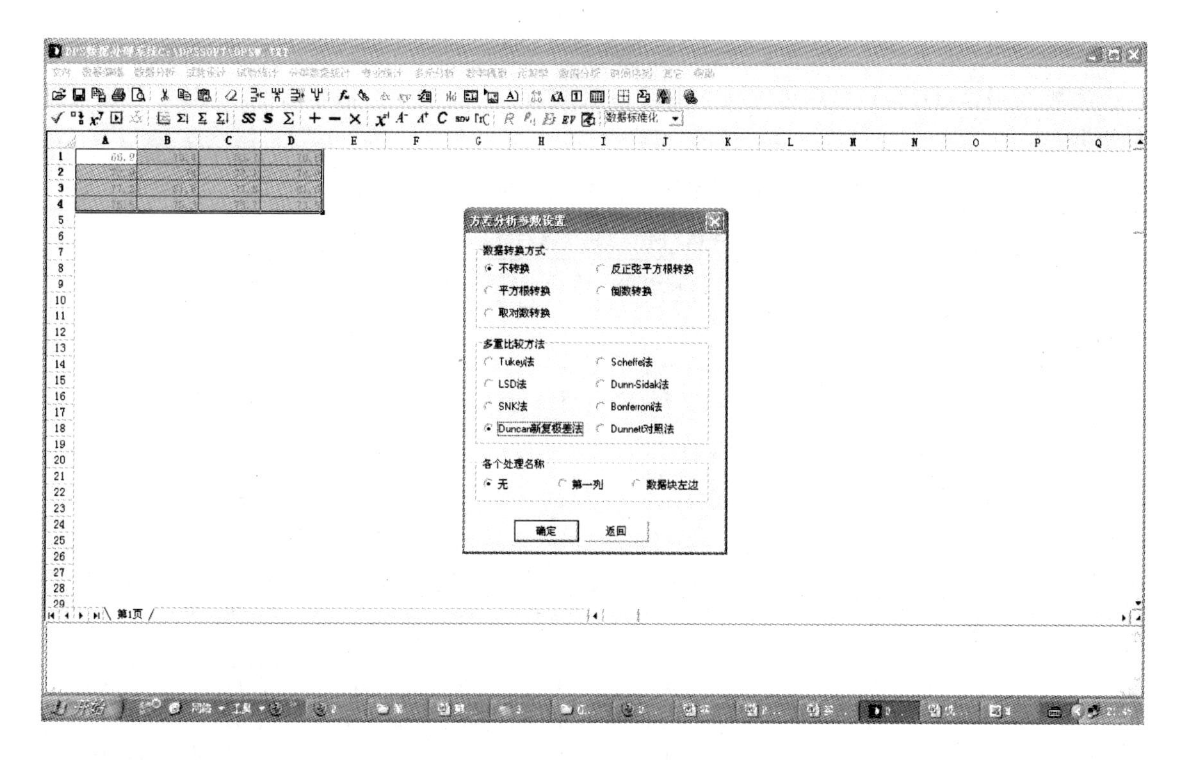
DPS数据处理系统C:\DPSSOFT\DPSW.TXT
方差分析参数设置
数据转换方式
不转换
反正弦平方根转换
平方根转换
倒数转换
取对数转换
多重比较方法
Tukey法
Scheffe法
LSD法
Dunn-Sidak法
SNK法
Bonferroni法
Duncan新复极差法
Dunnett对照法
各个处理名称
无
第一列
数据块左边
确定
返回
第1页

4. 分析结果

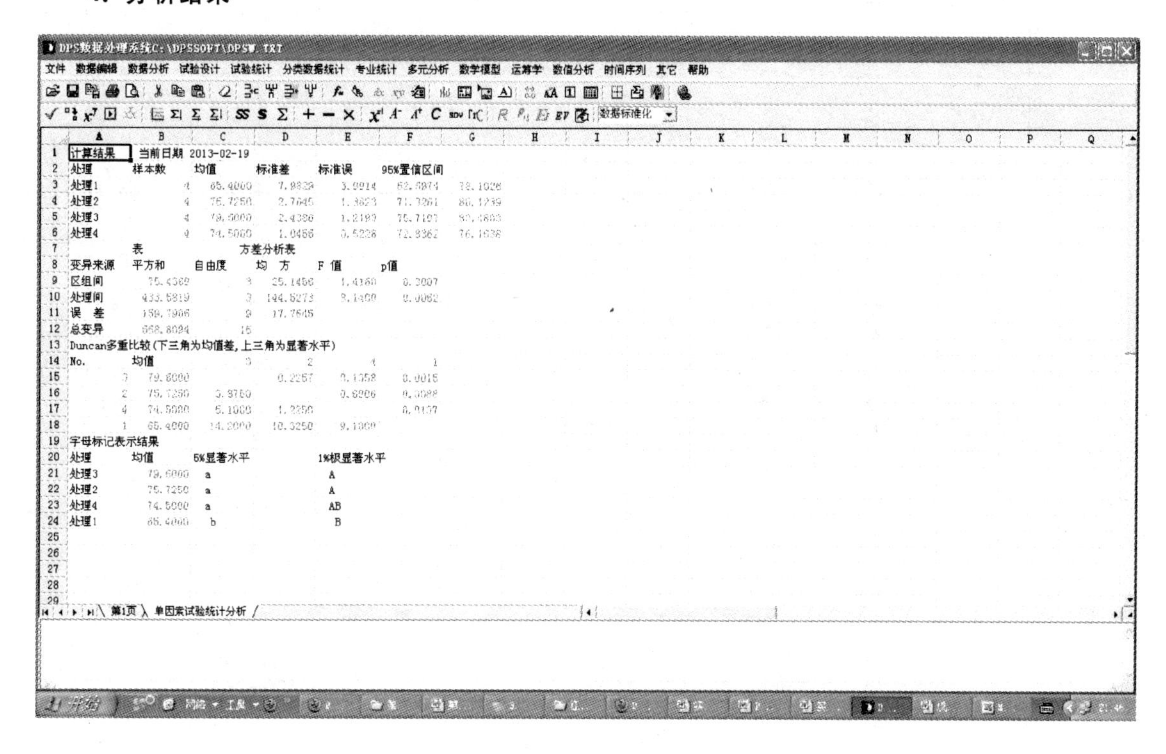
DPS数据处理系统C:\DPSSOFT\DPSW.TXT
文件 数据编辑 数据分析 试验设计 试验统计 分类数据统计 专业统计 多元分析 数学模型 运筹学 数值分析 时间序列 其它 帮助
数据标准化
计算结果 当前日期 2013-02-19
处理 样本数 均值 标准差 标准误 95%置信区间
处理1 4 65.4000 7.8829 3.9914 52.6874 78.1026
处理2 4 75.7250 2.7645 1.3823 71.3261 80.1239
处理3 4 79.6000 2.4386 1.2193 75.7197 83.4803
处理4 4 74.5000 1.0456 0.5228 72.8362 76.1638
表 方差分析表
变异来源 平方和 自由度 均 方 F 值 p值
区组间 75.4369 3 25.1456 1.4160 0.3007
处理间 433.5819 3 144.5273 8.1400 0.0062
误 差 159.7906 9 17.7645
总变异 668.8094 15
Duncan多重比较(下三角为均值差,上三角为显著水平)
No. 均值 3 2 4 1
3 79.6000 0.2257 0.1358 0.0015
2 75.7250 3.8750 0.6006 0.0088
4 74.5000 5.1000 1.2250 0.0137
1 65.4000 14.2000 10.3250 9.1000
字母标记表示结果
处理 均值 5%显著水平 1%极显著水平
处理3 79.6000 a A
处理2 75.7250 a A
处理4 74.5000 a AB
处理1 65.4000 b B
第1页 单因素试验统计分析

作业及思考题

药剂A、B、C、D、E、F对烟草青枯病的防治效果如表5-2-2，G为清水对照，请对处理进行方差分析。

表5-2-2 末次药后15 d各级病株调查结果

处理	重复	末次药后15 d各级病株调查结果							防效/(%)
		总株数	1级	3级	5级	7级	9级	病指	
A	1	25	8	4	1	0	0	11.11	39.02
	2	25	6	3	2	0	0	11.11	43.18
	3	25	6	4	1	0	0	10.22	47.73
	4	25	5	2	2	0	0	9.33	48.78
	平均	25	6.25	3.25	1.5	0	0	10.44	44.71
B	1	25	6	2	1	0	0	7.56	58.54
	2	25	5	2	1	0	0	7.11	63.64
	3	25	5	3	1	0	0	8.44	56.82
	4	25	6	2	1	0	0	7.56	58.54
	平均	25	5.5	2.25	1	0	0	7.67	59.41
C	1	25	4	4	0	0	0	7.11	60.98
	2	25	6	3	0	0	0	6.67	65.91
	3	25	6	1	1	0	0	6.22	68.18
	4	25	5	3	0	0	0	6.22	65.85
	平均	25	5.25	2.75	0.25	0	0	6.56	65.29
D	1	25	4	3	0	0	0	5.78	68.29
	2	25	5	2	0	0	0	4.89	75.00
	3	25	4	1	1	0	0	5.33	72.73
	4	25	5	2	0	0	0	4.89	73.17
	平均	25	4.5	2	0.25	0	0	5.22	72.35
E	1	25	8	3	0	0	0	7.56	58.54
	2	25	7	5	0	0	0	9.78	50.00
	3	25	7	2	1	0	0	8.00	59.09
	4	25	5	4	0	0	0	7.56	58.54
	平均	25	6.75	3.5	0.25	0	0	8.22	56.47
F	1	25	10	4	3	0	0	16.44	9.76
	2	25	11	2	4	0	0	16.44	15.91
	3	25	7	3	3	1	0	16.89	13.64
	4	25	10	4	3	0	0	16.44	9.76
	平均	25	9.5	3.25	3.25	0.25	0	16.56	12.35
G	1	25	9	4	4	0	0	18.22	
	2	25	6	3	3	2	0	19.56	
	3	25	7	5	3	1	0	19.56	
	4	25	8	6	3	0	0	18.22	
	平均	25	7.5	4.5	3.25	0.75	0	18.89	

实验 5-3　系统发育树的构建

【实验目的】

通过该实验，了解构建系统发育树的基本方法。

【实验原理】

系统发育进化树(phylogenetic trees)是用一种类似树状分支的图形来概括各种(类)生物之间的亲缘关系，分有根(rooted)树和无根(unrooted)树。有根树反映了树上物种或基因的时间顺序，而无根树只反映分类单元之间的距离而不涉及谁是谁的祖先问题。用于构建系统进化树的数据有两种类型：① 特征数据，它提供了基因、个体、群体或物种的信息；② 距离数据或相似性数据，它涉及的则是成对基因、个体、群体或物种的信息。距离数据可由特征数据计算获得，但反过来则不行。这些数据以矩阵的形式表达，距离矩阵是在计算得到的距离数据基础上获得的，距离的计算总体上是要依据一定的遗传模型，并能够表示出两个分类单位间的变化量。系统进化树的构建质量依赖于距离估算的准确性。

【实验材料及准备】

构建分子进化树软件主要有 MEGA，PAUP，PHYLIP，Tree View，Clustal X，GeneDoc，BioEdit 等。构建进化树的主要步骤是比对，建立取代模型，建立进化树以及进化树评估。

本次实验先用 Clustal X 对序列进行比对，再利用图形化软件 MEGA 建树。

【实验方法及步骤】

1. 软件的安装

在计算机里，安装 Clustal X 2.0 和 MEGA 5.0 软件。

2. 序列的保存

由于 EMBL 和 GenBank 数据格式较为复杂，常用 FASTA 数据格式来保存 DNA 或蛋白质序列。FASTA 格式要求序列的标题行以大于号“＞”开头，下一行起为具体的序列。一般建议每行的字符数不超过 60 或 80 个，以方便程序处理。多条核酸和蛋白质序列格式即将该格式连续列出即可，如下所示。

＞EF372617_Phytophthora melonis isolate PMNJDG1

ACACTACACGGAGGGTGCTGAGCTCATCGACTCGGTGCTTGACGTTGTCCGTAA
GGAGGCGGAGAGCTGTGACTGCCTTCAGGGTTTCCAGATCACGCACTCGCTCGG
TGGCGGTACTGGTTCCGGTATGGGTACGCTTCTTATCTCCAAGATTCGTGAGGA
GTACCCGGACCGTATCATGTGCACGTACTCGGTCTGCCCATCGCCTAAGGTGTC
GGACACGGTCGTCGAGCCCTACAACGCTACGCTGTCCGTGCACCAGCTTGTCGA
GAACGCCGATGAGGTCATGTGCCTGGATAACGAGGCCCTGTACGACATTTGCTT
CCGTACGCTGAAGCTCACGACCCCCACCTACGGTGACCTGAACCACCTGGTGTGT
GCCGCCATGTCCGGCATCACCACGTGCCTGCGTTTCCCCGGTCAGCTGAACTCGG
ACCTGCGTAAGCTTGCCGTGAACCTGACCCCGTTCCCGCGTCTCCACTTCTTCAT

GATCGGTTTCGCCCCGCTGACGTCGCGTGGCTCGCAGCAGTACCGTGCCCTGACG
GTGCCCGAGCTGACCCAGCAGCAGTTCGACGCCAAGAACATGATGTGCGCCGCCG
ACCCTCGCCACGGCCGCTATTTAACTGCCGCGTGTATGTTCCGCGGACGTATGAG
CACGAAGGAGGTTGATGAGCAGATGCTCAACGTGCAGAACAAGAACTCGTCAT
ACTTCGTCGAGTGGATCCCCAACAACATCAAGGCTAGCGTGTGTGACATCCCGC
CCAAGGGTCTCAAGATGAGCACTACGTTCATCGGTAACTCGACCGCTATCCAGG
AGATGTTCAAGCGCGTGTCCGAACAGTTCACGGCTATGTTCCGTCGTAAGGCTT
TCTTGCACTGGCACACGGGTGAGGGTATGGACGAGATGGAGTTCACGGAAGCC
GAGTCCAACATGAACGACCTGG

>EF372618_Phytophthora melonis isolate PMFJHL1

ACACTACACGGAGGGTGCTGAGCTCATCGACTCGGTGCTTGACGTTGTCCGTAA
GGAGGCGGAGAGCTGTGACTGCCTTCAGGGTTTCCAGATCACGCACTCGCTCGG
TGGCGGTACTGGTTCCGGTATGGGTACGCTTCTTATCTCCAAGATTCGTGAGGA
GTACCCGGACCGTATCATGTGCACGTACTCGGTCTGCCCATCGCCTAAGGTGTC
GGACACGGTCGTCGAGCCCTACAACGCTACGCTGTCCGTGCACCAGCTTGTCGA
GAACGCCGATGAGGTCATGTGCCTGGATAACGAGGCCCTGTACGACATTTGCTT
CCGTACGCTGAAGCTCACGACCCCCACCTACGGTGACCTGAACCACCTGGTGTG
TGCCGCCATGTCCGGCATCACCACGTGCCTGCGTTTCCCCGGTCAGCTGAACTCG
GACCTGCGTAAGCTTGCCGTGAACCTGATCCCGTTCCCGCGTCTCCACTTCTTCA
TGATCGGTTTCGCCCCGCTGACGTCGCGTGGCTCGCAGCAGTACCGTGCCCTGA
CGGTGCCCGAGCTGACCCAGCAGCAGTTCGACGCCAAGAACATGATGTGCGCCG
CCGACCCTCGCCACGGCCGCTATTTAACTGCCGCGTGTATGTTCCGCGGACGTAT
GAGCACGAAGGAGGTTGATGAGCAGATGCTCAATGTGCAGAACAAGAACTCGT
CATACTTCGTCGAGTGGATCCCCAACAACATCAAGGCTAGCGTGTGTGACATCC
CGCCCAAGGGTCTCAAGATGAGCACTACGTTCATCGGTAACTCGACCGCTATCC
AGGAGATGTTCAAGCGCGTGTCCGAACGGTTCACGGCTATGTTCCGTCGTAAGG
CTTTCTTGCACTGGTACACGGGTGAGGGTATGGACGAGATGGAGTTCACGGAAG
CCGAGTCCAACATGAACGACCTGG

>EF372616_Phytophthora melonis isolate PMNJHG1

ACACTACACGGAGGGTGCTGAGCTCATCGACTCGGTGCTTGACGTTGTCCGTAA
GGAGGCGGAGAGCTGTGACTGCCTTCAGGGTTTCCAGATCACGCACTCGCTCGG
TGGCGGTACTGGTTCCGGTATGGGTACGCTTCTTATCTCCAAGATTCGTGAGGA
GTACCCGGACCGTATCATGTGCACGTACTCGGTCTGCCCATCGCCTAAGGTGTC
GGACACGGTCGTCGAGCCCTACAACGCTACGCTGTCCGTGCACCAGCTTGTCGA
GAACGCCGATGAGGTCATGTGCCTGGATAACGAGGCCCTGTACGACATTTGCTT
CCGTACGCTGAAGCTCACGACCCCCACCTACGGTGACCTGAACCACCTGGTGTG
TGCCGCCATGTCCGGCATCACCACGTGCCTGCGTTTCCCCGGTCAGCTGAACTCG
GACCTGCGTAAGCTTGCCGTGAACCTGATCCCGTTCCCGCGTCTCCACTTCTTCA

TGATCGGTTTCGCCCCGCTGACGTCGCGTGGCTCGCAGCAGTACCGTGCCCTGAC
GGTGCCCGAGCTGACCCAGCAGCAGTTCGACGCCAAGAACATGATGTGCGCCGCC
GACCCTCGCCACGGCCGCTATTTAACTGCCGCGTGTATGTTCCGCGGACGTATGA
GCACGAAGGAGGTTGATGAGCAGATGCTCAACGTGCAGAACAAGAACTCGTCA
TACTTCGTCGAGTGGATCCCCAACAACATCAAGGCTAGCGTGTGTGACATCCCG
CCCAAGGGTCTCAAGATGAGCACTACGTTCATCGGTAACTCGACCGCTATCCAG
GAGGTGTTCAAGCGCGTGTCCGAACAGTTCACGGCTATGTTCCGTCGTAAGGCT
TTCTTGCACTGGTACACGGGTGAGGGTATGGACGAGATGGAGTTCACGGAAGCC
GAGTCCAACATGAACGACCTGG
…

其中的“＞”为 Clustal X 默认的序列输入格式，必不可少。其后可以是种属名称，也可以是序列在 Genbank 中的登录号(Accession No.)，自编号也可以，不过需要注意名字不能太长，一般由英文字母和数字组成，开首几个字母最好不要相同，因为有时 Clustal X 程序只默认前几位为该序列名称。回车换行后是序列。将检测序列和搜索到的同源序列以 FASTA 格式编辑成为一个文本文件(例：C：\temp\ Phytophthora. txt)，即可导入 Clustal X 等程序进行比对建树。

3. 用 Clustal X 进行完全比对

(1) 打开 Clustal X 程序，载入源文件

File-Load sequences- C：\temp\ Phytophthora. txt.

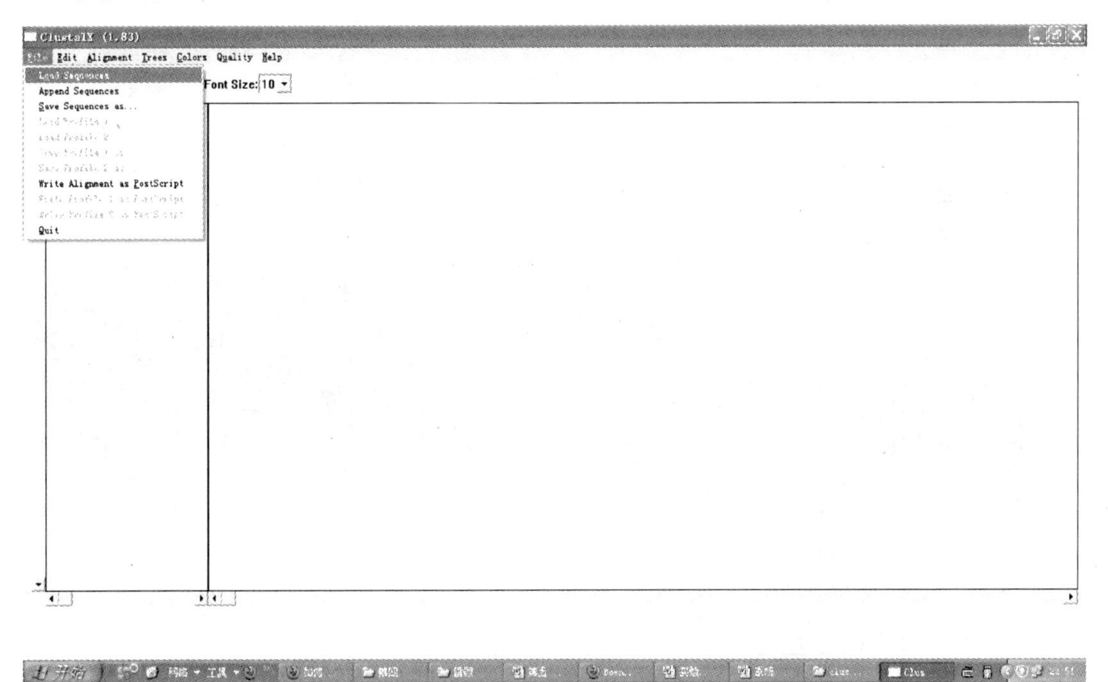

(2) 序列比对

Alignment-Output format options-√ Clustal format;CLUSTALW sequence numbers：ON

Alignment-do complete alignment

(Output Guide Tree file, C: \temp\ Phytophthora. dnd;Output Alignment file, C: \temp \ Phytophthora. aln;)

Align→waiting…

等待时间与序列长度、数量以及计算机配置有关。

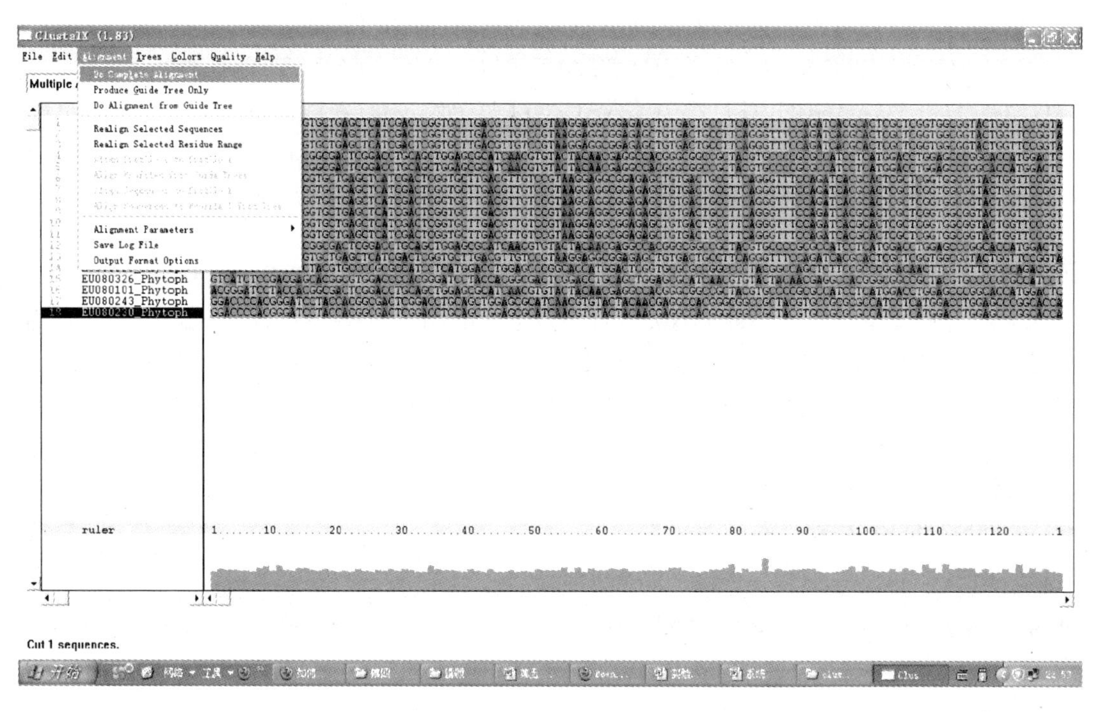

(3) 掐头去尾

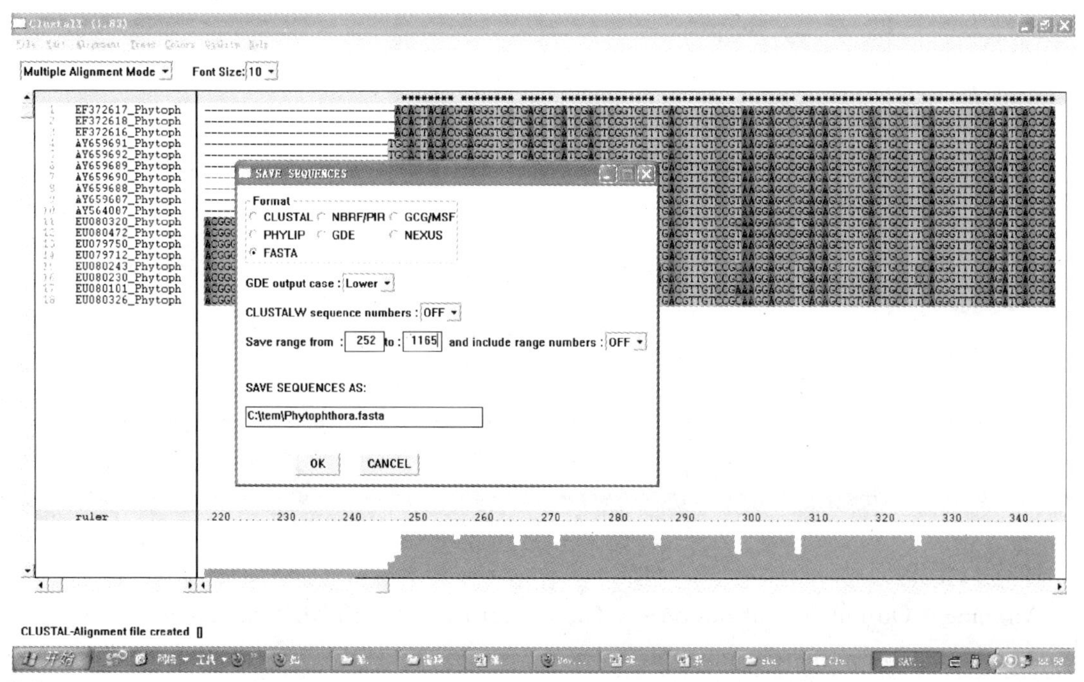

File-Save Sequence as…

Format：⊙ FASTA

GDE output case：Lower

CLUSTALW sequence numbers：ON

Save from residue：252 to 1165（以前后最短序列为准）

Save sequence as：C：\temp\ Phytophthora. fasta

OK。

将开始和末尾处长短不同的序列剪切整齐。这里，因为测序引物不尽相同，所以比对后序列参差不齐。一般来说，要“掐头去尾”，以避免因序列前后参差不齐而增加序列间的差异。剪切后的文件存为 FASTA 格式。

4. Mega 建树

虽然 Clustal X 可以构建系统树，但是结果比较粗放，现在一般很少用它构树，Mega 因为操作简单，结果美观，很多研究者选择用它来建树。

① 首先用 Clustal X 进行序列比对，剪切后生成 C：\temp\ Phytophthora. fasta 文件。

② 打开 Mega 程序，转化为 mega 格式并激活目标文件。

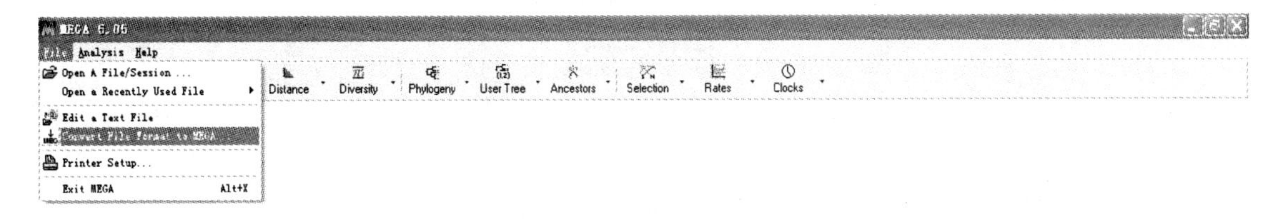

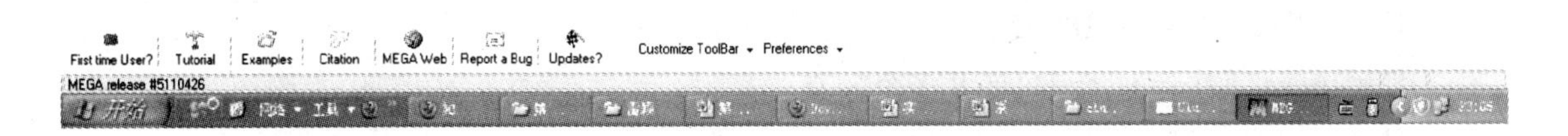

File-Convert To MEGA Format- C：\temp\ Phytophthora. fas → C：\temp\ Phytophthora. meg，

关闭 Text Editor 窗口-(Do you want to save your changes before closing? -Yes)；

Click me to activate a data file- C：\temp\ Phytophthora. meg-OK-

(Protein-coding nucleotide sequence data? -No);

Phylogeny-Neighbor-Joining(NJ)

Distance Options-Models-Nucleotide: Kimura 2-parameter;

√d: Transitions+Transversions;

Include Sites-⊙Pairwise deletion

Test of Phylogeny-⊙Bootstrap; Replications 1000; Random Seed 64238

OK;

③ 开始计算—得到结果。

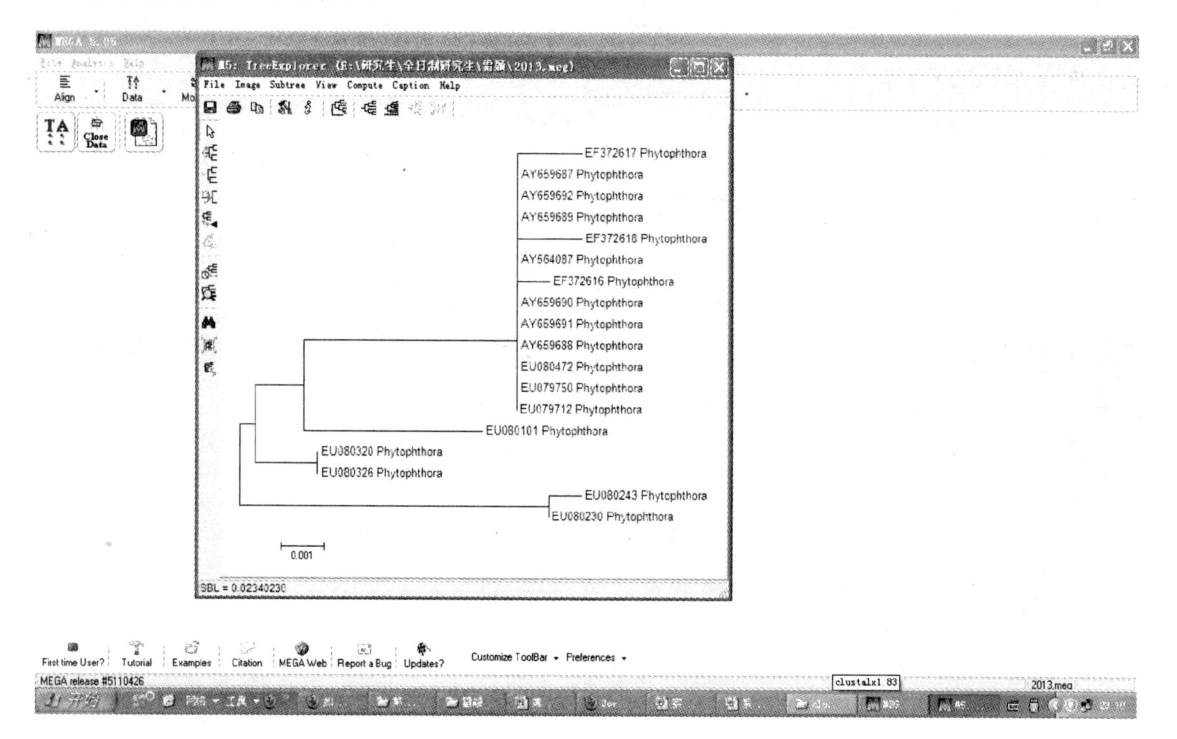

④ Image-Copy to Clipboard-粘贴至 Word 文档进行编辑。

此外,Subtree 中提供了多个命令可以对生成的进化树进行编辑,Mega 窗口左侧提供了很多快捷键方便使用;View 中则给出了多个树型的模式。下面只介绍几种最常用的。

Subtree-Swap: 任意相邻两个分支互换位置;

—Flip: 所选分支翻转 180 度;

—Compress/Expand: 合并/展开多个分支;

—Root: 定义外群;

View-Topology: 只显示树的拓扑结构;

—Tree/Branch Style: 多种树型转换;

—Options: 关于树的诸多方面的改动。

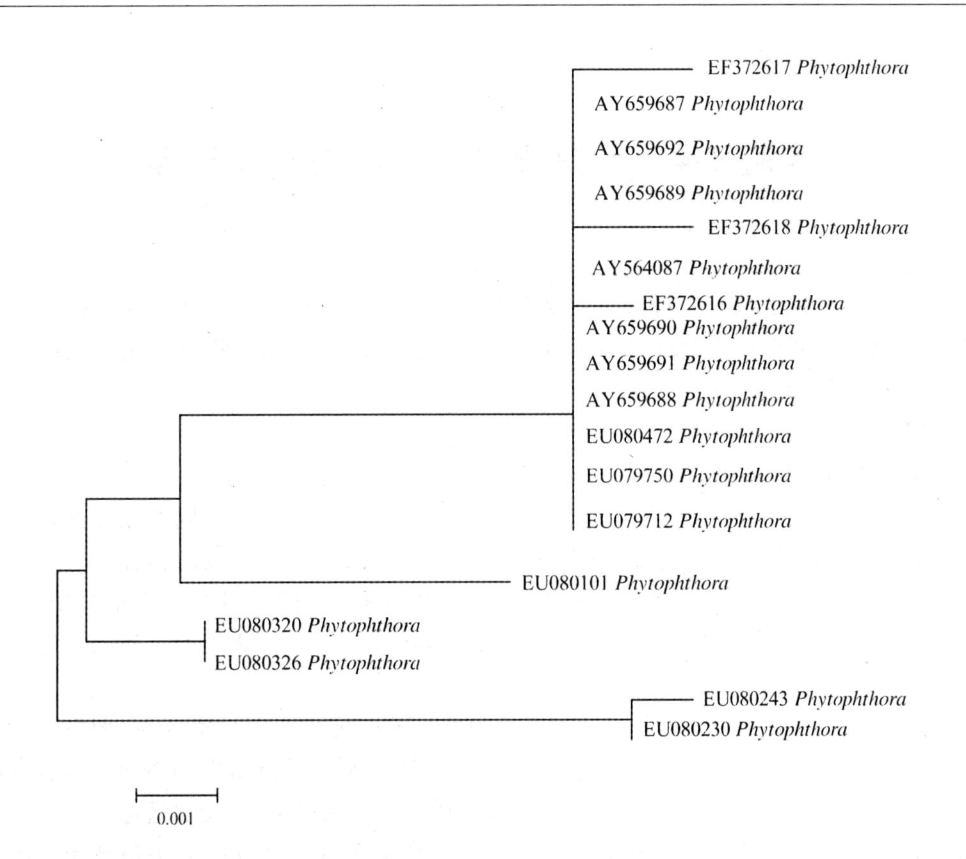

作业及思考题

(1) 选取一条你感兴趣核酸或者蛋白质序列，从 NCBI 中找到与它相似的一些序列，构建系统发育树。

(2) 绘出你所比较序列的系统发育树。

实验 5-4　蛋白质序列分析与结构预测

【实验目的】

能够熟练使用 ExPASy 进行蛋白质理化性质分析；学会使用 nnPredict 进行蛋白质二级结构预测；学会使用 SWISS-MODEL 服务器进行蛋白质三级结构预测，并会使用 Swiss-PdbViewer 和 ViewerLite 进行浏览分析。

【实验原理】

从蛋白质的氨基酸序列出发，可以预测出蛋白质的等电点、分子量、酶切特性、疏水性、电荷分布等许多物理性质。不同的氨基酸残基对于形成 α 螺旋和 β 折叠等不同的二级结构元件具有不同的倾向性。预测蛋白质二级结构的算法大多以已知三维结构和二级结构的蛋白质为依据，用人工神经网络、遗传算法等技术构建预测方法。二级结构预测仍是未能完全解决的问题，一般对于 α 螺旋预测精度较好，对 β 折叠差些，而对除 α 螺旋和 β 折叠等之外的无规则二级结构则效果很差。

蛋白质三维结构预测是最复杂和最困难的预测技术。传统的生物学认为，蛋白质的氨基酸序列决定了它的三维结构，也就决定了它的功能。由于用 X 光晶体衍射和 NMR 核磁共振技术测定蛋白质的三维结构，以及用生化方法研究蛋白质的功能效率不高，无法适应蛋白质序列数量飞速增长的需要，因此近几十年来许多科学家致力于研究用理论计算的方法预测蛋白质的三维结构和功能，经过多年努力取得了一定的成果。研究发现，序列差异较大的蛋白质序列也可能折叠成类似的三维构象，自然界里的蛋白质结构骨架的多样性远少于蛋白质序列的多样性。由于蛋白质的折叠过程仍然不十分明了，从理论上解决蛋白质折叠的问题还有待进一步的科学发展，但也有了一些有一定作用的三维结构预测方法。最常见的是“同源模建”和“Threading”方法：前者先在蛋白质结构数据库中寻找未知结构蛋白的同源伙伴，再利用一定计算方法把同源蛋白的结构优化构建出预测的结果；后者将序列“穿”入已知的各种蛋白质的折叠子骨架内，计算出未知结构序列折叠成各种已知折叠子的可能性，由此为预测序列分配最合适的折叠子结构。除了“Threading”方法之外，用 PSI-Blast 方法也可以把查询序列分配到合适的蛋白质折叠家族，实际应用中发现这个方法的效果也不错。

【实验材料及准备】

能够上网的计算机，从 NCBI 或者其他数据库下载蛋白质序列，并存为 FASTA 格式，供实验使用。

【实验方法及步骤】

1. 蛋白质理化性质分析

从蛋白质序列出发，可以预测出蛋白质的许多物理性质，包括氨基酸成分、原子成分、等电点、消光系数等。

进入 http：//www. expasy. org/tools/（这个地址为蛋白质组分析工具汇总，学生自已浏览各工具的具体功能）；

选择 Primary structure analysis→ProtParam 程序；

进入 http：//www. expasy. org/sprot/下载蛋白序列（如 a mine），并存为 FASTA 格式；

在对话框中输入蛋白质序列（注意：不是 FASTA 格式，而是原始序列）；

点击 Computer parameters 进行分析；

记录并分析结果。

【自行练习】

从蛋白质序列出发，可以预测出蛋白质的许多物理性质，包括等电点、分子量、酶切特性、疏水性、电荷分布等。相关工具有以下几种。

① Compute pI/MW。是 ExPASy 工具包中的程序，计算蛋白质的等电点和分子量。对于碱性蛋白质，计算出的等电点可能不准确。

② PeptideMass。是 ExPASy 工具包中的程序，分析蛋白质在各种蛋白酶和化学试剂处理后的内切产物。蛋白酶和化学试剂包括胰蛋白酶、糜蛋白酶、LysC、溴化氰、ArgC、AspN 和 GluC 等。

③ TGREASE。是 FASTA 工具包（ftp：//ftp. virginia. edu/pub/fasta/）中的程序，分析蛋白质序列的疏水性。这个程序沿序列计算每个残基位点的移动平均疏水性，并给出疏水性-序列曲线，用这个程序可以发现膜蛋白的跨膜区和高疏水性区的明显相关性。

④ SAPS。蛋白质序列统计分析（http：//www. isrec. isb-sib. ch/software/SAPS_form. html），对提交的序列给出大量全面的分析资料，包括氨基酸组成统计、电荷分布分析、电荷聚集区域、高度疏水区域、跨膜区段等等。

2. 蛋白质二级结构预测

二级结构是指 α 螺旋和 β 折叠等规则的蛋白质局部结构组件。不同的氨基酸残基对于形成不同的二级结构组件具有不同的倾向性。按蛋白质中二级结构的成分可以把球形蛋白分为全 α 蛋白、全 β 蛋白、α+β 蛋白和 α/β 蛋白等四个折叠类型。预测蛋白质二级结构的算法大多以已知三维结构和二级结构的蛋白质为依据，用过人工神经网络、遗传算法等技术构建预测方法。还有将多种预测方法结合起来，获得“一致序列”。总的来说，二级结构预测仍是未能完全解决的问题，一般对于 α 螺旋预测精度较好，对 β 折叠差些，而对除 α 螺旋和 β 折叠等之外的无规则二级结构则效果很差。

nnPredict：用神经网络方法预测二级结构，蛋白质结构类型分为全 α 蛋白、全 β 蛋白和 α/β 蛋白，输出结果包括“H”（螺旋）、“E”（折叠）和“－”（转角）。这个方法对全 α 蛋白能达到 79％的准确率。（http：//www. cmpharm. ucsf. edu/～nomi/nnpredict. html）

【自行练习】

① SOPMA。带比对的自优化预测方法，将几种独立二级结构预测方法汇集成“一致预测结果”，采用的二级结构预测方法包括 GOR 方法、Levin 同源预测方法、双重预测方法、PHD 方法和 SOPMA 方法。多种方法的综合应用平均效果比单个方法更好。（http：//pbil. ibcp. fr/）

② PredictProtein。提供了序列搜索和结构预测服务。它先在 SWISS-PROT 中搜索相似序列，用 MaxHom 算法构建多序列比对的 profile，再在数据库中搜索相似的 profile，然后用一套 PHD 程序来预测相应的结构特征，包括二级结构。返回结果包含大量预测过程中产生的信息，还包含每个残基位点的预测可信度。该方法的平均预测准确率达 72％。（http：//cubic. bioc.

columbia. edu/predictprotein/或 http：//www. cbi. pku. edu. cn/predictprotein/）

JPred：

进入 JPred http：//www. compbio. dundee. ac. uk/～www-jpred/；

点击 Prediction(Submit a protein sequence for secondary structure prediction)；

选择 Email 结果提交方式（建议）或留空为网页结果显示；

输入蛋白质序列（原始序列）；

选择 File format 的三个参数，这三个参数分别为：原始序列格式，多重序列比对格式，BLC 格式，本实验只选 Raw protein sequence，其余参数同学们自行练习；

点击 Run 提交；

在邮箱中找到结果地址，并在弹出的结果显示界面选择第 3 项（Your results in HTML can be found here）、第 4 项（A simple display of your query sequence and the prediction can be found here）进行简单结果浏览、第 5 项（Postscript output can be found here）进行图形化输出；

记录并分析结果。

3. 蛋白质三级结构预测

蛋白质三维结构预测时最复杂和最困难的预测技术。研究发现，序列差异较大的蛋白质序列也可能折叠成类似的三维构象，自然界里的蛋白质结构骨架的多样性远少于蛋白质序列的多样性。由于蛋白质的折叠过程仍然不十分明了，从理论上解决蛋白质折叠的问题还有待进一步的科学发展，但也有了一些有一定作用的三维结构预测方法。最常见的是“同源模建”和“Threading”方法。前者先在蛋白质结构数据库中寻找未知结构蛋白的同源伙伴，再利用一定计算方法把同源蛋白的结构优化构建出预测的结果。后者将序列“穿”入已知的各种蛋白质的折叠子骨架内，计算出未知结构序列折叠成各种已知折叠子的可能性，由此为预测序列分配最合适的折叠子结构。除了“Threading”方法之外，用 PSI-BLAST 方法也可以把查询序列分配到合适的蛋白质折叠家族，实际应用中发现这个方法的效果也不错。

SWISS-MODEL：自动蛋白质同源模建服务器。有两个工作模式：第一步模式（First Approach mode）和优化模式（Optimise mode）。程序先把提交的序列在 ExPdb 晶体图像数据库中搜索相似性足够高的同源序列，建立最初的原子模型，再对这个模型进行优化产生预测的结构模型。（http：//www. expasy. ch/swissmod/SWISS-MODEL. html）

进入 SWISS-MODEL（http：//www. expasy. org/swissmod/SWISS-MODEL. html）三级结构预测服务器；

填写 Email 地址→选择 First Approach mode（Alignment Interface 和 Project (optimise) mode 自己练习；

提交；

在 http：//www. expasy. org/spdbv/text/getpc. htm 下载 Swiss-Pdb Viewer 软件；

将邮箱中返回的 PDB 文件用 ViewerLite 软件进行浏览，并以图片形式输出结果，使用 Swiss-PdbViewer 软件进行简单结构分析。

【自行练习】

CPHmodels。也是利用神经网络进行同源模建预测蛋白质结构的方法。（http：//www. cbs. dtu. dk/services/CPHmodels/）

4. 蛋白质结构域识别(自行练习)

① 熟悉 PROSITE(http://www.expasy.org/prosite/)数据库,简单分析提交序列可能所属的家族和包含的生物学功能位点。

② 熟悉 Pfam (http://www.sanger.ac.uk/Software/Pfam/)数据库,点击主页中 search by→Protein name or sequence→输入序列→点击 retrieve 按钮得到结果→查看并分析结果。

5. 其他特殊局部结构(自行练习)

其他特殊局部结构包括膜蛋白的跨膜螺旋、信号肽、卷曲螺旋(coiled coils)等,具有明显的序列特征和结构特征,也可以用计算方法加以预测。

① COILS。卷曲螺旋预测方法,将序列与已知的平行双链卷曲螺旋数据库进行比较,得到相似性得分,并据此算出序列形成卷曲螺旋的概率。网址是:http://www.ch.embnet.org/software/COILS_form.html。

② TMpred。预测蛋白质的跨膜区段和在膜上的取向,它根据来自 SWISS-PROT 的跨膜蛋白数据库 Tmbase,利用跨膜结构区段的数量、位置以及侧翼信息,通过加权打分进行预测。网址是:http://www.ch.embnet.org/software/TMPRED_form.html。

③ SignalP。预测蛋白质序列中信号肽的剪切位点。网址是:http://www.cbs.dtu.dk/services/SignalP/。

作业及思考题

(1) 查询一条你感兴趣的蛋白序列,分析其基本理化性质。

(2) 查询一条你感兴趣的蛋白序列,分别预测其蛋白质二级结构、三级结构。

实验 5-5　科技论文的写作

【实验目的】

理、工、农、医等科技类各专业学生的科技论文写作，是学生素质教育和能力培养的重要组成部分，是高等学校注重科技创新教育而开设的新课程。

通过科技论文的写作，使学生掌握资料的查询、科研论文写作的格式、要点及注意事项，为今后的工作打下良好的写作基础。

【实验材料及准备】

科技期刊、写作工具。

【实验方法及步骤】

① 确定写作方向及内容。

② 查阅科技期刊。

③ 制订写作提纲。

④ 进行内容编排。

⑤ 修改及加工整理。

⑥ 排版及定型。

作业及思考题

(1) 根据自己所学方向或是喜欢方向写一篇科技文章，要求查阅十篇参考文献，并完全遵守科技文章写作要求，在实验课上制作成 PowerPoint 讲解自己的文章。

(2) 思考题。

① 前言的内容有哪些要求，其字数多少为宜？

② 关键词是怎么选择的，一般要求有几个关键词？

③ 一般一篇文章有几部分内容，哪部分内容要求详细说明的？

附录　植物病理学实验室规章制度

(一) 实验室安全岗位责任制

1. 实验室主任安全职责

① 实验室主任为本实验室安全责任人，对校和院负责。严格执行校和院有关安全管理规定，并结合本单位实际情况，组织制订实验室安全管理细则。

② 经常对有关人员进行法律法规教育和“四防”安全教育，督促他们自觉遵守各项安全管理规章制度。

③ 经常组织安全检查，做好安全记录。发现隐患漏洞，及时处理。因客观因素凡本室难以整改的，必须采取临时应急措施，同时向上级领导书面汇报，以求得到解决。

④ 指定专业人员负责保管易燃、易爆，化学危险物品和贵重仪器设备，材料，进行分类贮存，做到责任到人，严格执行危险物品管理及使用制度，控制领用数量，掌握危险物品的使用情况。要严格遵照有关规定使用剧毒药品，严格审批制度。

⑤ 确定安全检查员(应相对稳定)，负责日常安全检查工作。

⑥ 有案情发生时，必须第一时间到现场并组织保护好现场，及时报案，提供情况，协助查破。发生事故，要认真追查，分清责任，及时上报处理。

2. 实验技术人员安全职责

① 实验技术人员包括专职从事实验室工作的管理人员和技术人员。实验技术人员对实验室主任负责，并服从其领导。

② 必须熟悉危险物品的化学性质和仪器设备的性能，严格遵守本实验室各项安全管理制度和安全操作规程。

③ 对进入实验室的师生做好安全操作规程的指导和教育工作，严格执行危险物品领用保管制度，确保安全。

④ 协助教师做好实验准备，实验结束后，认真检查实验所用电、气、水源是否切断，并做好安全记录。

⑤ 对实验室内一切电气设备应定期检查，禁止乱拉、乱接和超负荷运行，电源线路，电源开关必须保持完好状态，做到安全用电。

⑥ 熟悉本实验室安全要求，配备消防器材，并保持良好状态，懂得一般消防器材的性能和使用方法。

3. 实验课教师安全职责

① 切实按实验指导书指导实验，严格要求学生共同遵守实验室各项安全管理规则。

② 认真检查实验准备工作，包括所需仪器和实验材料，防止使用操作带有安全隐患的仪器设备。

③ 实验前，必须给学生讲清本实验所用仪器设备的性能，操作规程等。实验过程中，认真检查操作情况，发现违章操作的应及时纠正。

④ 学生实验完毕，指导学生及时整理仪器设备和清理杂物，凡属危险物品应按规定交回，专人收管，并认真检查实验所用的电、气、水源关闭情况。

⑤ 对实验所用大型设备，按管理要求填写使用记录，如有损坏，及时通知该仪器主管人员组织维修。一旦发生事故，协助保护现场，必要时应采取临时应急措施，以免事故扩大，并及时上报。

(二) 实验工作人员培训制度

1. 对实验员的培训制度

① 由有关人员对实验员进行各类仪器设备性能、用途、用法、使用注意事项、保养方法等进行培训，使实验员能熟练地使用、保养各类仪器。

② 参加本实验室所开实验的准备和预实验，使实验员掌握所开各项实验的原理、方法，操作技能，逐步实现指导学生实验。

③ 参加研究生课题及科研工作，提高其科研能力，掌握一些新的实验方法及实验技能为开新实验项目打下基础。

2. 对兼职人员(指导教师、兼职保管人员)的培训制度

① 由有关人员对兼职人员进行各类仪器设备的性能、用途、用法，使用注意事项，保养方法等进行培训，使兼职人员能正确、熟练使用、保养各类仪器。

② 首次上岗指导学生实验的教师要进行试讲，首次开的实验项目要试做。

③ 参加科研提高其科研能力，掌握新的实验方法、技能，为开发新实验项目打下基础。

④ 按计划送出去或在校内、院内进修学习。

(三) 实验室设施设备的监测、检测和维护制度

① 仪器设备必须做到账、卡、物相符，有专人管理，并每月清查一次。

② 贵重精密仪器设备要由专业技术人员管理和使用，未经培训或未掌握操作技术者及未经允许者不得使用。

③ 贵重仪器设备要建立技术档案、使用日记。使用后由使用人和管理人检查、签字。

④ 仪器设备必须保持完整配套，不得肢解，配件不可移作他用。

⑤ 仪器设备要做到防潮、防尘、防震、防腐蚀，精心爱护，小心使用，发现故障及时检修。若因违章或大意造成损失者，将按学校“仪器损坏丢失赔偿处理办法”酌情处理。

⑥ 每学年度对贵重精密仪器进行一次校检，对存在问题及时解决，长期保持其可用状态。

⑦ 为避免积压、提高利用率和利用价值，仪器设备可以重新调配。在有专人管理的原则下，某些仪器设备可以实行公用或借用办法。

⑧ 仪器设备报废必须按学校规定办理申请、鉴定、审批手续，不得自行处理。

⑨ 根据岗位责任制要求，实验室人员要不断掌握和提高有关仪器的操作技术，以减少操作和指导失误所造成的损失。此外，通过培训等方法，还要掌握一般检修技术。

(四) 实验室危险品管理制度

1. 化学农药等有毒品

① 实验室主任根据实验需要提出领取计划，由有关领导签字后实验员购进，交专管人员上账，放保险柜中保存。

② 使用这些由使用人到专管人员处按计划量领取、登记，当天用剩的药及时送回专管人员处保管。

③ 科研使用有毒品由科研人员自己领取，领回后交专管人员保管，使用时按第二条办理。

④ 剧毒品外单位借用时，经实验室主任同意，办理借用手续，登记药品名称，借用数量、时间，借用人单位、姓名、身份证号码。

2. 易燃、易爆、腐蚀性药品

① 实验室主任根据各实验课药品需要计划提出领取计划，由有关领导签字后购进，由有关人员登记、分类保存，易燃品要远离火源，易爆品要防止碰撞。

② 科研用上述药品由自己领取，领回后交实验室有关人员保管。

3. 一般化学药品

实验室主任根据各实验课提出的药品计划提出领取计划，领导签字后由实验员购进，登记入库；科研用一般化学药品由科研人员自行领取保管。

4. 菌种

① 实验室主任根据需要提出领取计划，领导签字后由有关人员领取，领回后交实验员登记保管。

② 使用菌种要登记，用后要做灭菌处理。菌种不可带出实验室。

③ 菌种一般不外借。如需外借，按剧毒品第④条办法处理。

④ 各种化学药品都要节约使用，能用定性试剂就不用定量试剂，能用低纯度化学试剂就不用高纯度的。

⑤ 科研用化学试剂在科研结束时所剩化学试剂归实验室所有。科研用少量化学试剂，如几克、十几毫升可在实验室内串用。

⑥ 任何人不得将化学试剂占为己有或送人。一经发现，严肃处理。

(五) 实验室安全、防盗、防火制度

为确保人身和财产安全，维护正常教学秩序，实验室应注意如下安全。

1. 安全用电

① 用电线路和配置应由变电所维修室安装检查，不得私自随意拉接。

② 专线专用，杜绝超负荷用电。

③ 使用烘箱、电路等高热电器要有专人看守。温箱需经长时间试用检查，确定确实恒温后方可过夜使用。

④ 不用电器时必须拉闸断电或拔下插头。

⑤ 保险丝烧坏要查明原因，更换保险丝要符合规格，或找变电所更换。

⑥ 经常检查电路、插头、插座，发现破损立即维修或更换。

2. 防火防爆

① 严格安全用电是防火的关键。

② 易燃、易爆物品要远离火源。必须加热处理者，应有专人监护。

③ 超高压汞灯在通电及断电后的 20 min 内，不得检修和撞击，以防爆炸。

④ 每室要备有消防器材，并保证人人会用。

3. 防水防盗

① 水槽内不许存放任何杂物，随时关闭水门。需长时间流水冲洗者，必须留人监护。

② 自来水、暖气如发生泄漏，要及时修理。

③ 易燃易爆及有害物品实行双人、双锁专柜管理，领用时需经实验室负责人批准。

④ 贵重小型仪器设备均应加锁保管，房门安装双锁。

⑤ 下班离开实验室前，必须检查水、电、锁。

4. 防污染

① 有害有毒气体不得任意排放，必要时应到有毒气柜的地方处理。

② 有毒物品的空容器、包装物和废弃物，应交设备科统一处理，不得随意乱扔乱倒和当废品出售。

（六）实验室安全标准操作规程

1. 职责

① 实验室主任对安全全面负责。经常进行安全督察，组织安全检查，负责处理安全事故。

② 实验员负责水、电线路、消防器材的配置和设施安全检查。

③ 各科实验老师负责本科的化学药品、水电气、门窗的安全。

④ 实验员负责试剂、药品，特别是有毒有害，易燃、易爆物质的管理。

2. 工作程序

（1）安全操作规范

① 检测人员在工作中要严格按照操作规程，杜绝一切违章操作，发现异常情况立即停止工作，并及时登记报告。

② 禁止用嘴、鼻直接接触试剂。使用易挥发、腐蚀性强、有毒物质必须带防护手套，并在通风橱内进行，中途不许离岗。

③ 在进行加热、加压、蒸馏等操作时，操作人员不得随意离开现场，若因故须暂时离开，必须委托他人照看或关闭电源。

④ 各种安全设施不许随意拆卸搬动、挪作他用，保证其完好及功能正常。

⑤ 操作人员要熟悉所使用的仪器设备性能和维护知识，熟悉水、电、燃气、气压钢瓶的使用常识及性能，遵守安全使用规则，精心操作。

（2）有毒有害物质的管理

① 化学试剂、药品中凡属易燃易爆，有毒（特别是剧毒物品）、易挥发产生有害气体的均应列为危险物品，严格分类，加强管理，专人负责。

② 建立详细账目，账、物、卡相符，专人限量采购，入库检查。

③ 危险物品、易燃易爆物品单独存放，有毒物品放入专用加锁铁柜内，注意通风。

④ 剧毒物品（氰化物、砷化物等）应执行“双人双锁”保管制度。

⑤ 领用时应严格履行登记审批手续，用多少领多少。操作室内不宜大量贮存危险物品，不许存放剧毒试剂。

（3）三废处理

① 在分析过程中产生的废液中多具有腐蚀性和毒性。这类废液直接排放于下水管道将会污染环境，必须统一收集，进行有效的处理后再排放。

② 实验室产生的废液贮存到一定数量后，集中处理。用于回收的废液的容器应分类盛装，禁止混合贮存，以免发生剧烈化学反应而造成事故。

③ 黏附有害物质的滤纸、称量纸、药棉等应与生活垃圾分开，单独处理。

④ 废液中浓度高的应集中贮存，并由综合管理科交环保部门处理；浓度低的经适当处理达到排放标准即可排出。一切废液(物)不宜存放过长时间。

⑤ 含菌废液消毒后处理。

(4) 安全管理

① 安全工作人人有责，应杜绝人身伤亡事故，保证检测工作顺利进行。

② 经常检查安全隐患，防微杜渐，出现问题及时上报，迅速认真整改。

③ 配备相应的安全设施和消防器材，并放在具有醒目标志的地方，不得挪动，有关人员应掌握消防器材的正确使用方法。安全员负责定期检查，及时更换过期、失效消防器材。

④ 由学校安全员定期检查电路，防止元器件老化、损坏造成事故。移动、检修带电设备应切断电源。电路(线)电器设备故障应由专人检修。

⑤ 各个实验老师负责本室水、电、气、门、窗的安全，各部门负责人对本部门安全负责并经常督促检查。

⑥ 一旦发生事故，应立即采取有效措施，防止事态扩大，抢救伤亡人员，并保护现场，通知有关人员处理事故。

⑦ 事故发生后三日内，由当事人填写事故报告单，报科、站负责人。站长及时主持召开事故分析会，对直接责任者作出处理，并制订相应的整改措施，以防止类似事故发生。

⑧ 重大、大事故发生后应及时向上级主管部门汇报，事后还应提交事故处理专题报告。

(七) 实验室紧急情况处理规程

1. 目的

规范实验室紧急情况的处理工作。

2. 职责

遇有紧急情况所有工作人员严格按此规程处理。

3. 具体要求

① 造成或可能造成实验室污染，但未造成人身伤害的实验室事故，由实验室负责人处理。例如实验过程中，由于标本、试剂溢出溅落造成操作台或地面的污染等，应立即喷洒消毒液并覆盖浸透消毒液的纸巾，等消毒液彻底浸泡 30 min 后，对污染的物品进行处理。清理后的物品应高压灭菌，并填写实验室意外情况登记与处理记录表。实验室负责人应指导这些处理行动，并检查处理效果。

② 实验室内受到意外伤害，例如割伤、烧伤、烫伤等，由实验室负责人处理。令受到伤害的人员立即停止工作，用消毒液清洗未破损的皮肤表面，伤口以碘伏消毒，眼睛用洗眼器反复冲洗。由在同一实验室内工作的人员或派人迅速着装进入实验室，清除造成伤害的原因，清理实验材料，帮助受伤人员紧急处理并撤离实验室。受到伤害的人员应立即就医，并将受伤原因及接触微生物的情况通报负责人。对其进行恰当而完整的病史记录。

在其身体状况未恢复之前，不得重新进入实验室工作。实验室在经过整理，消除了造成伤害的故障之后，方可重新使用。

(八) 实验室危险废弃物处置规程

① 实验室危险废弃物处置包括收集、暂存、转移及处理等环节工作。学校实验室与设备管理处负责从各学院收取实验室危险废弃物,并负责暂存以及转运管理工作。各学院负责收集、暂存本单位各实验室产生的危险废弃物,并负责将实验室危险废弃物转交给实验室与设备管理处。

② 各院(系)必须建立健全本单位实验室危险废弃物处置管理的组织体系。各院(系)必须安排相关行政负责人负责本单位实验室危险废弃物的处置管理工作;各实验室主任或实验室负责人负责本实验室危险废弃物的处置管理工作;同时,各实验室必须指定专人具体负责本实验室危险废弃物的收集、暂存与转运等工作。

③ 院(系)必须明确负责实验室危险废弃物处置管理的各级机构及人员的权力、任务和责任。实验室层必须服从学院层的领导、指导与监督;具体负责实验室危险废弃物处置工作的实验室工作人员,必须服从实验室主任或实验室负责人的领导、指导与监督;各实验室对进入实验室进行教学或科研活动的人员,必须进行实验室危险废弃物处置方面的培训、管理与监督。

④ 学校实行实验室危险废弃物处置管理责任落实制度,学校与各院(系)之间、学院与各实验室之间、实验室与进入实验室进行教学或科研活动的人员之间。

⑤ 各院(系)应将本单位负责及承担实验室危险废弃物处置管理工作的人员名单及工作职责报实验室与设备管理处备案,人员变更时,应以书面形式告知实验室与设备管理处。

⑥ 各院(系)必须严格按本办法的规定处置实验室危险废弃物,不得私自处置。对于违规人员,学校将予以处分,直至追究法律责任;对于因违规操作而造成不良后果和影响的,由直接责任人和相关负责人承担责任。

⑦ 产生危险废弃物的实验室应按废弃物类别配备相应的收集容器,容器不能有破损、盖子损坏或其他可能导致废弃物泄漏的隐患。废弃物收集容器应粘贴危险废弃物标签,明显标示其中的废弃物名称、主要成分与性质,并保持清晰可见。

⑧ 实验室危险废弃物应严格投放在相应的收集容器中,严禁将实验室危险废弃物与生活垃圾混装。

⑨ 实验室危险废弃物收集容器应存放在符合安全与环保要求的专门房间及室内特定区域,要避免高温、日晒、雨淋,远离火源及生活垃圾。存放危险废弃物的房间应张贴危险废弃物标志、实验室危险废物管理制度、危险化学品及危险废物意外事故防范措施和应急预案、危险废物储存库房管理规定等。

⑩ 不具相容性的废弃物应分别收集,不相容废弃物的收集容器不可混储。各实验室要根据本实验室产生的废弃物情况列出废弃物相容表或不相容表,悬挂于实验室明显处,并公告周知。

⑪ 产生放射性废弃物和感染性废弃物的实验室应将废弃物收集密封,明显标示其名称、主要成分、性质和数量,并予以屏蔽和隔离。

⑫ 实验室向收集容器投放危险废弃物时应做好记录,包括废弃物的名称、主要成分、数量、性质,以及产生废物的实验名称、投放时间、投放人姓名等信息。

⑬ 各实验室应根据产生危险废弃物的情况制订具体的收集注意事项、意外事故防范措施及应急预案,并张贴于实验室危险废弃物收集容器旁明显处。

⑭ 实验室与设备管理处定期向各院(系)收取实验室危险废弃物,并负责转运到学校实验室危险废弃物暂存库。各院(系)应及时向实验室与设备管理处通报本单位实验室危险废弃物的收

集情况，以便实验室与设备管理处及时收取转运。

⑮ 各单位在将实验室危险废弃物交由实验室与设备管理处转运处理时，必须提供危险废弃物的名称、主要成分、性质及数量等信息，并填写实验室危险废弃物转移记录单，办理签字手续。

⑯ 实验室与设备管理处负责到所在地区、市环境保护行政部门办理危险废弃物转移联单，并委托具有相应资质的签约公司转移及处理实验室危险废弃物。

参考文献

1. Ownley B. H. and M. T. Windham. Biological Control of Plant Pathogens, in: Plant Pathology Concepts and Laboratory Exercises. edited by R. N Trigiano et. al. ,CRC Press,2003.
2. Ran L. X. ,van Loon L. C. ,and P. A. H. M. Bakker. No role for bacterially produced salicylic acid in rhizobacterial induction of systemic resistance in Arabidopsis. Phytopathology,2005, 95 (11): 1349-1355.
3. 陈凤毛,叶建仁,吴小芹等. 松材线虫 SCAR 标记与检测技术. 林业科学,2012,48(3): 88~94.
4. 陈红兵,王金胜,韩巨才等. 一种复合植物源杀菌剂及其活性研究. 中国农学通报,2011,27 (1): 244~246.
5. 程根武,刘赢,祁之秋等. 嘧菌酯对几种植物病原真菌的室内活性测定. 农药,2005,44(4): 190-191.
6. 丁芳兵,陈志谊,刘邮洲等. 筛选和利用枯草芽孢杆菌防治梨轮纹病. 江苏农业学报,2009,25 (5): 1002~1006.
7. 范志金,刘秀峰,刘凤丽等. 植物抗病激活剂诱导植物抗病性的研究进展. 植物保护学报,2005,32(1): 87-92.
8. 方中达. 植病研究方法. 北京: 中国农业出版社,2007.
9. 冯雯杰,常清乐,杨龙等. 水稻白叶枯病菌和细菌性条斑病菌的分子标记筛选及检测. 植物病理学报,2013,43 (6): 581~589.
10. 付小军,盛鑫,马进等. 植物病害生物防治概述. 陕西农业科学,2011(4): 138-139,168.
11. 郭学水. 几种园艺植物病毒的分子鉴定与序列分析. 中国农业大学硕士学位论文,2005.
12. 韩秀英,王文桥,张小风等. 22 种植物提取物对黄瓜灰霉病菌的抑菌活性研究. 中国植物保护学会,2006 学术年会论文集: 434-437.
13. 黄云. 植物病害生物防治学. 北京: 科学出版社,2010.
14. 蒋科技,皮妍,侯嵘等. 植物内源茉莉酸类物质的生物合成途径及其生物学意义. 植物学报,2010,45(2): 137-148.
15. 解明静. 大白菜根肿病的发病规律与蛋壳粉末对根肿病的防病机制. 中国农业大学硕士学位论文,2005.
16. 李洪连,徐敬友. 农业植物病理学实验实习指导(第二版). 北京: 中国农业出版社,2007.
17. 李凯,袁鹤. 植物病害生物防治概述. 山西农业科学,2012,40(7): 807-810.
18. 李元君,蒋萍华,杜骏华等. 武运粳 23 号对水稻条纹叶枯病抗病性鉴定. 安徽农业科学,2014,42(36): 13053~13054.
19. 林丽,张春宇,李楠等. 植物抗病诱导剂的研究进展. 安徽农业科学,2006,34(22): 5912-5914.
20. 林授楷. 进境台湾十字花科蔬菜有害生物风险分析及番茄斑萎病毒快速检测方法研究. 福建

农林大学硕士学位论文，2008.
21. 刘正坪，赵明敏，赵金焕等. 茄子黄萎病菌毒素对茄子叶片及愈伤组织细胞膜透性的影响. 内蒙古农业大学学报，2003，24(1)：1～4.
22. 毛建辉，叶华智. 持续低温对水稻稻瘟病抗性的影响. 植物保护学报，1999，26(2)：97～102.
23. 戚仁德，丁建成，高智谋等. 安徽省辣椒疫霉对甲霜灵的抗药性监测. 植物保护学报，2008，35(3)：245-250.
24. 曲波，李宝聚，程国华. 抗氧化酶类活性与低湿诱导黄瓜抗病性的关系. 农业生物技术学报，2002，10：82～84.
25. 冉隆贤，谷文众，吴光金. 水杨酸诱导桉树抗青枯病的作用及相关酶活性变化. 林业科学研究，2004，17(1)：12-18.
26. 商鸿生，崔铁军，任光地等. 向日葵霜霉病种子带菌研究. 西北农业大学学报，1996，24(6)：31～33.
27. 粟寒，刁亚梅，李捷等. 杀线虫剂生物活性测定方法. 浙江化工，2000，31：85-86.
28. 孙广宇，宗兆峰. 植物病理学实验技术. 北京：中国农业出版社，2002.
29. 王万能，全学军，周跃钢等. 关于植物病害生物防治. 重庆工学院学报，2004，18：50～52.
30. 王学令，魏亚东，高崇省. 应用免疫分离法检测玉米细菌性枯萎病菌的研究. 天津农林科技，1996，04：4～5.
31. 吴辉，潘梦武，高易宏等. 辣椒疫病生防菌的筛选、鉴定及其抑菌机理初探. 湖北农业科学，2015，54(7)：1596～1599.
32. 吴姗，吴蓉，林晓佳等. 分子生物学技术在松材线虫研究中的应用. 植物保护，2005，31(5)：15～19.
33. 姚廷山，周常勇，胡军华等. 柑桔溃疡病防治药剂的筛选研究. 云南农业大学学报，2011，26(1)：30-33，47.
34. 曾庆华，肖仲久，向金玉等. 3 种杀菌剂对黑点型辣椒炭疽病菌的室内毒力测定. 贵州农业科学，2010，38(5)：93-94.
35. 张京宣，曹秀芬，宋涛等. 植物病毒检测技术研究进展分析. 北京农业，2011，30：79-80.
36. 宗兆锋，康振生. 植物病理学原理(第二版). 北京：中国农业出版社，2010.